BÜCHEREI FÜR LANDWIRTE

Herausgegeben von Professor Dr. Hanns v. Lengerken

Landwirtschaftliche Hochschule Berlin

Geologie

von

Dr. Robert Potonié und Dr. Otto Seitz

Privatdozent an der Techn. Hochschule zu Berlin, Assistent an der Preuß. Geologischen Landesanstalt

Assistent an der Preußischen Geologischen Landesanstalt

sowie anderen Fachgelehrten

Mit 150 Abbildungen

Berlin und Leipzig 1925

Walter de Gruyter & Co.

vormals G. J. Göschen'sche Verlagshandlung / J. Guttentag, Verlagsbuchhandlung Georg Reimer / Karl J. Trübner / Veit & Comp.

Druck von Walter de Gruyter & Co., Berlin W. 10

Vorwort zur Sammlung.

Mit der vorliegenden „Geologie" beginnt die „Bücherei für Landwirte" ihr Erscheinen.

Die Bücherei soll eine Sammlung kurz gefaßter Werke von Grundrißcharakter aus allen zur Landwirtschaft in Beziehung stehenden Wissensgebieten werden. Sie wendet sich an den Studierenden, den Landwirtschaftslehrer, den Tier- und Pflanzenzüchter und rechnet sowohl mit dem praktischen Landwirt als auch auf landwirtschaftlich sowie züchterisch interessierte Kreise im weiteren Sinne.

Die in sich selbständigen Einzelwerke sollen in zwangloser Folge erscheinen. Weitere Bände sind in Bearbeitung bzw. im Druck.

Demnächst werden erscheinen: „Unkräuter", „Geschichte der Haustiere", „Rindviehzucht", „Fütterungslehre" und „Physik".

Hanns v. Lengerken.

Inhalt.

A. Ziele, Arbeits- und Darstellungsweisen der Geologie.

Die Geologie umfaßt die Wissenschaften von der Zusammensetzung, dem Aufbau und der Entwicklungsgeschichte der Erde. Die beiden Erstgenannten sind der Forschung Mittel zur Aufhellung der Gesamtentwicklung der Erdrinde und schließlich des Erdkörpers, ihrem vornehmsten Ziel, während sie für die Praxis den wesentlichen Inhalt der Geologie darstellen.

Es ist falsch, „Geologie“ wörtlich mit „Erdkunde“ zu übersetzen. Diese Bezeichnung hat sich die „Wissenschaft von der Erdoberfläche“, die Geographie vorbehalten. Vielmehr ist Erdgeschichte die treffendste Bezeichnung.

Der Weg der Forschung zur Erreichung des oben genannten Zieles ist die Erforschung der die Erdrinde zusammensetzenden Gesteine, ihrer Lagerungsform, ihrer Entstehung und ihres Fossilinhaltes.

Gesteine sind Gemenge von Mineralien, die nennenswert am Aufbau der Erdkruste beteiligt sind. Darum sind Mineralogie und Gesteinskunde (Petrographie) wichtige Hilfswissenschaften der Geologie.

Die Anhäufung von Mineralien zu Gesteinsmassen ist das Werk gesteinsbildender Kräfte, mögen diese ihren Ursprung im Innern der Erde haben oder von außen auf sie einwirken (vgl. Kap. B u. D).

Die Kenntnis vom Wirken dieser Kräfte befähigt zur Erklärung der Entstehung der Gesteine, der Bauelemente der Erdrinde und somit schließlich dieser selbst.

Die Beobachtung der heute auf der Erde tätigen geologischen Kräfte ist darum der Ausgangspunkt der geologischen Forschung. Das „aktualistische Prinzip“, von der Gegenwart auf die Vergangenheit zu schließen, ist der Eckpfeiler der Geologie[1]).

Zu den Hilfsmitteln der Geologie gehört in erster Linie die geologische Aufnahme, die die Verbreitung und Lagerung der Gesteine im Raum kartenmäßig festhält und große Erdräume auf einen Blick zu übersehen gestattet. Neben die reine Beobachtung, die einfach sinnlich aufnehmende und verarbeitende Tätigkeit des Kartierenden treten — zumal in neuerer Zeit — eine Reihe von Methoden, die es ermöglichen sollen, den Beobachtungsbereich in die Tiefe auszudehnen. Abgesehen von dem schon alten Hilfsmittel der Schacht- und Bohraufschlüsse sind es besonders:

die seismische Methode, die die Fortpflanzung und Brechung der Erschütterungswellen künstlicher Erdbeben (Explosionen) in der Erdrinde verfolgt;

die magnetometrische Methode, die sich auf die Eigenschaft der Gesteine gründet, die Magnetnadel verschieden stark abzulenken;

die elektrischen Methoden, die aus dem Verlauf elektrischer Wellen oder Ströme auf den Bau des Untergrundes schließen;

die Schwerkraftmethode, die auf der verschiedenen Schwere der Gesteine und der dadurch bedingten verschieden starken Anziehungskraft auf das Pendel bzw. auf die Drehwage basiert.

Die Aufnahme eines Geländes erfordert also folgende Arbeiten: Begehung zur Feststellung der Gesteinsgrenzen (evtl. mit Hilfe eines Handbohrers); die Feststellung der Lagerung der Gesteine mittels Kompaß und Neigungsmesser (Klinometer), die Bestimmung des relativen Alters der Schichten an Hand der eingeschlossenen Versteinerungen und der gegenseitigen Lagerungsverhältnisse. Dazu treten gegebenenfalls: Grundwasser- und Quellenbeobachtungen,

---

[1]) Die Geologie ist demnach einerseits eine systematische Wissenschaft, insofern sie — ausgehend von den Forschungen der Chemie, Physik, Mineralogie, Astronomie, Meteorologie, Zoologie, Botanik usw. — den Aufbau und die Zusammensetzung der Erde untersucht und Hand in Hand damit eine Gruppierung, ein System der geologischen Vorgänge nach den verschiedensten Gesichtspunkten vornimmt und ihre Wirkungen untersucht; sie ist aber auch andererseits eine historische Wissenschaft, insofern sie die Aufeinanderfolge der Ereignisse, Bewegungen, Veränderungen feststellt, sie zeitlich ordnet und so eine möglichst vollständige Entwicklungsgeschichte unseres Planeten anstrebt.

Gletscher-, Vulkan- und Unterwasseraufnahmen, sowie die Anwendung der genannten physikalischen Hilfsmethoden.

Das Ergebnis der Aufnahme ist die geologische Karte, die die Summe aller irgendwie wertvollen und darstellbaren Beobachtungen und Erfahrungen enthält; aus der also sowohl der Wissenschaftler, als auch der Praktiker das jeweils Belangreiche ablesen können.

Die Karte stellt im allgemeinen nur die Erdoberfläche dar. Zur Veranschaulichung des Baues des Untergrundes werden Profile entworfen, senkrechte Schnitte durch die Erdrinde. Die in den Profilen enthaltenen Angaben über Lagerung, Mächtigkeit usw. der Schichten, das Verhalten des Grundwassers u. a. werden den Feststellungen „über Tage", sowie Bohrungen und anderen Aufschlüssen unter Tage (Bergwerke) entnommen und liefern in ihrer Gesamtheit ein Bild von der gegenwärtig gültigen Anschauung über den Bau des betr. Teiles der Erdrinde.

Eine perspektivische Vereinigung von Grundriß und Durchschnitt — Karte und Profil — liefert, gezeichnet, das sog. Blockdiagramm (Abb. 24) und geformt, das geologische Modell, die verkleinerte und schematisierte Nachbildung eines Ausschnittes aus der Erdkruste und damit die anschaulichste und aus sich ohne weiteres verständliche Darstellungsweise geologischer Forschungsergebnisse.

Beschaffenheit und Mächtigkeit, Aufeinanderfolge und Lagerungsformen, Umbildungserscheinungen und Wasserführung der Gesteine und vieles andere mehr, kurz die Angaben der geologischen Karten und Profile sind Dinge, die für den Praktiker des Hoch- und Tiefbaues, der Hydrologie und des Bergbaues, der Land- und Forstwirtschaft von weitreichendem Interesse sind und geologische Kenntnisse als wichtiges Hilfsmittel der Praxis erscheinen lassen. Auch die Erfahrungen des jahrelangen Stellungskrieges und seiner umfangreichen Erdarbeiten haben den oft unschätzbaren Wert der Geologie als angewandter Wissenschaft ins hellste Licht gerückt.

B. Die geologischen Vorgänge.

I. Allgemeines.

Viele der geologischen Fragen, die den Landwirt bewegen, laufen darauf hinaus, die Entstehung und den gegenwärtigen Zustand der Ackerböden, Wiesen, Moore, der Wasserverhältnisse usw. zu begreifen. Hierzu aber ist erforderlich, sich mindestens einen kurzen Gesamtüberblick der dynamischen Geologie zu verschaffen. Die dynamische Geologie (dynamis = Kraft) erörtert die Frage nach den geologischen „Kräften" und bespricht somit auch diejenigen „Kräfte", die das Ausgangsmaterial der Ackerböden geschaffen und weiterhin in die ganze Mannigfaltigkeit der dem Landwirt bekannten Bodenarten verwandelt haben. — Wir kommen also zu folgender Formulierung: Die dynamische Geologie beschäftigt sich mit den Bewegungen und Veränderungen, die sich im Erdinnern und an der Oberfläche der festen Erdkruste vollziehen. — Danach unterscheidet man die innenbürtigen oder endogenen von den außenbürtigen oder exogenen Vorgängen. Es ist jedoch zu bedenken, daß es zwischen beiden Gruppen keine scharfe Scheide gibt. Manche „endogenen" Vorgänge stehen wohl letzten Endes, ganz wie die „exogenen" Erscheinungen, unter dem Einfluß der Sonne, des Mondes usw. Die meisten der exogenen Kräfte werden durch die Einwirkung der Sonne auf die Erdoberfläche erzeugt. Zu den endogenen Äußerungen der Erde (vgl. S. 59) rechnet man 1. den Plutonismus und den Vulkanismus, 2. die seismischen Erscheinungen (Erdbeben) und 3. die gebirgsbildenden Vorgänge (Orogenese) sowie die säkularen Hebungen und Senkungen (Epirogenese).

Die exogenen Kräfte äußern sich in den Wirkungen der Luft, des Wassers, des Eises, der Sonnenstrahlung und der Organismen. Sie betätigen sich einerseits als Zerstörer, andererseits als Erbauer von Oberflächenbildungen der Erdrinde.

Wo der Wind als abtragender Faktor wirksam wird, spricht man von Deflation (vom lat. deflare = wegwehen). Zersägt das fließende Wasser das Festland, so bezeichnet man dies als Erosion (vom lat. erodere = abnagen, wegfressen). Der Begriff der Abrasion (vom lat. abradere = abkratzen) umfaßt die zerstörende Tätigkeit der Meereswoge, und wo endlich das Eis (als Gletschereis) über den Untergrund hobelt und so den Gesteinsschutt wegräumt und dann weiter als Schleifmaterial benutzt, sprechen wir von der Korrasion des Gletschereises (vom lat. corradere = zusammenscharren).

Bei der Deflation, Erosion, Abrasion und Korrasion

findet alles in allem eine fortgesetzte Entblößung, d. h. die Denudation der Erdoberfläche statt. Wir beobachten ein vereinigtes Streben der aufgezählten Faktoren, die Höhenunterschiede des Festlandes so weitgehend wie möglich zu beseitigen, um schließlich eine Fastebene (Peneplain) zu schaffen. Man bezeichnet solche Ebenen u. U. als Rumpfflächen (siehe S. 80 u. Abb. 61).

Als Denudation wäre also der allgemeine Massenverlust des Festlandes zu bezeichnen. Letzten Endes aber ist die Denudation bestrebt, den ganzen Erdball so weitgehend wie möglich einzuebnen.

Je höher sich ein Teil des Festlandes über den Meeresspiegel erhebt, desto stärker ist im allgemeinen die Denudation. Es liegt dies an der mit der Meereshöhe steigenden Häufigkeit der Niederschläge und des Frostes. Am schnellsten sehen wir die Abtragung in unseren jungen Hochgebirgen vor sich gehen. Die Höhe der Gebirge ist somit z. T. eine Funktion ihres Alters. Die Alpen z. B. sind erst zur Tertiärzeit aufgetürmt worden. Sie zeigen uns noch heute das zackige Relief jugendlicher Gebirge. Sanfte niedrige Formen als Folgen großen Alters finden wir dagegen bei einigen bereits im Paläozoikum entstandenen deutschen Mittelgebirgen. Sie sind die letzten Reste der varistischen Alpen des Altertums der Erde.

Wenn es in der doch recht langen Zeit der Sonneneinwirkung auf die erkaltete Erdrinde noch nicht zu einer restlosen Einebnung der Erdoberfläche gekommen ist, so liegt dies daran, daß den exogenen Kräften die endogenen oder innenbürtigen Kräfte gegenüberstehen. Diese sorgen stets von neuem für die Erschaffung neuer Unebenheiten.

Es muß hervorgehoben werden, daß in allen Fällen der Denudation die zur Abtragung notwendige Vorarbeit von der Verwitterung geleistet wird. Die Verwitterung besteht in den vereinigten Wirkungen der direkten Sonnenstrahlung (Insolation), in den chemischen Eigenschaften des Wassers (Lösung, Fort- bzw. Zusammenführung und damit zusammenhängende chemische Umsetzung der Stoffe), in der Wirkung des Spaltenfrostes und in dem Einfluß der Organismen auf die Gesteine.

Wo keine Fortführung der Verwitterungsprodukte erfolgt, erhalten wir Oberflächenprodukte wie den Lehm oder den roten Laterit tropischer Zonen.

In vielen Fällen jedoch findet ein Abtransport der Verwitterungsprodukte statt. Wo sie dann an tiefer gelegenen Stellen der Erdoberfläche zur Ruhe kommen, beobachten wir einen Neuaufbau von Gesteinen.

II. Exogene Vorgänge.

a) Die Wirkungen des Wassers.

1. Über mechanische und chemische Wirkungen.

Daß sich die meisten der exogenen Kräfte auf die Sonne zurückführen lassen, zeigt besonders deutlich der Kreislauf des Wassers. Durch Verdunstung wird von der über Meeresräumen befindlichen Atmosphäre eine beträchtliche Menge Wassers aufgenommen und gelangt mit letzten Endes wesentlich durch die Sonne verursachten Luftströmungen (Winden) ins Festland. Hierbei nimmt der Wassergehalt der Atmosphäre und somit die Niederschlagsmenge im allgemeinen mit der Entfernung von der Küste ab (Kontinentalklima). Andererseits nimmt die Wasserabgabe der Luft mit der Erhebung eines Festlandes über den Meeresspiegel zu. An den kalten Kämmen der Gebirge schlagen sich die Wasser nieder. Die abgekühlte Luft vermag das in ihr vorhandene Quantum nicht zu halten.

Ein Teil des Niederschlagswassers versickert sofort im Erdboden und entfaltet hier seine gesteinszerstörende Tätigkeit. Ein anderer Teil fließt oberflächlich ab und entführt Lösungsprodukte und Gesteinsschutt. Ein drittes, nicht unbeträchtliches Quantum verdunstet.

Die Wirkung der Sickerwasser wird wegen ihrer großen Bedeutung für den Landwirt in einem besonderen Abschnitt (Verwitterung usw.) genauer zu besprechen sein. Hier sei nur kurz erwähnt, daß diese Wasser unter anderem einen weitgehenden Einfluß auf die Oberflächengestaltung des Geländes haben. Das Felsgerüst der Erdoberfläche besteht ja aus den verschiedensten Gesteinsarten, die dem Einfluß der Sickerwasser in der verschiedensten Weise widerstehen. Es ist daher verständlich, daß festere

Partien herausmodelliert werden, weil weichere unter Mitwirkung der Schwerkraft rascher verschwinden. Dies zeigt unsere Abbildung eines Muschelkalkrückens im nördlichen Harzvorlande (Abb. 1). Die Schichten des Mesozoikums sind hier durch das „Aufsteigen“ des Harzes aus ihrer horizontalen Lagerung gebracht und aufgerichtet worden. Sie stehen jetzt „auf dem Kopfe“, d. h. sie haben sich fast senkrecht gestellt. Auf der geologischen Karte erscheinen daher parallel zum Nordrande des Harzes verlaufende schmale Strei-

Abb. 1. Durch Denudation herausmodellierter, bahndammartiger Muschelkalkrücken; der parallel zum Nordrande des Harzes verlaufende Schulmeierholzberg nordwestl. Thale. (Orig. R. Potonié.)

fen von Buntsandstein, Muschelkalk usw. Gewisse Schichten von Buntsandstein und Muschelkalk aber haben der Verwitterung besser getrotzt als andere, so daß diese Schichten jetzt in Form langer schmaler Rücken erscheinen. Eine beträchtliche Wirkung hat bei dieser Modellierung der Erdoberfläche der **Spaltenfrost**. Das von den feinsten Gesteinsfugen durch Kapillarwirkung aufgenommene Wasser gefriert und erweitert hierbei die Gesteinsspalten. Hat doch das Eis ein größeres Volumen als das Wasser, aus dem es hervorgegangen ist. Hierdurch, aber auch durch die Lockerung, die das Gestein durch die chemische Tätigkeit der Sickerwasser erfährt (siehe dort), werden die Höhenunterschiede der Erdoberfläche gemildert, was sich am deutlichsten durch das Hakenschlagen steil aufgerichteter Schichten zu erkennen gibt. Abb. 2 zeigt uns einen Aufschluß im Jura des Harzrandes. Die Schichten fallen steil nach rechts zum Harz hin ein (vgl. auch S. 153,

Abb. 2. Die unter dem *m* befindlichen mergeligen Schichten fallen ganz wie der unter dem *k* befindliche Kalk steil nach rechts ein, sie biegen indessen im Gegensatz zu den Schichten des letzteren (wegen ihrer geringeren Widerstandsfähigkeit) in ihrem oberen Teil nach links um und rutschen den Abhang hinab, diesen dabei verflachend: Hakenschlagen. Steinbruch am Langen Berg bei Harlingerode im Harz (Kimmeridge). (Orig. Horst Potonié.)

Abb. 84). Bei genauerer Betrachtung bemerken wir jedoch, daß sie im mittleren Teil des Bildes an ihren oberen Enden nach links umbiegen. Sie sind eben gelockert worden und gleiten nun allmählich nach links den Abhang hinunter. Dergleichen ist bei den festeren Schichten im rechten Teil des Bildes nicht bemerkbar. Deshalb auch ist der Abhang hier steiler als über den weicheren (mergeligen) Schichten.

Als direkte Einwirkung des niederfallenden Regens seien

beiläufig die Regentropfeneindrücke erwähnt, wie sie auf weicherem Untergrund entstehen. In den Letten des obersten Buntsandsteins (Röt) findet man sie in fossiler Form. Sie dürften beim Aufprallen einzelner Regentropfen auf die Oberfläche weichen Schlammes entstanden sein.

Das einmal in den Boden hineingelangte Wasser entfaltet hier eine mannigfaltige Tätigkeit. Hierüber wird in den Abschnitten über Grundwasser- und Quellenkunde ausführlicher zu berichten sein (vergl. auch S. 11).

Wo das unterirdische Wasser in vulkanischen Gebieten durch in der Tiefe befindliche heiße Gesteinsmassen auf höhere Temperaturen erhitzt wird, bildet es, sofern es wieder an die Oberfläche zu gelangen vermag, die als Thermen bezeichneten warmen bis heißen Quellen. Solche warmen Wasser sind natürlich besonders fähig, mineralische Bestandteile aufzulösen. Das zeigen uns u. a. die als Geyser bezeichneten heißen Springquellen, von denen die isländischen und die des Yellowstone-Parkes in Nordamerika ebenso wie die auf Neuseeland eine große Berühmtheit erlangt haben (Abb. 119, S. 193). In oft mächtigen Fontänen schäumt hier das in der Tiefe überhitzte Wasser in regelmäßigen Zeitabständen empor. Hierbei kühlt es sich ab und scheidet infolgedessen die in ihm gelöst gewesenen mineralischen Bestandteile als Sinterbildungen von oft bizarrer Gestalt wieder aus. Nach der Abkühlung zieht sich das Wasser wieder in die Tiefe zurück, aber nur, um nach einer ganz bestimmten Zeit wieder weit genug für eine neue Eruption erhitzt zu sein.

Nicht nur die heißen Quellen und Geyser vermögen Sinterbildungen zu erzeugen. Ein Gleiches können wir auch bei kalten Quellen kalkreicher Gebiete beobachten. Das mit Kalk gesättigte Wasser gibt einen Teil des Minerals zunächst schon dann ab, wenn es über eine schiefe Ebene rieselt, wird doch durch die Bewegung Verdunstung bewirkt. Der Kalk befindet sich im Wasser wesentlich in Form von saurem Calciumcarbonat. Dies ist ein Salz, das bei der Ausscheidung unter Verlust eines Teils seiner Kohlensäure in das schwerer lösliche Calciumcarbonat übergeht. — Häufig ist die Überkrustung der in Mineralquellen wachsenden Pflanzen mit Kalk. Hierbei beteiligt sich wohl noch ein anderer Faktor. Die Pflanze bedarf bekanntlich zum Aufbau ihres Körpers der Kohlensäure und entzieht so dem Wasser die Eigenschaft, größere Mengen Kalks in Lösung halten zu können. In erster Linie aber führt die Verdunstung des Wassers zu Kalksinterausscheidung.

Wo Regenwasser, das ja in der Atmosphäre Kohlensäure aufgenommen hat, auf kahle Kalkabhänge fällt, vermag es auf den Kalk

Abb. 3. Miniaturhöhle, aufgeschlossen in einem Kalkbruch im Zechsteinkalk des Kalkberges bei Kittelsthal unweit Eisenach im Thüringer Wald. Das Hangende der Höhle zeigt sich durch die auflösende Kraft des hindurchsickernden Wassers von vielen kleinen, sich allmählich zu einem größeren Hohlraum vereinigenden Löchern durchsetzt. (Orig. R. Potonié.)

(eben wegen dieses Kohlensäuregehaltes) verhältnismäßig stark lösend zu wirken. Es erzeugt daher beim Abfließen feine Rinnen, die sich allmählich in ziemlich tiefe Furchen umzubilden vermögen. Wo solche Furchen die ganze Oberfläche eines Kalkabhanges dicht besetzen, spricht man von Karrenfeldern. Zwischen den einzelnen Furchen befinden sich oft „messerscharfe" Kämme und auf den Abhängen dieser Kämme bilden sich kleine Seitenfurchen. Karrenfelder sind z. B. in den Kalkgebieten unserer Alpen vielfach und schön ausgebildet vorzufinden.

Wo in Kalkgebieten die Oberfläche ein zum „vollkommenen“ oberflächlichen Abfluß zu geringes Gefälle hat, versickert (wegen der bedeutenden Wasserdurchlässigkeit des Kalkes) ein beträchtliches Quantum des Niederschlages in die Tiefe, um auch dort stark auf-

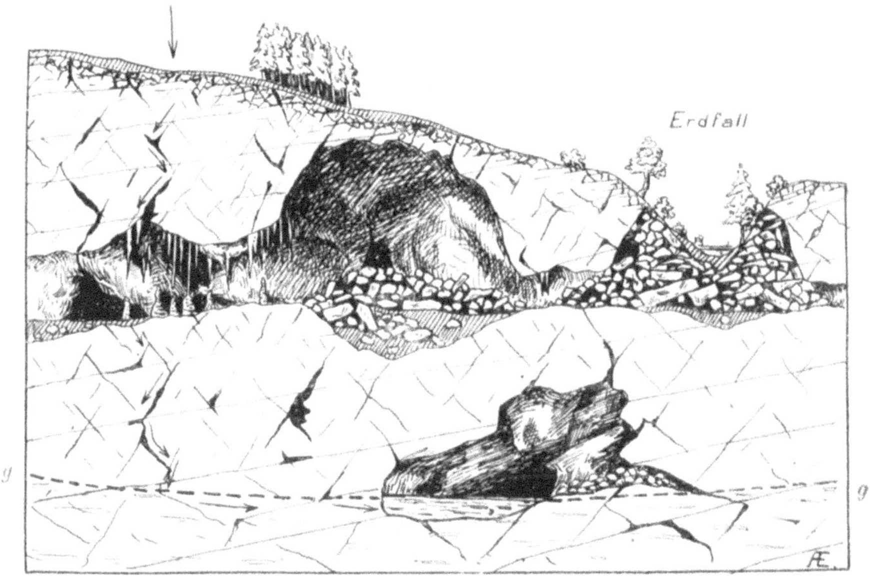

Abb. 4. Höhlenbildung oberhalb des Grundwasserspiegels (*g*—*g*) in stark zerklüftetem Kalk. Die Klüfte erleichtern dem Regenwasser das Eindringen (vgl. links: →) und werden durch Auflösung des angrenzenden Kalks erweitert. In den Höhlen Tropfsteine (links), Höhlenlehm (in der Mitte auf dem Boden, schraffiert) und von der Decke der Höhlen heruntergestürzter Gesteinsschutt. Rechts Erdfall oder Doline. Vergl. auch die Erläuterung des Bildes S. 188. (Gez. A. Ebert.)

lösend zu wirken. Es bilden sich zunächst kleine unterirdische Hohlräume (Abb. 3), die allmählich wachsen und sich zu *Höhlen* vereinigen. Zu solcher Höhlenbildung kommt es besonders in Gebieten stark *gestörten Kalkes* (Abb. 4). Auf den Sprüngen vermag dort das Wasser besonders schnell in die Tiefe zu gelangen, wobei zunächst die Fugen ausgeweitet werden. An Stellen, wo sich die Störungen häufen, müssen sich die Hohlräume am schnellsten zu größeren Höhlen auswachsen. Vor allem erweitert sich die Höhle nach oben. Stürzt doch das gelockerte Material der Höhlendecke von Zeit zu Zeit auf den Boden der Höhle herab. Schließlich vermag die Decke gänzlich einzustürzen, und wir haben dann über der ehemaligen Höhle einen Erdfall, Doline genannt. In der Doline sammeln sich, ganz wie schon vorher in der Höhle selbst, die im Wasser unlöslichen Bestandteile des Kalks; wir bezeichnen sie als Höhlenlehm. Um die Entstehung des Höhlenlehms zu verstehen, überzeuge man sich davon, daß bei der Auflösung manchen Kalksteins in verdünnter Salzsäure ein unlöslicher, rotgefärbter, d. h. eisenreicher Ton zurückbleibt. Aus den bekannten Dolinen des östlich vom Adriatischen Meere gelegenen Karstgebietes kennen wir solche Rückstände als die fruchtbare Terra rossa; das ist ein roter Lehm. In jenem landwirtschaftlich merkwürdigen Karstgebiet ist es gerade die Terra rossa, die innerhalb der kleinen Dolinen in einem sonst außerordentlich armen Gelände landwirtschaftliche Oasen hervorbringt.

Die Dolinen sind ihrer Entstehung entsprechend trichterförmige Vertiefungen von 2—1000 m Breite und 2—100 m Tiefe (Abb. 4). Meist schwankt ihre Tiefe zwischen 10 und 100 m. Auch in den Kalkalpen können wir Dolinen beobachten. Oft ordnen sie sich in Abhängigkeit von Gesteinsspalten zu Reihen an. Punkte nämlich, wo langgestreckte Gesteinsspalten von anderen Spalten geschnitten werden, sind zur Dolinenbildung prädestiniert.

Die Verkarstung des genannten Gebietes wäre übrigens nicht in dem Maße möglich gewesen, wenn der Mensch dort nicht Raubbau getrieben und durch völlige Entwaldung des Landes den Sickerwassern die beschriebene weitgehende Betätigung ermöglicht hätte.

Viel schneller als im Kalk geht die unterirdische Auflösung im Gips oder gar im Steinsalz vor sich. Deshalb auch vergrößern sich die Gipshöhlen bedeutend schneller als Kalkhöhlen. Man denke nur an die große Heimkehle unweit Nordhausen am Südrande des Harzes. Je schneller sich aber eine Höhle vergrößert, desto vergänglicher ist sie auch. Dies drückt sich u. a. darin aus, daß wir in den Gebieten des Gipses besonders viele Erdfälle vorfinden.

2. Das fließende Wasser des Festlandes.

Die Fähigkeit fließenden Wassers, sich in die Erdoberfläche hineinzusägen, bezeichnet man als Erosion. Je größer das Gefälle und je bedeutender bei gleichbleibendem Gefälle die Wassermenge, desto stärker ist sie wirksam.

Die durch die Erosion bedingte Zerstörung ist wesentlich eine mechanische, aber — wie uns schon die Karrenfelder (S. 10) gezeigt haben — auch eine chemische.

Ein Beispiel für die erodierende Tätigkeit des Regenwassers an steilen Abhängen geben uns die Erdpyramiden von Bozen in Südtirol. Hier haben wir Abhänge aus einem festen Geschiebe-Lehm, in dem sich größere Blöcke festen Gesteins verteilt finden. Auf diesen Lehmwänden sind zunächst einmal dicht nebeneinander viele Regenfurchen entstanden, die den Blöcken allenthalben ausweichen mußten. Bei der Vertiefung der Furchen, die allmählich eine sehr beträchtliche geworden ist, blieb schließlich nur noch ein Wald von säulenförmigen Gebilden zurück. Das sind die bekannten Erdpyramiden, deren jede auf ihrem Haupte von einem Block aus festem Gestein geschützt wird. Der Block verhindert, daß der darunter befindliche, die Säule aufbauende Lehm von den aufprallenden Regentropfen zerstört werde.

Wichtig ist, daß die erodierende Kraft bei Vermehrung der Wassermenge schneller steigt, als die Wassermenge selbst. Daher die überraschenden Resultate von Hochwassern.

Die Schaffung eines Flußbettes erfolgt erklärlicherweise durch Abtransport von Gestein. Das Material wird teils in gelöster Form, teils im Wasser schwebend, teils endlich als Geröll fortbewegt.

Bezeichnend ist die mehr oder minder abgerundete Form der Gerölle, die dadurch entsteht, daß die auf dem Transport befindlichen Gesteinsbrocken ihre Ecken und Kanten aneinander abreiben.

In den Hochgebirgen sammelt sich das Regenwasser zunächst einmal in den Wildbächen; diese zeigen drei Abschnitte; den obersten Abschnitt bildet der Sammeltrichter, an dessen steilen Abhängen das herabrieselnde Wasser immer weiter abtragend wirkt; so muß er sich mehr und mehr vergrößern.

Wo die Transportkraft ausreicht, mehr Material fortzuräumen, als an Schutt in das Tal hineingelangt, wird das fließende Wasser ein Tal mit unausgeglichenem Gefälle (siehe S. 16 ff) nicht nur durch Erosion ausgleichen, sondern auch das Einzugsgebiet von der Quelle aus nach rückwärts erweitern.

Man bezeichnet das als rückschreitende Erosion. Im Kleinen kann man derartiges sehr gut beobachten, wo das Regenwasser steilere Abhänge hinabfließt so z. B. an den Sandhalden der Braunkohlenbergwerke. Man erkennt hier, wie sich an das obere Ende der Regenrinne ein Sammeltrichter mit verhältnismäßig steilen Abhängen anschließt. Über diese steilen Abhänge rinnt von oben her das Wasser zusammen und erweitert auf diese Weise den Sammeltrichter immer mehr.

Es kommt vor, daß von einem langgestreckten Berge nach beiden Seiten fließendes Wasser herabrinnt. Jedes der beiden Rinnsale ist in der geschilderten Weise bestrebt, seinen Sammeltrichter zu erweitern. Die Sammeltrichter werden daher schließlich einander berühren und sich miteinander vereinen. Die Folge hiervon ist, daß sich der „kräftigere" der beiden Wasserläufe das Gebiet des schwächeren aneignet. Wir haben dann schließlich die auffallende Erscheinung daß ein Wasserlauf einen Höhenzug durchbricht.

Äußerlich ähnliche Bilder können noch auf folgende Weise hervorgerufen werden. Die Denudation erniedrigt das Gelände als Ganzes und schafft schließlich die Fastebene, in der jedoch zunächst noch, d. h. vor der Bildung der endgültigen Peneplain, Höhen aus widerstandsfähigeren Gesteinen zurückzubleiben vermögen (Abb. 1). Es können so Gliederungen der Erdoberfläche entstehen, die vor Beginn der Denudation in dieser Form nicht vorhanden waren. Ein Flußlauf aber, der vor, während und nach der Denudation zur Stelle war, wird zeitweilig den Eindruck erwecken, als habe er es verstanden, die vorübergehend vorhandenen Bergrücken zu durchbrechen; in Wahrheit aber hat er die erst durch die Denudation entstandenen Höhen von oben her durchsägt. Man bezeichnet derart entstandene Täler als epigenetische.

Dem Sammeltrichter des Wildbachs schließt sich im allgemeinen als zweiter Abschnitt nach unten der Tobel an; das ist eine tief eingesägte Klamm oder Schlucht von fast gerader Ausbildung. Das Wasser hat eben bei starkem Gefälle genügende Kraft, sich fast ohne Rücksicht auf die Gesteinsbeschaffenheit einen kürzesten Weg zu bahnen.

Der dritte Teil des Wildbaches endlich befindet sich am Ausgange der Schlucht in ein weiteres Tal. Er besteht aus dem Schuttkegel oder der Mure. Durch den nur locker aufgeschichteten Schutt der Mure rieselt das Gebirgswasser bisweilen völlig „unterirdisch" hindurch. Nach größeren Unwettern aber erfüllt es ihn fast gänzlich. Die ganze Aufschüttung, die oft beträchtliche Dimensionen annimmt, kann dann katastrophal als gewaltige Schlamm- und Schuttmasse ins Hauptttal gleiten. Wir erleben dann einen Murbruch. Es ist bekannt, wie häufig in Gebirgstälern auf diese Weise fruchtbares Land vermurt wird; ja ganze Siedlungen sind schon überschüttet worden.

Die Wände der Klammen werden durch den vom Wasser transportierten Gesteinsschutt meist glattgeschliffen. Hier und dort weisen sie durch das Schleifmaterial erzeugte nischenartige Einbuchtungen auf, wie sie unser Bild aus dem Bodekessel in besonders schöner Form vorführt (Abb. 5). Eine der deutlichsten Nischen (mit einem Stückchen alter Flußbettsohle) erblickt man oberhalb der

Abb. 5. Bodekessel oberhalb Thale im Harz. Die Bode im Granit des Rambergmassivs. Es zeigen sich durch Erosion erzeugte Nischen; unter dem *n* und in Höhe von *s* eine besonders tiefe Nische mit einem kleinen Rest alter Flußbettsohle. (Orig. R. Potonié.)

Mitte des Bildes hoch über dem augenblicklichen Wasserspiegel. Weit schon wieder hat sich die Bode seit der Ausbildung dieser Nische in den Granit des Rambergmassivs hineingesägt.

Besitzt ein Wasserlauf viele Stromschnellen, so vermögen auf der Sohle seines Bettes Strudellöcher oder Riesentöpfe zu entstehen (siehe S. 17).

Stromschnellen kommen u. a. dadurch zustande, daß die Sohle des Wasserlaufes ein Nebeneinander verschiedener Gesteinsarten aufweist. Ein Beispiel gibt unsere Abb. 6. Vom Granit des

Harzer Rambergmassivs zieht quer durch das Bodetal der „Hauptbodegang", das ist eine im Schiefer befindliche Spalte, die sich von der einst glutflüssigen Magmamasse des jetzt aus Granit bestehenden Rambergmassivs aus mit Quarzporphyr erfüllt hat. Der Quarzporphyr aber ist widerstandsfähiger als der paläozoische Schiefer, den er durchsetzt. Er ist daher durch die Bode heraus-

Abb. 6. Hauptbodegang aus Quarzporphyr (von *h* bis *h*) die Bode zwischen Treseburg und Thale durchquerend. Der widerstandsfähige Porphyr ist durch die erodierende Kraft der Bode aus dem umgebenden, leichter zerstörbaren Schiefer herausmodelliert worden und wirkt nun im Bodebett ähnlich wie ein Mühlenwehr. (Orig. R. Potonié).

modelliert worden und wirkt nun in ihrem Bett ähnlich wie ein Mühlenwehr.

Wo fließendes Wasser als Wasserfall über eine Geländestufe hinabstürzt, wird die einschneidende Kraft besonders groß. Besonders kräftig hobelt hier das Festmaterial über die Kante hinweg. Das Wasser ist hier deutlich bestrebt, seinem Bett ein gleichmäßig abnehmendes Gefälle zu geben. „Es will" in seinem Abfließen jenen relativ stabilen Zustand erreichen, nach dem alle heterogenen Systeme streben. Der Wasserfall rückt daher, seine Fallhöhe mehr und mehr erniedrigend, talaufwärts und schafft vor sich eine mehr oder minder tiefe, steilwandige Schlucht, die Klamm (rückwärtsschreitende Erosion). Dies vollzieht sich solange, bis das Gesamtgefälle des Wasserbettes ein relativ stabiles geworden ist. (Das Gleichgewichtsprofil ist erreicht.)

Abb. 7. Oberes Ende eines Trockentals; der Neuendorfer Rummel des Fläming mit V-förmigem Querschnitt; der Blick ist abwärts gerichtet. (Orig. R. Potonié.)

Unmittelbar an der Stelle, auf die das Wasser eines Wasserfalls herabstürzt, entstehen Strudellöcher, in denen Gerölle, hier Rollsteine genannt, als Bohrer wirken. — Überhaupt vollzieht sich die Umgestaltung des Flußbettes durch einen, z. B. am jähen Abfall eines Tafellandes befindlichen Wasserfall nicht nur durch die Zerstörung an der Überfallkante, sondern auch durch die Wirkung des unten auftreffenden Wassers (z. B. bei den Cañons). Der Niagarafall z. B. ist 50 m hoch. Sein jährlicher Rückgang soll etwa 33 cm betragen.

Je weiter ein Fluß vom Zustande der oben erwähnten Stabilität entfernt ist, desto mehr wird er uns Wasserfälle, Stromschnellen und ähnliches vorweisen. Am Wasserfall wirkt das Wasser — wie wir sahen — am stärksten erodierend, und zeigt uns damit, daß hier ein besonders labiler Zustand, nämlich die Geländestufe, möglichst schnell beseitigt wird.

Während, wie aus dem bisher Gesagten hervorgeht, die Hauptarbeit des Flusses im Oberlauf in einem Ansägen der Erdrinde besteht, kommt weiter unten zu der nur allmählichen Vertiefung des Bettes eine Verbreiterung des Tales. Daher haben wir im Oberlauf steilere Hänge. Man spricht hier von einem jugendlichen Tal. Im Querschnitt erscheint es *V*-förmig. Infolge der fast ausschließlichen Vertiefung versuchen sich die steilen Abhänge immer wieder dem natürlichen Böschungswinkel des angesägten Gesteines zu nähern (Abb. 7).

Bei genauerer Beobachtung bemerken wir im Mittellauf einen Wechsel zwischen Aufschüttung und Forttransport. Letzterer findet gewöhnlich nur bei Hochwasser statt. Durch die Aufschüttung entsteht ein ebener Talboden, auf dem der Fluß hin- und herpendelt. Zu den Seiten des ebenen Bodens befinden sich Abhänge von geringerer Böschung. So kommt für den Querschnitt des Mittellaufs eine etwa __/-förmige Gestalt heraus.

Man kann demzufolge einen Ober-, Mittel- und schließlich auch einen Unterlauf unterscheiden, und dies umso deutlicher, je weiter der Fluß vom Gleichgewichtszustand entfernt ist. Im Längsschnitt des Flusses erblicken wir im Unterlauf das geringste Gefälle; an dieses schließt sich im Mittellauf dessen stärkeres Gefälle und hieran oft recht unvermittelt das noch stärkere Gefälle des Oberlaufes. Mit der Zeit werden diese Differenzen des Gefälles mehr und mehr ausgeglichen; das Gefälle und damit auch die Fließgeschwindigkeit des Flusses nehmen zur Mündung hin immer allmählicher ab.

Eine Tieferlegung des Strombettes kann durch das Zurückgehen des Quellengebietes gegen das Gebirge erfolgen, wenn durch dieses Zurückgehen die Wassermenge vermehrt wird. Zum Teil hierdurch kommt es auch dazu, daß der Fluß sich in seine eigene Beschotterung hineinsägt und somit zur Bildung von Schotterterrassen schreitet. Auch da, wo die Wasserführung im Verlaufe größerer Zeitabschnitte aus anderen Gründen schwankt, wechseln Aufschüttung und Einschneiden miteinander ab; wir können dann mehrere deutlich von einander geschiedene Schotterterrassen erhalten. Endlich wirken in diesem Sinne Senkungen unterhalb oder Hebungen oberhalb des zur Terrassenbildung schreitenden Flußabschnittes. „Erosion kommt nur zustande, wo die Transportkraft ausreicht, mehr Schutt wegzutragen, als in den Fluß gelangt. Die Erosionskraft des Flusses hängt daher im wesentlichen von seiner Transportkraft ab, und die Theorie der Erosion ist darum in der Hauptsache auf die Untersuchung der Transportkraft aufgebaut. Ein kleiner Gebirgsfluß muß starkes Gefälle haben, um den Schutt transportieren zu können und stellt die Erosion ein, sobald das Gefälle nicht mehr dazu ausreicht. Ein großer

Abb. 8. Mäanderbildung der Wipper bei Dankerode im Harz; breite Talsohle, auf welcher der Bach hin- und herpendelt. (Orig. Horst Potonié.)

Strom dagegen kann den Sand und Schlamm weiterführen, weil seine Wassermasse ihm große Transportkraft verleiht. Jeder Fluß schneidet sich solange ein, bis sein Gefälle bei gegebener Wasserführung gerade ausreicht, um den hineingelangenden Schutt wegzutragen.“ (*Hettner.*)

Auch im Querschnitt des Flusses ist die Geschwindigkeit der Wasserbewegung nicht in allen Teilen eine gleiche. Das Wasser reibt sich am Boden des Flußbettes und bewegt sich daher in dessen Nähe langsamer als nahe dem Wasserspiegel. Je tiefer also ein Flußbett ist, desto größer wird bei gleichem Gefälle die Durchschnittsgeschwindigkeit des Wassers sein. Daher auch fließt das Wasser in den flacheren Teilen unweit der Ufer viel langsamer als in der

Mitte des Stromes. Hier befindet sich der Stromstrich; die Linie größter Geschwindigkeit. Aber nicht immer liegt der Stromstrich in der Mitte des Flusses. In Flußbiegungen verschiebt sich die größte Wassertiefe zum Außenufer der Flußkurve (Abb. 66).

Einen Reichtum an Flußbiegungen zeigt namentlich der ein verhältnismäßig geringes Gefälle aufweisende Mittellauf. Hier

Abb. 9. Flußschleife mit Steilhang an der Außen- und Schwemmland an der Innenseite. Die Bode vom Wilhelmblick (bei Treseburg) aus gesehen. (Orig. R. Potonié.)

beginnt der Fluß „müde" zu werden und damit setzt die sehr charakteristische Mäanderbildung (Serpentinen-, Flußschleifenbildung) ein. Wegen zu geringen Gefälles können oft selbst mäßige Widerstände nicht ohne weiteres überwunden werden. Das Wasser wird von ihnen abgelenkt, jedoch nur, um nunmehr mit der Kraft des Rückstoßes die gegenüberliegende Flußbettseite zu bearbeiten und dort ein Steilufer zu schaffen. An dem Steilufer findet also ein neuer Anprall des Wassers statt, der nun wiederum einen Rückstoß bewirkt usw. So wird es klar, warum ein Fluß, erst einmal aus seiner geraden Bahn gelenkt, mehr und mehr in einen sich schlängelnden Lauf hineingerät (Abb. 8).

An der Außenseite der Flußkurven muß das Wasser am schnellsten fließen, gedrängt von nachfo'genden Wassermassen. Hier wird der Fluß daher am tiefsten, denn hier wirkt er wegen der Fließgeschwindigkeit am stärksten erodierend. Er unterhöhlt (die Kurve immer vergrößernd) das Ufer und verwandelt es so in ein Steilufer (Abb. 9). An der Innenseite der Kurve dagegen, wo das Wasser am langsamsten fließt, wird notwendigerweise ein beträcht-

Abb. 10. Treseburger Kessel im Harz; gesehen vom „Weißen Hirsch" aus. Das jüngere Schwemmland ist nicht bebaubar. (Orig. R. Potonié.)

licher Teil derjenigen Produkte zum Absatz gebracht, die am Steilufer der vorigen Biegung losgelöst worden sind. Es bildet sich eine das Wasser verflachende Schotter- oder Sandbank. So wird der ganze Lauf stetig durch Abtragung an dem einen und Anschwemmung an dem anderen Ufer in der Richtung zum Steilufer verlegt. Gleichzeitig vermag er sich unter Umständen tiefer und tiefer einzuschneiden. Durch eine derartige Arbeit ist z. B. der verhältnismäßig große Treseburger Kessel im Harz geschaffen worden (Abb. 10), der die Treseburger Ansiedlung ermöglicht hat. Das jüngere Schwemmland ist hier, wie unser Bild dies zeigt, kein geeigneter Untergrund für den Hausbau.

Die Flußschleife kann sich bei ihrer erodierenden Tätigkeit immer mehr einem Kreise nähern, so daß schließlich die beiden Enden der Schleife zusammenstoßen. So vermag sich der Lauf wieder abzukürzen. Im abgeschnittenen Teil haben wir dann die „Toten Wasser" oder „Toten Arme" des Flusses.

Abb. 11. Kreuzschichtung (z. B. bei *a*) in diluvialen Sanden (*S*), darüber völlig ungeschichteter Geschiebemergel (*dm*). Sandgrube südlich der Spinnerei Zippelsförde (Mark). (Orig. R. Potonié.)

Waren die Flußschleifen eine Eigentümlichkeit des Mittellaufs, so zeigt uns der Unterlauf Flußzerteilung. Diese ist ein Ausdruck geringsten Gefälles, wie es innerhalb des Stromes Kies- und Sandbänke schafft, um auf diese Weise die Zerteilung des Wasserlaufes einzuleiten. — Nicht nur an dem flacheren der beiden Flußschleifen-Ufer, sondern überall, wo die Strömung eine geringere wird, vermögen sich ja Kies- und Sandbänke zu bilden.

Bemerkenswert ist der Bau derartiger vom fließenden

Wasser geschaffenen Absätze. Das strömende Wasser setzt nämlich an den Stellen, wo es langsamer zu fließen beginnt, die von ihm forttransportierten, ungelösten Bestandteile nicht wie das stehende Wasser stets in horizontaler Lagerung ab, sondern in Form der diskordanten oder Kreuzschichtung. An flachen Ufern, aber auch über Untiefen, gelangt das meiste des Materials zum Absatz und läßt sich zur Tiefe des Flußbettes hin verfolgen. Bei späteren Flußlaufverlegungen kann nun ein Teil derartig schräg einfallender Schichten wieder abgetragen werden. Wenn es hiernach — wie dies oft der Fall ist — an derselben Stelle zu erneuter und vielleicht diesmal horizontaler Ablagerung kommt, dann werden die neuen Schichten von den früheren unter mehr oder minder spitzem Winkel getroffen (vgl. Abb. 11 bei a).

Wenn der Fluß in einen See oder ins Meer mündet, setzt er dort nicht nur alle gröberen, sondern auch die feineren Feststoffe ab. Hierzu trägt neben der Verringerung der Fließgeschwindigkeit auch die Vermischung des süßen Wassers mit dem salzigen bei (Brackwasser). Der Salzgehalt des Meeres wirkt fällend auf die Schwebeprodukte. So kommt es zur Deltabildung.

Wir kennen verschiedene Formen des Deltas.

Ein Ausfüllungsdelta kann entstehen, wo der Fluß in einen Meerbusen mündet. Die Sedimente werden die Bucht allmählich verkleinern und schließlich ganz erfüllen.

Wo sich jedoch der Fluß an einer verhältnismäßig geraden Küste ins Meer ergießt, sehen wir ein vorgeschobenes Delta entstehen[1]).

Charakteristisch für das Deltagebiet ist die Teilung des Stromes in viele Arme. Sie wird auch hier bedingt durch das geringe Gefälle.

Legen wir durch das Delta verschiedene Vertikalschnitte, so zeigt sich, daß die Ablagerung die Form eines Schuttkegels hat, bei dem die Schichten um so steiler einfallen, je mehr wir uns der Mündung des Stromes nähern. Die Schichtung der der Flußmündung zugekehrten Deltaspitze kann bis zu 30° geneigt sein. Im allgemeinen hat dieser Schuttkegel eine ziemlich flache Böschung. Sein Material ist um so gröber, je weiter stromaufwärts es lagert. Dies entspricht der abnehmenden Stoßkraft des Wassers. Wir finden nebeneinander: Gerölle, Kiese, Sande, Schlammarten und schließlich organische Reste.

[1]) Auch für „steigende Küsten" ist das vorgeschobene Delta bezeichnend.

3. Die Tätigkeit des Meereswassers.

α) Die zerstörende Tätigkeit des Meeres.

Je steiler eine Meeresküste emporragt, desto lebhafter ist im allgemeinen die sich an ihr vollziehende Tätigkeit der Meeresbrandung. Auch hier lassen sich die Wirkungen des Wassers in mechanische und chemische gliedern. Bei der mechanischen Wirkung ist es nicht so sehr der unmittelbare Anprall der Meereswoge als die scheuernde Kraft des von ihr losgelösten und in Bewegung gesetzten Gesteinschutts. Selbst gewaltige Blöcke vermögen gegen das Ufer geschleudert zu werden (Abb. 12).

Abb. 12. Steilküste; Südstrand von Wyk a. Föhr. (Orig. Henry Potonié.)

Die chemische Wirkung äußert sich u. a. in dem Einfluß, den die Meeressalze auf das Gestein ausüben.

Nicht übersehen darf man die Lockerung durch Tiere, wie Bohrmuscheln, und durch Pflanzen, wie Meeresalgen.

Wichtig ist auch der Spaltenfrost (siehe S. 7).

Die Schnelligkeit der Zerstörung steigert sich nicht nur mit der Steilheit der Küste, sondern auch mit der Höhe der Wellen und ist besonders dann sehr wirksam, wenn die Wogen die Steilküste unter einem möglichst rechten Winkel treffen (Helgoland, Kreidefelsen von Rügen). Weiter ist die Festigkeit des Gesteins maßgebend.

Es ist bemerkenswert, daß die Meereswogen nur wenig in die Tiefe wirken. Im Ozean sollen sich Wellenfurchen nur bis zu 200 m Tiefe gefunden haben.

Betrachten wir die Wirkung der Brandung weiter, so bemerken wir neben den schon genannten Erscheinungen eine deutliche Küstenerosion. Die vom steilen Ufer zurückfließenden Wellen vermögen ganz wie das fließende Wasser des Festlandes Rillen, Rinnen und Ausstrudlungslöcher hervorzubringen. — Im Verein mit schon genannten Faktoren bilden sich hierbei Küsten-Höhlen, -Grotten und -Felsentore.

Wesentlich ist die schließliche Bildung der Strand- oder Küstenterrasse. Die Brandung und der durch die Brandung in Bewegung gesetzte, immer von neuem gegen die Steilküste prallende Gesteinsschutt unterhöhlt die steile Küste weiter und weiter und schafft so in ihrer ganzen Erstreckung eine Hohlkehle. Diese Unterhöhlung hat jedoch je nach dem Gestein der Küste eine bestimmte Grenze, bei der es schließlich zum Absturz der überhängenden Felswand kommt. Hierdurch wird der Meereswoge nur neues Scheuermaterial zugeführt, das eine neue Hohlkehlenbildung unterstützt. So schafft die Brandung eine sich bis zu einem bestimmten Maße verbreiternde Strandleiste (Strandterrasse), die durch die Tätigkeit der Gesteinstrümmer eingeebnet erscheint. Hinter der Strandterrasse befindet sich dann die Steilwand oder das Kliff. Die vor dem Kliff liegende Strandterrasse hat schließlich eine so beträchtliche Breite erreicht, daß sich selbst eine starke Brandung auf ihr totläuft. Hiermit ist der Vorgang der Küstenzerstörung beendet. Eine Fortsetzung der Festlandsabtragung wird erst dann möglich, wenn die Woge durch Landsenkung von neuem an das Kliff herangelangt.

Wir haben also erkannt, daß ein ständiges Vorschreiten des Meeres, eine Meeres-Transgression durch langdauernde Zerstörung des Festlandes, ohne weiteres nicht möglich ist. Wo sie eintritt, ist eine länger andauernde (säkulare) Landsenkung Bedingung, oder aber ein allmähliches Steigen des Meeresspiegels. Ähnlichen Einflüssen müssen wir denn auch die jungen Küstenzerstörungen der Nordsee zuschreiben; so die im 13. Jahrhundert erfolgte Entstehung der Zuidersee, sowie die des Dollarts und des Jadebusens. Ebenso sind Landsenkungen die Ursache der Abtrennung der Friesischen Inseln vom Festlande und ihrer immer weiter fortschreitenden Zerstörung (Abb. 12.)

Wo das Meer über ein ehemaliges Festland hinweggeschritten

ist, wie dies ja in der geologischen Vergangenheit des öfteren der Fall war, sehen wir dieses zu einer Rumpffläche abgeschliffen. Auf der Rumpffläche lagern die Trümmer des ehemals das Festland aufbauenden Gesteins in Form von Konglomeraten und Sandsteinen. Wir sprechen in solchen Fällen von einem Transgressionskonglomerat (Abb. 61).

Nicht nur die Meeresbrandung wirkt festlandzerstörend, sondern auch die Gezeiten. Wir dürfen geradezu von einer durch die Gezeiten bewirkten Erosion sprechen.

Ein Beispiel für die abtragende Tätigkeit der Gezeiten sind die deutschen und holländischen Wattenmeere. Bei Ebbe erblicken wir hier einen Schlammboden, der von Kanälen und Rinnen durchfurcht ist. Zwischen diesen Kanälen befinden sich die Watten. Strömt bei Ebbe das Wasser zum offenen Meere zurück, so nimmt es jeweils einen Teil des Wattenschlicks mit sich fort.

In ähnlicher Weise wirken die Gezeiten in den Ästuaren oder Trompetenmündungen großer Ströme, so bei der Weser und der Elbe. Ja, die trompetenförmige Gestalt dieser Mündungen ist überhaupt erst eine Folge der Gezeiten. Bei Ebbe vollzieht sich die Entleerung des Ästuars mit solcher Kraft, daß jedesmal ein Teil der hier bereits zum Absatz gelangten Sinkstoffe mitgerissen wird.

β) Neubildungen des Meeres.

An flachen Küsten wirkt die Meereswoge nicht zerstörend, sondern geradezu aufbauend. Die kräftig heranrollende Woge bringt Gesteinsschutt (wie z. B. Sand) mit sich zum Strand empor. Langsam fließt sie zurück, und so bleibt ein Teil des herbeigeführten Materials in Form eines am äußeren Strande entlanglaufenden Strandwalles liegen. Besonders gut werden solche Strandwälle ausgebildet, wo der Wasserstand (z. B. durch Ebbe und Flut) einem gewissen Wechsel unterliegt.

An Punkten, wo die Wellen in schräger Richtung auf die Küste treffen, bewirken sie einen der Küste folgenden langsamen Transport des den Strand aufbauenden Materials: Küstenversetzung; wo die so „versetzten" Materialien an Einbuchtungen der Küste gelangen, vermag sich eine besondere Form des Strandwalles auszubilden; es ist das die der Nehrung, einer Landzunge, die langsam vom Festlandsvorsprung aus in das offene Wasser hineinwächst und unter Umständen ganze Meeresbuchten abzuschließen vermag. Der abgeschlossene Meeresteil bildet dann das Haff oder die

Abb. 13. Strandwall aus Feuersteinen auf einer südlich der Kreidefelsen von Stubbenkammer gelegenen Nehrung der Insel Rügen. Die durch die Brandung aus den Kreidefelsen herausgelösten Feuersteine bilden also einen wesentlichen Bestandteil dieser „Schmale Heide" genannten Nehrung. (Orig. R. Potonié).

Lagune. Bekannte Beispiele sind die Kurische und die Frische Nehrung. Aber auch größere Binnenseen, wie z. B. die des masurischen Gebietes, können schöne Nehrungsbildungen aufweisen (Goldapgar-See bei Lötzen). Auch die Insel Rügen ist reich an Nehrungsbildungen, die besonders lehrreich, weil sie teils von bestimmten Punkten der Insel mit einem Blicke übersehen werden können, teils genau zeigen, woher das sie aufbauende Material gekommen ist. Einst stellte die Insel Rügen ein Inselarchipel dar. Die einzelnen Inseln dieses Archipels sind im Verlaufe der Zeit durch Nehrungen miteinander verbunden worden. So ist der Jasmund, auf dem ja als bekannteste geologische Erscheinung die Kreidefelsen von Stubbenkammer zu finden sind, nicht nur durch eine westliche Nehrung, Schaabe genannt, mit Wittow (bekannt durch Arkona) verbunden worden, sondern auch mit der Granitz, und dies durch eine nach Süden verlaufende Nehrung, die den bezeichnenden Namen „Schmale Heide" trägt. Jenseits der Schaabe haben wir den großen, jenseits der Schmalen Heide den kleinen Jasmunder Bodden. Die in den Kreidefelsen von Stubbenkammer so reichlich vorhandenen Feuersteinknollen gelangen bei der Zerstörung der Steilküste in die Brandung, werden durch die Meereswogen verfrachtet (versetzt) und bilden schließlich einen wesentlichen Bestandteil der Schmalen Heide. Bei einer Wanderung über diese Nehrung finden wir beträchtliche, nur aus Feuersteinen aufgebaute Strandwälle (siehe Abb. 13). Auch das bei Thiessow gelegene Südpeerd der Halbinsel Mönchgut ist durch eine Nehrung mit dem Lobber Ort (bei Göhren) verbunden. Hier wurde u. a. der Zickersee abgeschnitten. Abb. 14 gibt vom Südpeerd aus in Richtung auf Lobbe einen Blick über den Zickersee (links) und die offene Ostsee (rechts), die von der Nehrung („Der große Strand" genannt) getrennt werden.

Das Gesteinsmaterial, das von den Flüssen weiter hinausgeführt wird ins offene Meer oder aber durch Luftströmungen über die Meeresfläche gelangt und dort niedersinkt, führt schließlich zur Bildung von horizontal gelagerten untermeerischen (marinen) Absatzgesteinen.

Solche Absatzgesteine des Meeres sind von dreierlei Art. Wir haben mechanische, chemische und organische Sedimente (siehe die genauere Aufzählung im Abschnitt C). Diese Sedimente können entweder in reiner Form vorkommen oder aber auch gemischt. Die Fällung der Sinkstoffe erfolgt nicht nur durch die Verminderung der Bewegung des Wassers, sondern auch durch den Salzgehalt des Meeres. Je nach dem Orte des Absatzes unterscheidet man Küsten- oder Litoralablagerungen von Tiefsee- oder pelagischen Ablagerungen. Sie geben durch ihre Beschaffenheit

(z. B. durch grobes Korn in der Nähe der Küste, große Feinkörnigkeit weit entfernt von ihr) den Ort ihrer Entstehung zu erkennen, sind also verschieden ausgebildet, auch wenn sie zur gleichen Zeit entstanden sind. Man spricht deshalb von der Fazies der Ablagerung (siehe S. 108/9).

Unter den in der Gegenwart entstehenden Litoralablagerungen

Abb. 14. Blick über eine Nehrung, „Der große Strand" auf Rügen; vom Südpeerd aus etwa in Richtung Lobbe aufgenommen. Die Oberfläche der Nehrung erhebt sich, weil aus angeschwemmtem Material aufgebaut, im Gegensatz zum übrigen Gelände nur wenig über den Meeresspiegel. Links der abgeschnürte Zickersee, rechts die offene Ostsee. (Orig. Henry Potonié.)

sind für den Landwirt die der Wattenmeere von der größten Bedeutung. Hatten wir S. 26 erkannt, in welcher Weise das Wasser der Wattenmeere zerstörend wirkt, so muß nunmehr auf seine aufbauende Tätigkeit hingewiesen werden; sie erfolgt auf den flachen Wattenflächen, die bei Ebbe zwischen jenen Rinnen und Kanälen erscheinen, in denen sich bei eintretender Ebbe die letzten Wasser verziehen. „Noch immerfort bildet sich neue Marsch, indem jede tägliche Flut mit fein ausgeschlämmtem Ton überladen, eine dünne Schicht von Marschton (Schlick) absetzt. . . . Wo einmal Tonboden ist, setzt der Schlick sich sehr leicht an; dagegen haftet er nicht auf den Sandkörnern, die bei dem Zurücktreten der Flut eine rollende Bewegung annehmen und den Ton wieder mit dem Wasser wegschwemmen lassen. . . . Es gibt Stellen, wo ein halbes Jahrhundert vergehen mag, ehe der Zuwachs 1 Fuß beträgt, während an anderen Orten dieselbe Erhöhung des Bodens in 6—8 Jahren vor sich geht." (*G. Foschhammer*). Die Eindeichung hinreichend weit erhöhten Marschbodens ist dem Landwirt bekannt.

Im Anschluß an die Betrachtung der Tätigkeit des Meeres sind einige Bemerkungen über die Seen der Festländer am Platze; können wir doch bei den Seen vieles im verkleinerten Maßstabe wiederfinden, was wir auch beim Meere zu beobachten vermögen. Es sei folgende Übersicht über die Typen der Seen gegeben:

Seen exogenen Ursprungs:

a) Abdämmungsseen. Wir erwähnen nur:

1. Stauseen, wie sie durch Bergstürze, Schuttkegel, Endmoränen usw. entstehen (vgl. auch S. 40).

2. Strandseen, Lagunen und Haffe, die durch Strandwälle, Dünen usw. vom Meere abgeschnürt werden (S. 27).

b) Austiefungsseen, Erosionsseen; hierher gehören die Rinnenseen (S.43) und die Auslaugungsseen, entstanden durch unterirdische Auflösung von Gips, Salz usw. (S. 12).

Seen endogenen Ursprungs:

Tektonische Seen: Seen in Grabenbrüchen usw. (S. 72).

Vulkanische Seen: Maare usw. (S. 64).

Wirtschaftlich wichtig ist die Rolle der Seen als Regulier- und Kläranstalten der Flüsse. Die Wassermenge des den See verlassenden Flusses ist eine gleichmäßigere als vorher und erscheint von Schwebeteilen gereinigt.

Die Sedimente der Seen scheiden sich in mechanische (Gerölle, Kiese Sande, mineralische Schlammarten), organische (Faulschlamm, Seekreide, Kieselgur usw.) und chemische. Letztere bilden sich in Salzseen, deren Wasser häufig eine gesättigte Salzlösung ist. Es handelt sich um abflußlose Seen von Trockengebieten, in die Flüsse münden. Die Seen sind salzig durch eine infolge fortwährender Wasserverdunstung vor sich gehende Anreicherung der ihnen vom Flusse ständig zugeführten mineralischen Substanz. Sobald die sich bildende Lauge ihren Sättigungspunkt überschritten hat, kommt es zur Salzausscheidung. Außer dem hauptsächlich vorhandenen Kochsalz ($NaCl$) und Magnesiumchlorid ($MgCl_2$) findet sich Gips ($CaSO_4$), Magnesiumsulfat ($MgSO_4$), Natriumsulfat (Na_2SO_4), Kaliumsulfat (K_2SO_4), Calciumchlorid ($CaCl_2$), Kaliumchlorid (KCl) usw.

Auf etwas andere Weise verlief wohl die Entstehung der in Deutschland ausgebeuteten Salzlagerstätten (S. 130/31). Zur Zeit der Bildung des oberen Zechsteins und des mittleren Muschelkalks fanden Meeresrückzüge statt. Hierbei bildeten sich an den Küsten der zurückweichenden Meere wahrscheinlich Salzpfannen, wie z. B. heutzutage die Kara-Bugas-Bucht des Kaspisees eine solche darstellt. Wir erkennen in dieser einen Meerbusen, der vom offenen Meere weitgehend abgeschnürt erscheint. Die flache Bucht ist nur durch einen seichten Kanal mit dem Kaspischen Meere verbunden. Sie ragt hinein in ein trockenes und heißes Gebiet, aus dem ihr kein fließendes Wasser zuführt wird, das aussüßend wirken könnte. Eine Austrocknung der Bucht wäre daher unvermeidlich, wenn nicht ständig auf dem flachen Verbindungswege zum Kaspisee eine Zuführung von salzhaltigem Wasser erfolgte. So entsteht hoch-prozentige Salzlösung, die zur Ausscheidung von Salzen geeignet ist.

b) Die Wirkungen des Eises.

1. Gletscher oder Ferner.

Um die Entstehung des landwirtschaftlich wichtigsten Gebietes Deutschlands, des mit Ablagerungen der Eiszeit bedeckten Norddeutschen Flachlandes durchschauen zu können, ist es notwendig, sich zuvor ein Bild von den Gletschern der Hochgebirge und vom Inlandeis der Polarregionen zu machen.

Oberhalb der Schneegrenze der Hochgebirge bilden sich die Firnfelder. Wir finden sie z. B. in den Alpen 2700—2800 m über dem Meeresspiegel in den zwischen den Gipfeln und Graten befindlichen muldenförmigen Vertiefungen. Hier sammelt sich der Schnee in zunächst nur lockerer Schichtung. Durch die Einwirkung der Sonne verwandelt er sich bald in den körnigen Firnschnee, der ein Gehäuf von luftblasenreichen Eiskörnchen darstellt.

An die Firnmulde schließt sich der Gletschertrog, in dem sich die inzwischen zu Gletschereis gewordene Masse stromförmig fortbewegt. Das Gletschereis bildet sich durch den Druck der auflastenden Schichten aus dem Firnschnee. Es ist eine kompakte Masse, deren Fortbewegung nicht ohne weiteres verständlich erscheint. Man spricht von der Regelation des Gletschereises. Sie beruht auf der unter Druck erfolgenden partiellen Verflüssigung und dem Wiedergefrieren des Eises. — Hier sei daran erinnert, daß wir durch den Druck unserer Hand Schneebälle formen können. Wenn dies besonders gut gelingt, sagen wir, daß der Schnee gut backe. Es ist dies dann der Fall, wenn die Temperatur gering genug ist, um den Schnee schon durch leichteren Druck teilweise flüssig werden zu lassen. Die verflüssigten Teile begeben sich sofort in noch vorhandene Lücken, sind hier vom Druck befreit und erstarren wieder zu einem die Schneekristalle miteinander verkittenden Eis. Wo eine mächtige Eismasse auf einer schiefen Ebene lagert, muß ein derartiges Verhalten zu einem langsamen Abfließen der Masse führen.

In der Mitte des Eisstromes geht die Bewegung am schnellsten vor sich, weil sich die Eismassen hier nicht an den Wänden des Gletschertroges reiben. Diese Verschiedenheit der Bewegung führt zur Bildung der Randspalten, die an den Ufern des Gletscherstromes beginnen und schräg nach vorn gerichtet sind. Wo sich der Gletscherstrom über Talstufen bewegt, wir also gewissermaßen einen Eiswasserfall vor uns haben, kommt es zur Bildung von Querspalten. Längsspalten endlich bilden sich, wo der Gletscher an seiner Stirn auseinanderfließt.

Die Stirn des Gletschers befindet sich da, wo Eisnachschub und Abschmelzen einander die Wage halten.

Das Abschmelzen erfolgt nicht nur an der Stirn des Gletschers, sondern auch an dessen Oberfläche und am Boden des Gletscherbettes. Die Oberflächenwasser finden vielfach ihren Weg durch Gletscherspalten in die Tiefe. Da dies manchmal in Form von Wasserfällen geschieht, so wird die Kraft des niederstürzenden Wassers bei der Dicke mancher Gletscher u. U. eine so große, daß auf dem Grunde des Gletschers lagernde Steine in rollende Bewegung versetzt werden. Man spricht in solchen Fällen von Gletschermühlen. Das Wasser wird zur treibenden Kraft, während die sich allmählich der Kugelform nähernden Rollsteine den

„Bohrer" darstellen, der in den felsigen Untergrund runde Kessel, die Gletscher- oder Riesentöpfe hineinbohrt. — Es sind u. a. die Gletschertöpfe, an denen man gelegentlich die vom Eis verlassenen Strecken als solche wieder erkennen kann; so z. B. im Gletschergarten von Luzern. — Die auf dem Grunde des Gletschers abfließenden Schmelzwasser verlassen den Ferner an dessen Stirn durch das Gletscher- oder Eistor. Hier erscheint der durch die Gletschertrübe milchig gefärbte Gletscherbach (Gletschermilch).

Der von den Seitenhängen des Gletschertroges herabfallende Gesteinsschutt, der im wesentlichen durch den Spaltenfrost (siehe S. 7) erzeugt wird, bildet die auf beiden Seiten der Oberfläche des Gletscherstromes lagernden und mit dem Eise langsam zu Tal wandernden Seitenmoränen. Wo zwei Gletscherströme zusammenfließen, vereinigen sich zwei Seitenmoränen zu einer Mittelmoräne. Seitenmoränen und Mittelmoränen zusammengenommen, werden als Oberflächenmoräne bezeichnet.

Ein Teil der Oberflächenmoräne kommt nicht direkt an der Stirn des Gletschers als Endmoräne zur Ruhe, sondern erreicht durch die Spalten des Gletschers dessen Grund und vereinigt sich hier mit der in die unteren Teile des Eises hineingekneteten Grundmoräne.

Die Grundmoräne kann zunächst einmal aus dem ursprünglich in dem Gletschertrog vorhanden gewesenen Gesteinsschutt bestehen, der also auf diese Weise aus dem Gletschertal herausgeräumt wird. Bei einem derartigen Transport ist es nicht verwunderlich, wenn der Gesteinsschutt zum großen Teil fein zermahlen wird, um später Lehm, Mergel usw. zu liefern. Nicht nur die Geschiebe, wie man die auf diese Weise fortgeschobenen Blöcke nennt, reiben sich aneinander ab, sondern sie bearbeiten auch den Untergrund, und werden hierbei je nach der Gesteinsbeschaffenheit ± kantengerundet und zum Teil mit polierten und geschrammten Flächen versehen. Hierbei geht aus dem Anstehenden immer neues Gestein in die Grundmoräne über, so daß sich der Gletschertrog mehr und mehr vertieft.

Die Geschiebe sind also ein charakteristisches Merkmal der Tätigkeit des Eises.

Auch die Grundmoräne wird an der Stirn des Gletschers als Endmoräne abgeladen.

Die Endmoräne hat entsprechend der Zungenform der Gletscherstirn eine bogenförmige Gestalt.

Der feinste Gesteinsschutt verbleibt im allgemeinen nicht bei der Endmoräne, sondern wird von den Gletscherwassern ausgewaschen und fortgeführt (siehe S. 41).

2. Die Abtragung durch das Gletschereis.

Wohl wesentlich durch den unter starkem Eisdruck stehenden Grundmoräneninhalt übt das Gletschereis eine stark abtragende Wirkung auf den Untergrund aus. Der Boden des Gletscherbettes und auch dessen Seiten werden gescheuert und abgeschliffen. Zeugen hierfür sind die Gletscherschliffe und -schrammen. Unebenheiten werden, soweit sie scharfkantig sind, in Rundhöcker oder Rundbuckel verwandelt.

Da das Gletschereis in seiner ganzen Oberflächenbreite senkrecht auf den Untergrund drückt und diesen ausschmirgelt, so entsteht nicht ein V-förmiges, sondern ein trogförmiges, im Querschnitt U-förmig ausgebildetes Tal von oft beträchtlicher Breite und Steilwandigkeit.

Ein großer Gletscher wirkt wegen der bedeutenderen Mächtigkeit seiner Eismasse sehr viel stärker abtragend als seine kleinen Seitengletscher, so daß sein Tal im Laufe der Zeit übertieft wird. Man sieht dann die Seitengletscher hoch oben an den Abhängen des Haupttroges in Hängetälern erscheinen.

Bezeichnend für ehemals vereiste Gebirgsteile sind die Talzirkusse oder Kare, wie sie sich z. B. in den Alpen, aber auch im Bayrischen Wald, im Riesengebirge usw. finden. Manchmal sieht man mehrere davon übereinander. Sie weisen häufig kleine, hochgelegene, malerische Seen auf.

Am unteren Ende eines ehemaligen Gletschers befindet sich das Zungenbecken. Hier hat die Gletscherzunge ausschürfend gewirkt; etwas weiter abwärts aber, jenseits der Randlage des Eises, konnte keine Austiefung erfolgen; dort befindet sich die Endmoräne. Das Zungenbecken sehen wir bisweilen mit Wasser erfüllt, und dies auch deshalb, weil die Endmoräne davor lagert. Es hat sich ein Stausee gebildet.

3. Das Inlandeis.

Von größter Bedeutung für den denkenden Landwirt ist die Kenntnis der heutigen Inlandeisgebiete, wissen wir doch, daß der norddeutsche „Grund und Boden" im wesentlichen durch die Tätigkeit eines Inlandeises gebildet worden ist, das hier während der Diluvialzeit vorhanden war.

Wir verdanken diese Einsicht vor allem dem schwedischen Geologen *Torell*,, der u. a. im Jahre 1875 in Deutschland war und die zwar schon früher bemerkten „Rüdersdorfer Gletscherschrammen" einwandfrei als solche feststellte.

Obgleich wir nunmehr ganz sicher wissen, daß Deutschland einstmals eine Inlandeis-Bedeckung erlebt hat, so ist doch keineswegs klar, welches die Gründe dieser Erscheinung gewesen sind.

Es kann nicht unsere Aufgabe sein, erschöpfend darzustellen, welche Ursachen man für die ehemalige Vereisung Norddeutschlands verantwortlich machen könnte; nur kurze Andeutungen müssen hier genügen. — Vielfach wird angenommen, es hätten beträchtliche Polwanderungen stattgefunden. So vermutet man, der Nordpol habe während der Diluvialzeit auf dem grönländischen Festland gelegen; weiß man doch, daß der Eisrand damals innerhalb Deutschlands bis zum Rand der deutschen Mittelgebirge gelangt ist, während er in Rußland jetzt verhältnismäßig kalte Teile Sibiriens nicht erreichte. Man nimmt deshalb an, die Eiskalotte habe damals vielleicht keine bedeutendere Größe als heute, wohl aber eine andere Lage gehabt. — Eine andere Hypothese arbeitet damit, daß die warmen Meeresströmungen jener Zeit gewiß andere waren als heute; somit dürften sich auch die Schneeverhältnisse in anderer Weise geregelt haben. — Weiter ist sogar geäußert worden, daß der Löß, der ja dem deutschen Landwirt aus der Magdeburger Börde als vorzüglicher Zuckerrübenboden bekannt ist, nichts anderes darstelle, als kosmischen Staub. Dieser Staub soll entsprechend seinem kosmischen Ursprung bei seinem Niederschlag auf die Erde außerordentlich kalt gewesen sein. Er hätte dann in den Gebieten seines Auftretens erhebliche Abkühlungen herbeiführen müssen. — Endlich wird darauf hingewiesen, daß die skandinavischen Gebiete, von denen die Eisbedeckung ausging, damals viel höher lagen als heute. Die Niederschläge wären dann in jenen Gebieten mehr als gegenwärtig in Form von Schnee erfolgt. —

Mit den astronomischen Erklärungsversuchen der Eiszeit wollen wir uns an dieser Stelle nicht beschäftigen. — Es ist eben vorläufig als schlichte Tatsache zu betrachten, daß das Inlandeis einmal in Deutschland war; ganz ebenso wie noch heute in Grönland, wo sich das Inlandeis noch jetzt auf Breitengraden befindet, an die es anderswo längst nicht heranreicht.

Die beste Vorstellung von den Verhältnissen, wie sie zur Eiszeit bei uns geherrscht haben, ebenso wie von den Bildungen, die jener Zeitabschnitt bei uns hinterlassen hat, vermögen wir uns zu machen, wenn wir Gebiete wie das eben genannte grönländische Festland aufsuchen. *Nansen* berichtet in seinem klassischen Werk „Auf Schneeschuhen durch Grönland", daß das Inlandeis in Gestalt eines großen schildförmigen Kuchens auf dem Lande lagere. Vom Rande des Eises aus steigt man verhältnismäßig steil empor, dann aber nimmt die Steigung mehr und mehr ab, um schließlich fast völlig nachzulassen. Die Oberfläche des Inlandeises bildet leichte, aber sehr große Wellen.

Nansen berichtet weiter, daß es während des größten Teils seiner nicht ganz $1^1/_2$ Monate währenden Grönlandfahrt fast ständig geschneit habe. Naiv ausgedrückt, müßten solche fortwährenden Schneeniederschläge das Inlandeis in den Himmel wachsen lassen. Zwar verdunstet ein gewisser Teil der Niederschläge, aber doch bei weitem nicht alles. Das konnte *Nansen* durch folgende Beobachtung feststellen. Stößt man einen Stock in die Oberfläche des Inlandeises, so bemerkt man einen Wechsel von lockeren und festen Schichten. Die lockeren entsprechen einem jeweiligen Schneefall; die festere Kruste aber ist die oberflächlich erhärtete Schicht des betreffenden Schneefalles, auf die sich dann, wiederum zunächst nur locker, der Neuschnee gelegt hat. Man ersieht hieraus, daß die Eismasse des Inlandeisgebietes unbedingt eine ständige Zunahme erfährt. Wenn das Inlandeis trotzdem eine bestimmte Mächtigkeit nicht übersteigt (man spricht für Grönland von einer Dicke bis zu zwei Kilometern), so liegt das daran, daß die neu hinzukommenden Massen für ein Auseinanderfließen der Gesamtmasse Sorge tragen. Daher auch die schildförmige Gestalt, die ja auch ein Kuchenteig annimmt, der auf einen Tisch gehäuft wird; eine Gestalt, die der Teig auch dann beibehält, wenn ihm immer neue Massen zugeführt werden.

Während die große Fläche des grönländischen Inlandeises ungestört erscheint, befinden sich an den Abhängen offene Spalten, die parallel zum Eisrande verlaufen. Auch erheben sich nur in der Nähe der Küste einige der höchsten Gipfel grönländischer Gebirge über das Eis empor; sie werden als Nunataks bezeichnet. Sodann schieben sich einzelne Zungen der Eismasse in oft nur schmalen Fjorden dem Meere zu und sind durch nichts von gewöhnlichen Gletschern zu unterscheiden. Wo am Ende derartiger Gletscherbetten das Eis ins Meer hineinrückt, gleitet es zunächst über die Schorre hinweg (das ist die flache unter Wasser befindliche Küstenzone des Festlandes), bis es schließlich in eine Tiefe gelangt, in der die Tragkraft des Wassers wirksam zu werden beginnt. Hier wird das Eis emporgehoben und schließlich unter oft lautem Getöse vom Gletscher losgelöst; der Gletscher „kalbt". So werden die Inlandeismassen zu den Erzeugern der langsam nach Süden treibenden Eisberge. Gerade diese Eisberge verraten uns die Mächtigkeit des Inlandeises. Bei den manchmal mehr als 100 Metern, mit denen sie über die Wasserfläche emporragen, müssen sich entsprechend dem spezifischen Gewicht des Eises 900 Meter und mehr, also 9 Zehntel der Höhe des Eisberges, unter der Wasseroberfläche befinden.

Zuzeiten, in denen sich die Eisberge mehren, bedingen sie eine beträchtliche Abkühlung des Meerwassers und diese wieder teilt sich der Luft mit. Unter Umständen kann sich solche klimatische Wirkung des Treibeises auch dem deutschen Landwirt bemerkbar machen.

Endlich seien noch die auf der Oberfläche des grönländischen Eises — und zwar ebenfalls in dessen Randgebiet — beobachteten Täler genannt, die durch die Schmelzwasser, welche dem Abhang zuströmen, in das Eis gefurcht werden.

Ähnlich wie heute in Grönland müssen die Verhältnisse einst auch in Deutschland gewesen sein, nur lag damals das Niederschlagszentrum in Skandinavien. Von dort aus verbreitete sich der Eiskuchen über die Ostsee hinweg bis tief nach Deutschland hinein. Die flache Ostsee kann der Eismasse, nachdem dieses Meer erst einmal mit Eis ausgefüllt worden war, kein Hindernis gewesen sein.

Der Schutt der skandinavischen Gebirge wurde in die unteren Schichten des Eises hineingeknetet und gelangte so in langsamer Wanderung bis nach Mitteldeutschland.

Neben dem feineren Material sind große und größte Gesteinsblöcke (Geschiebe, Irrblöcke, erratische Blöcke oder Findlinge genannt) zu uns gekommen, die vielfach durch ihre Gesteinsbeschaffenheit ihre Herkunft zu erkennen geben. Bekannt sind vor allem die Markgrafensteine in den Rauenschen Bergen bei Berlin. — Vor einigen Jahren hat sich ein großer Block in der nächsten Nähe von Berlin, nämlich in Dahlem gefunden und ist dort in den Anlagen als Naturdenkmal aufgestellt worden (Abb. 15).

Abb. 15. Erratischer Block. Thielstein in Dahlem bei Berlin. (Orig. Horst Potonié).

Bemerkenswert ist die Form der Geschiebe (S. 33). Sie sind nicht vollkommen abgerundet, wie die Gerölle, sondern zeigen u. a. ebene Flächen und sind kantengerundet. Manchmal besitzen sie auf ihren Flächen deutliche Schrammen. Alles dies spricht für die Art und Weise des Transports.

Zur Zeit der größten Verbreitung des Inlandeises befand sich der Eisrand, wie schon einmal erwähnt, am Nordabhang der deutschen Mittelgebirge. Dafür sprechen nordische Geschiebe, die z. B. bis ins Riesengebirge und in den Harz emporgetragen worden sind. Sie gestatten uns einen Rückschluß auf die Mächtigkeit des deutschen Inlandeises. Rekonstruieren wir nämlich von den deutschen Mittelgebirgen aus eine ähnliche Schildform, wie sie in Grönland beobachtet worden ist, so gelangen wir zu Mächtigkeiten von 1—4000 Metern.

Zu verschiedenen Malen ist das Inlandeis vorgedrungen und wieder zurückgewichen. Man unterscheidet danach innerhalb der Diluvialzeit verschiedene Eiszeiten (Glaziale) und Zwischeneiszeiten (Interglaziale). Der Eisrand befand sich eben jeweils auf einer Linie, wo Eisnachschub und Abschmelzen entsprechend den jeweiligen Niederschlägen und der gerade herrschenden Durchschnittstemperatur einander die Wage hielten. Eine besonders deutlich erhaltene Randlage vom letzten Rückzug des Inlandeises stellt der baltische Höhenrücken dar; er beginnt in Schleswig-Holstein, zieht durch Mecklenburg, Brandenburg usw. hindurch und reicht bis nach Rußland hinein. Seine höchste Erhebung ist der 331 m messende Turmberg westlich Danzig. Die Grundmoräne wurde während längerer Zeit gerade bis zu dieser Randlage transportiert und lieferte das Material des bedeutenden Endmoränenzuges. Die auf seiner Linie entstehenden Schmelzwasser konnten wohl die feineren Bestandteile der Grundmoräne ausspülen und forttransportieren, nicht aber die größeren Partikel oder gar die großen erratischen Blöcke.

Die bezeichnendste Form einer solchen Endmoräne ist denn auch die der Blockpackung (Abb. 16), wie wir sie z. B sehr schön in der Gegend von Feldberg in Mecklenburg-Strelitz beobachten können. Meist sind diese blockreichen Endmoränen mit Buchenwald bestanden, denn gerade durch die Verwitterung der vielen Irrblöcke ergibt sich die mineralische Nahrung, die die Buche gebraucht. In der Feldberger Gegend haben wir einen schönen Überblick über das Endmoränengebiet, weil es hier entwaldet vor uns liegt. Trotz der Fruchtbarkeit des Untergrundes stößt der Landwirt im Bereich der Blockpackung auf Schwierigkeiten. Um die Äcker herum sammeln sich in großen Mengen und immer von neuem die erratischen Blöcke, so daß der Bauer oft zu der Annahme geneigt ist, daß von Jahr zu Jahr neue Steine dem Boden entwachsen. In Wahrheit trifft der Pflug (der ja die Denudation unterstützt) immer wieder auf andere, längst vorhanden gewesene und tiefer gelegene Geschiebe.

Auch die Partie des baltischen Höhenrückens zwischen

Joachimstal und Oderberg in der Mark ist sehr lehrreich. Unsere Abbildung 16 gibt einen Teil des hier als Uckermärkische Endmoräne bezeichneten Höhenzuges, nämlich den Lieper Bogen wieder. Deutlich hebt sich die ehemalige Eisrandlage in Form eines auch hier meist mit Buchen bewaldeten Walles ab. Diesseits, also nördlich des Walles, erblicken wir den Plage-See. Er gehört zu jenen

Abb. 16. Norddeutsche Endmoränenlandschaft. *l—l*: Lieper Bogen der Uckermärkischen Endmoräne; diesem nördlich vorgelagert ein Stausee, der Plagesee; links von *m* vermoorter Teil des Plagesees. — Blick über das Naturschutzgebiet Plagefenn von den Plagebergen aus. (Orig. R. Potonié.)

Seen, die man als Stauseen bezeichnet (S. 34 und S. 30). Als nach dem Aufbau des Endmoränenzuges die Durchschnittstemperatur stieg, wich der Eisrand naturgemäß zurück. Wieder wurden Schmelzwasser erzeugt, die aber vielfach den Stauwall der Endmoräne nicht zu überwinden vermochten. Sie sammelten sich daher in den Tiefen der vom Eis verlassenen Grundmoräne (hierüber S. 43).

Außer den Blockpackungen gibt es nun noch andere Arten

von Endmoränen, so die Kies- und Sandmoränen, wie sie z. B. in der sogenannten Märkischen Schweiz bei Buckow und in der Strausberger Gegend vorkommen. Sie entstehen wohl an solchen Stellen, wo der Eisrand eine weniger absolute Stillstandslage innegehabt hat. Ein häufiges Hin- und Herschwanken des Eisrandes innerhalb eines ausgedehnteren, aber doch immerhin in sich begrenzten Gebietes muß zwar zunächst einmal ebenfalls eine Anhäufung gröberen Materials zur Folge haben, der Gesteinsschutt wird aber nicht so stark von ganz groben Bestandteilen durchsetzt sein wie bei der typischen Blockpackung; andererseits werden auch hier alle feinsten Bestandteile ausgewaschen werden, wobei jedoch schon die Kiese und hier und dort selbst die Sande nicht mehr mit ergriffen werden[1]).

Endlich sind die Staumoränen zu erwähnen. Sie entstehen beim Vorrücken des Eises, das ja durch seine beträchtliche Last in den Untergrund einsinken kann, um so einen Teil des Oberflächenmaterials vor sich her und zusammenzuschieben. Besonders auffällig sind die Staumoränen an solchen Stellen, wo schon vor dem Heranrücken des Eises Tone lagerten. Die Tone pflegen dort, entsprechend dem von Norden herkommenden Eisschub, stark gefaltet zu sein (Abb. 49, S. 79). Derartiges beobachtet man z. B. in den Dubberowbergen bei Fürstenwalde.

Namentlich bei den Blockpackungen, aber auch bei den Kiesmoränen fällt uns das Zurücktreten feineren Gesteinsschuttes auf, der doch aber ebenfalls an den Rand des Inlandeises gelangt sein muß. Dieses feinere Gesteinsmaterial ist wie bei den Gletschern der Hochgebirge so auch hier durch die Schmelzwasser aus der Grundmoräne ausgewaschen und weiter nach Süden transportiert worden. Wir müssen uns also dort nach seinem Verbleib umsehen.

Unmittelbar am Südrande der Endmoräne finden wir die Sander- oder Heidesandgebiete. Der Sander fällt sanft nach Süden ab, denn er ist aufgebaut worden aus den von den Schmelzwassern dem Eisrande entführten Sanden. Wir müssen uns also

---

[1]) Wo die Kies- und Sandmoränen nur schmal sind, ist die soeben gegebene Erklärung ihrer Entstehung nicht am Platze. Hier wird man daran denken müssen, daß der Inhalt einer Endmoräne auch abhängig von der Art des Geländes ist, welches das die Endmoräne aufbauende Eis überschritten hat. Nicht überall werden nördlich der Endmoränen zur Blockbildung geeignete Materialien angestanden haben.

vorstellen, daß vom Eisrande her viele kleine Schmelzwasserläufe nach Süden strömten, auf dem jetzigen Sandergebiet ihren Lauf vielfach verlegten und dann endlich noch etwas weiter südlich in ein größeres Tal einmündeten.

Schon beim Vordringen des Eises sind von den dem Eisrande entströmenden Schmelzwassern die Sande nach Süden getragen worden, um weite „Sanderflächen" zu schaffen, die aber später von dem immer weiter nach Süden rückenden Eise überschritten wurden. Wir erblicken dann im Profil (Abb. 11, S. 22) mächtige Sandmassen, die die diskordante oder Kreuzschichtung (siehe S. 23) aufweisen und darüber lagert der Geschiebemergel (bzw. Geschiebesand). Man spricht in diesem Falle von Vorschüttungssanden; sie zeigen sich z. B. im Grunewald bei Berlin.

Beim Zurückweichen des Eises sind nun derartige Sandflächen in Form von unfruchtbaren Heidesandgebieten an der Oberfläche zurückgeblieben. Sie sind es, die dem Landwirt durch die kleinen „Krüppelkiefern", das graue Silbergras, die Immortellen und andere charakteristische Sandpflanzen bekannt sind.

Das Schmelzwasser, das über das Sandergebiet hinabrieselte und sich südlich davon zusammenfand, vermochte erklärlicherweise nicht dem Hauptgefälle der heutigen Oberfläche Norddeutschlands zu folgen; dem sich sammelnden Wasser stellte sich der mächtige Eiskuchen entgegen. Es blieb daher nur die Möglichkeit eines Abfließens am Eisrande entlang, also nach Nordwesten. Auf diese Weise haben wir — entsprechend der jeweiligen Eisrandlage — eine ganze Anzahl sogenannter Urstromtäler erhalten (Abb. 100 S. 176), deren bedeutendste man, von Süden nach Norden aufgezählt, folgendermaßen bezeichnet: das Breslauer, das Glogau-Baruther, das Berliner und das Eberswalder Urstromtal. Weniger auffallend ist das am weitesten nördlich gelegene pommersche Urstromtal.

Die Urstromtäler sind meist mit Talsanden erfüllt und besitzen oft eine beträchtliche Breite. Man darf sich indessen nicht vorstellen, daß der Schmelzwasserstrom jemals diese ganze Breite eingenommen habe; auch bei unsern heutigen Strömen ist ja das Tal oft viel weiter, als man dies dem Flußlauf zugeben möchte. Es rührt das daher, daß der Strom im Verlaufe der Zeit vielfach seinen Weg wechselt. Nicht gerade zum Vorteil der Landwirtschaft sind auf diese Weise weite Flächen Landes mit Sand bedeckt worden.

Als schließlich das Eis nach der Schaffung der Endmoränen, Sandergebiete und Urstromtäler endgültig abschmolz und daher zurückwich, mußte der gesamte Schutt, die Grundmoräne, die das Eis auf dem Weg über Skandinavien in seine unteren Teile hineingeknetet hatte, gerade an dem Platze liegen bleiben, wo sie sich eben befand. So entstand der landwirtschaftlich so wichtige Geschiebemergel, ein tonig-sandig-kalkiges Material, in dem nun selbstverständlich die Geschiebe längst nicht so häufig sind, wie in der Endmoräne, und das entsprechend seiner Entstehung ungeschichtet ist (Abb. 11 und 62). Die Geschiebemergelflächen sind niemals völlig eben. Dies rührt wohl einerseits daher, daß schon der felsige Untergrund vom Eise niemals gänzlich eingeebnet werden kann (siehe unter Gletscher), andererseits hängt es aber auch damit zusammen, daß das Abschmelzen des Eises nicht absolut gleichmäßig erfolgt; so konnte auch die Ablagerung des Geschiebemergels keine ganz regelmäßige werden.

In den Senken der Grundmoränenlandschaft sammelten sich nicht nur die Wasser der Stauseen (Abb. 16), sondern auch die der Grundmoränenseen. Letztere sind unabhängig von der Endmoräne, wenn auch erklärlicherweise gerade das Gebiet in der Nähe der Endmoräne von vornherein stärker bewegt sein wird als das weiter nördliche.

Ein mustergültiger Stausee ist z. B. der Grimnitzsee bei Joachimstal. Er zeigt die charakteristischen flachen Ufer sowie die mehr oder minder runde Gestalt derartiger Seen. Seine Umgebung verrät, daß er einst, nach dem Rückzug des Eises, eine viel größere Wasserfläche besessen haben muß als gegenwärtig. Man ersieht dies aus den Beckensanden, die sich namentlich im Westen an ihn anschließen.

Wo die Schmelzwasser die Endmoränen durchbrochen haben, haben sie jene für das norddeutsche Flachland so charakteristischen Rinnenseen ausgefurcht (Abb. 17), die im Nordwesten Deutschlands häufig etwa von Nordost nach Südwest verlaufen, in der Mitte Norddeutschlands von Norden nach Süden und in Ostdeutschland von Nordwest nach Südost. Diese Richtungen decken sich mit den Strömungsrichtungen des ja aus Skandinavien kommenden Inlandeises. Häufig sehen wir auch in der Grundmoränenlandschaft ganze Ketten von Rinnenseen, die man fast für ehemalige

Flußläufe halten möchte. Dem widerspricht jedoch die Tatsache, daß diese Seen in Niveau und Tiefe sehr verschieden sind und daß sie durch Barren voneinander getrennt erscheinen. Nach *Wahnschaffe* handelt es sich in den Seenketten um Wasserläufe, die einst unter dem Eise geflossen sind. *Nansen* hat nämlich beobachtet, daß selbst während des sehr kalten grönländischen Winters, wo an ein Schmelzen des Eises an dessen Oberfläche nicht zu denken ist, am Eisrande Wasserläufe erscheinen, die wohl von dem

Abb. 17. Schmaler Lucinsee, ein Rinnensee bei Feldberg in Mecklenburg (Blick nach Norden). Bezeichnend sind die steilen Ufer und die flußähnliche Gestalt. (Orig. R. Potonié.)

durch die Erdwärme an der Unterfläche des Eises erzeugten Schmelzwasser gespeist werden dürften. Ein derartiges Wasser muß sich dem Eisrande unter einem beträchtlichen Drucke nähern. Es fließt gewissermaßen in einer geschlossenen Röhre, und da ist es dann verständlich, warum es sich nicht ein Tal mit dem üblichen Gefälle gewöhnlicher Flüsse ausfurcht. Das Wasser muß vielmehr, je nach der Beschaffenheit des Untergrundes und des zu transportierenden Materials, bald mehr, bald weniger erodierend, bald wieder mehr aufschichtend wirken. Nach dem Rückzug des Eises würden dann Gebilde zurückbleiben, wie unsere Seenrinnen sie darstellen.

Ganz wie bei den Gletschern verrät sich auch das ehemalige Vorhandensein des Inlandeises durch Riesentöpfe (S. 33). Sehr schön haben sie sich seinerzeit beim Abbau des Rüdersdorfer Muschelkalks gefunden. Wo das Eis bereits mächtigere Schichten von Geschiebemergel oder dgl. unter sich fand, sind größere Pfuhle, Kolke oder Sölle ausgestrudelt worden, die sich entsprechend

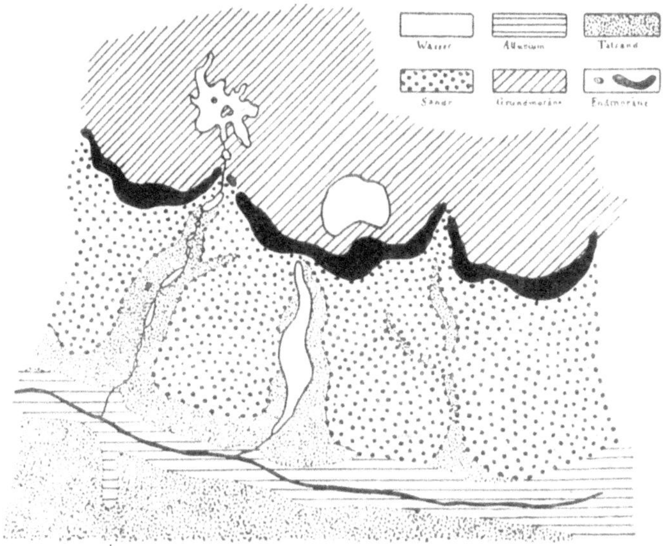

Abb. 18. Ideale Endmoränenlandschaft. Motiv aus der Joachimsthaler Gegend der Uckermärkischen Endmoräne. (Nach Hucke.)

der im Eise vor sich gehenden Spaltenbildung (S. 32) oft in Reihen angeordnet finden. Sie sind eine häufige Erscheinung norddeutscher Grundmoränengebiete und fallen durch ihre oft kreisrunde Gestalt sowie durch ihren scharfen Rand auf. Sie machen etwa den Eindruck, als habe man mit einer riesigen Gießkanne mit scharfem Wasserstrahl in einen Sandhaufen hineingegossen. Die Art der Entstehung bedingt, daß die Sölle, trotz ihres oft nur geringen Durchmessers verhältnismäßig tief sind, so daß sie vom Bauern vielfach für unergründlich gehalten und nicht zugeschüttet werden. Häufig dienen sie als Tränken für das Vieh[1]).

[1]) Vielfach finden sich kreisrunde Sölle mitten im Lehm (z. B. nördlich Allenstein in Ostpreußen). Solche können nicht als Strudellöcher bezeichnet

Wir hätten somit bei normaler Beschaffenheit der Diluviallandschaft' im Norden die Grundmoränenlandschaft mit ihren Grundmoränen und Stauseen, sodann im Süden davon, auf einer etwa von Osten nach Westen verlaufenden girlandenförmigen Linie, den Endmoränenzug, der in seiner charaktesistischsten Ausbildung aus Blockpackungen besteht; noch weiter rüdlich endlich und der Endmoräne angelagert befindet sich das Sandergebiet, es führt hinunter zu dem am Südrande der Endmoräne entlanglaufenden Urstromtal (Abb. 18).

c) Von den Wirkungen des Windes.

1. Zerstörende Tätigkeit des Windes.

(Einschließlich. Insolation.)

Der Wind vermag hinreichend kleine, lose auf der Erdoberfläche lagernde Gesteinsteile, die durch Verwitterung usw. entstanden sind, mit sich fortzutragen und anderwärts wieder abzusetzen. Solche Abblasung bereits lockeren Gesteinschuttes bezeichnet man als Deflation; jeder Landmann hat sie beobachtet, der an einem trockenen Tage auf lockerem Boden pflügte.

Die Fortbewegung der Bodenteile durch den Wind erfolgt entsprechend ihrer Größe und Schwere entweder in Berührung mit dem Erdboden oder aber unter Durchfliegung mehr oder minder großer Strecken.

Typische Beispiele äolischer Abtragung (wie man diese Art der Denudation auch nennt) finden wir in gewissen Wüstengebieten. Zunächst zerfällt dort, insbesondere unter dem Einfluß der direkten Sonnenstrahlen, aber auch durch die gewöhnliche Verwitterung, der feste Fels. Man bezeichnet diese Tätigkeit der Sonne als Insolation.

Das Gestein wird durch die Insolation während des Tages oft außerordentlich stark erhitzt und kühlt sich während der Nacht ebenso stark wieder ab. Die Differenz der Temperaturen ist manchmal so beträchtlich, daß die mit der Erwärmung und Abkühlung Hand in Hand gehende Ausdehnung und Zusammenziehung

---

werden. Durch die Ausstrudelung müßte sich der aus dem Lehm herausgewaschene Sand oder Kies in der Umgebung des Sölls wiederfinden. Sölle, die von Sand umrahmt sind, sonst aber im Lehmgebiet liegen, sind denn auch tatsächlich (z. B. ebenfalls nördlich Allenstein) zu beobachten.

der äußeren Teile des Gesteins wegen seiner schlechten Wärmeleitfähigkeit sehr viel schneller vor sich geht als in den inneren Teilen der Felsmasse. Am Tage kommt es zu Erwärmungen bis zur 80°, des Nachts kann die Temperatur unter den Nullpunkt sinken. Im tropischen Westafrika beobachtet man innerhalb 24 Stunden Temperaturunterschiede von 84°, in der Sahara solche von 45°. So kommt es im Gestein zu Spannungsunterschieden, die zu seiner Zersprengung führen. Zunächst entstehen feine Risse und Sprünge, dann scharfkantige Splitter und Scherben. — Ein Ausdruck für die rasche Ausdehnung bei beginnender Bestrahlung war das bekannte „Singen" der Memnonssäulen beim Aufgang der Sonne. Das Gestein geriet wohl in Schwingungen, die sich der Luft mitteilten.

Nachdem das Felsgerüst der Wüste auf die geschilderte Weise einen aus Brocken der verschiedensten Größe zusammengesetzten Gesteinschutt geliefert hat, werden zunächst einmal die feinsten Bestandteile des Schuttes vom Winde fortgetragen, so daß ein gröberer Treibsand zurückbleibt. Wir erhalten eine Sandwüste. Aber auch die gröberen Sandmassen können durch stärkere Winde fortgeführt werden. Es verbleibt dann ein gröberer Kies und wir sprechen demzufolge von Kieswüsten. Wo endlich auch der Kies beseitigt wurde, finden wir die Fels- oder Steinwüsten.

So herrschen z. B. in der Sahara entgegen der üblichen Ansicht nicht weite Sandflächen vor, sondern wir finden im wesentlichen den Typus der Steinwüste vertreten. Wir erblicken große Tafelgebirge, vor denen hier und dort, vereinzelt oder in Gruppen, Inselberge stehen. Diese Inselberge sind durch Windwirkung, aber auch durch gelegentliche heftige Regengüsse von den Tafelbergen isoliert worden. Sie sind also Zeugen ehemaliger Tafelberge und werden daher als die Zeugenberge der Wüste bezeichnet.

Die Sandwüste finden wir meist nur da, wo der Wind den Sand zusammenweht. Dies ist z. B. in der Libyschen Wüste der Fall.

Aber nicht allein durch Ausblasung von bereits vorhandenem oder aber soeben durch Verwitterung und Insolation entstandenem Gesteinschutt wirkt der Wind abtragend. Bedeutend verstärkt wird seine denudierende Wirkung, sobald er erst einmal mit feinem Gesteinschutt beladen ist. Der Wind wird dann zur Triebfeder,

der feine Gesteinschutt zur Feile der Abtragung. Gesteinsplitterchen werden gegen den anstehenden Fels oder gegen umherliegende Gesteintrümmer geschleudert und wirken dort wie ein natürliches Sandgebläse (Abb. 19).

Eine derartige, durch den sandbeladenen Wind bedingte Zerstörung des festen Felsens bezeichnet man als Korrasion.

Abb. 19. Durch Windwirkung „zerfressener" Wüstenfelsen. Der Wind schleudert den scharfkantigen Sand gegen das nicht gleichmäßig harte Gestein. (Gez. A. Ebert.)

Ein Beispiel aus dem täglichen Leben bilden die Fensterscheiben der in Dünengebieten stehenden Häuser. Das Glas vermag dort trotz seiner Härte und Glätte durch den ständig dagegen rieselnden Sand zu erblinden.

Deutliche Zeugen einer ehemals lebhaften Windwirkung in der deutschen Landschaft sind die Windkanter. Als sich das Inlandseis zurückgezogen hatte, vermochten die Winde ungehindert über die kahle Landschaft hinwegzufegen. Geschiebe, die an der Oberfläche lagen, wurden hierbei oft so weitgehend angeschliffen, daß sie jetzt deutliche Facetten aufweisen.

2. Neubildungen des Windes.

α) Dünen.

Besonders augenfällig sind — wie schon gesagt — die Wirkungen des Windes in solchen Gebieten, in denen er ungebrochen durch Unebenheiten des Geländes über ein vom Pflanzenwuchs nicht oder nur wenig bedecktes Gebiet hinwegbrausen kann. Das trifft vor allem da zu, wo große Trockenheit (Aridität) den Pflanzenwuchs hemmt (Wüstengebiete). Dem Landwirt ist es bekannt, daß leicht beweglicher Sandboden durch Verwehung gefährdet ist, wenn er unbestellt daliegt. In der Lüneburger Heide z. B. legt der Bauer den Boden durch das Abplaggen der Heidesoden bloß, so daß der Sand sich dann gelegentlich auf die Wanderschaft begibt und benachbartes Ackerland gefährdet.

Überall wo solch loser, nicht vom Pflanzenwuchs geschützter Sand den Winden ausgesetzt ist, können Dünen entstehen, das heißt Anhöhen, aufgebaut aus Flugsanden. Wichtig ist jedoch eine hinreichende Windstärke, wie sie z. B. am Meeresstrande vorhanden zu sein pflegt. Am bekanntesten sind denn auch die Strand- oder Küstendünen. Ihnen gegenüber stehen die Binnen- oder Inlandsdünen. Man denke z. B. an die Dünengebiete des norddeutschen Flachlandes (Abb. 20 u. 103, S. 178). Die Dünen dieser Gebiete entstammen meist derselben Zeit, in der auch die Windkanter entstanden sind. Das war die Zeit nach dem Rückzug des Inlandeises, in der Norddeutschland noch waldfreies Gebiet war, so daß die Winde auch hier mit ungebrochener Kraft tätig sein konnten.

Ein Unterschied zwischen Küsten- und Binnendünen besteht in dem mehr oder minder großen Staubgehalt der letzteren. Das Material der Küstendünen ist eben vom Meerwasser ausgewaschen.

Meist treten die Dünen als langgestreckte, senkrecht zur Hauptwindrichtung streichende Höhenzüge auf, von denen mehrere parallel zueinander verlaufen.

Bei den jüngeren Küstendünen, den weißen Dünen, kann man stets deutlich eine Luv- von einer Leeseite unterscheiden (Abb. 107, S. 186); bei älteren Dünen ist diese Erscheinung weniger klar. Der Wind treibt den Flugsand die nur sanft geböschte Luvseite hinauf. Je schwächer die Durchschnittswindstärke ist, desto sanfter ist bei gleichbleibender Beschaffenheit des Materials die Böschung der Luvseite. Ihr Böschungswinkel schwankt zwischen 5 und 10 Grad. Je schwächer der Wind, desto weniger vermag er den Sand einen steileren Abhang hinaufzubefördern.

Abb. 20. Binnendüne. Der Dünenteil, der sich vom Walde abhebt, zeigt die steile Leeseite. Blick in Richtung NO. Falkenhagener Berge westlich Spandau. (Orig. R. Potonié.)

Den Kamm einer jungen Stranddüne bildet ein scharfer Grad, über den die vom Wind emporgeführten Sandkörnchen hinabfallen, um sich jenseits derart aufzuschütten, wie es dem Böschungswinkel des Sandes entspricht (25—30°). Dieser Böschungswinkel ist viel größer als der der Luvseite, so daß wir also im Windschatten der Düne den steileren Abhang haben (Abb. 20). Von dem Wesen dieses von Schwerkraft und Reibung abhängigen Böschungswinkels kann sich der Landmann einen Begriff machen, wenn er darauf achtet, daß z. B. Mehl, welches auf einen Haufen geschüttet wurde, einen anderen Böschungswinkel zeigt als ein Haufen Getreidekörner. Der Böschungswinkel ist eben von den verschiedensten Faktoren abhängig, so von der Glätte und Abrundung der Partikel, dann aber auch von der Kraft, mit der sie aneinanderhaften. Nasser Sand z. B. hat einen größeren Böschungswinkel als ganz trockener.

Eine eigentümliche Dünenform ist die der Sicheldüne. Sie läßt sich im kleinen beobachten, wo (z. B. am Strande) trockener Flugsand über eine benetzte Sandfläche hinwegwandert. Teilt sich hier ein kleiner Streifen wandernden Sandes von dem übrigen ab, so wird diese „Miniaturdüne“, da wo sie am höchsten ist und somit der meiste Sand zu bewältigen, am langsamsten vorwärts getrieben, also in ihrer Mitte. Die Seiten müssen daher voraneilen.

Durch die Bewegung des Sandes bilden sich auf den Dünenabhängen, aber auch sonst auf treibendem Sande, ganz allgemein aber da, wo zwei Medien von verschiedener Dichte sich längs einer Ebene gegeneinander verschieben, Wellenfurchen, auch Rippeln genannt. *Helmholtz* erklärt dies damit, daß eine Wellenfläche die Fläche geringster Reibung sei.

Leichter verständlich dürfte die folgende Erklärungsart der Entstehung der Wellenfurchen sein.

Wo der Wind den Sand vor sich hertreibt, geschieht dies nicht mit absolut gleichbleibender Bewegungsgeschwindigkeit; die Windstärke schwankt. Zudem sind die fortgetriebenen Sandkörnchen nicht von durchaus gleicher Größe und gleichem Gewicht. Bei leichtem Abflauen des Windes werden daher schwerere Partikel liegen bleiben und nachfolgende am Fortrücken hindern. Dies könnte die erste Veranlassung leichtester Zusammenwehungen sein, an deren Luvseite der Wind nach oben abgelenkt wird. Die höher befindlichen Luftschichten streichen indessen wegen ihrer „Bewegungsträgheit“ starr über die Oberfläche hinweg und drängen die nach oben abgelenkten Luftteilchen sofort wieder nach unten; so muß durch die kleinen, eben erwähnten Zusammenwehungen von Sandanteilen eine Wellenbewegung der untersten Luftschichten eingeleitet werden, die weiterhin zur Bildung ganzer Wellenfurchenflächen führt (Abb. 21).

Sehen wir hiermit die Entstehung der Wellenfurchen als für unseren Zweck hinreichend erklärt an, so ist uns auch die Entstehung der großen Dünenzüge nicht mehr unverständlich, handelt es sich doch in diesen um nichts anderes als um dieselbe Erscheinung im vergrößerten Maßstabe.

Im Anschnitt zeigen die Dünen ebenso wie auch die Absätze fließenden Wassers die Diagonal- oder Kreuzschichtung (Abb. 11, S. 22). Der Wind setzt eben, wie dies ja schon die Dünenlandschaft in ihrer Gesamtheit nahelegt, den Sand nicht horizontal ab, sondern

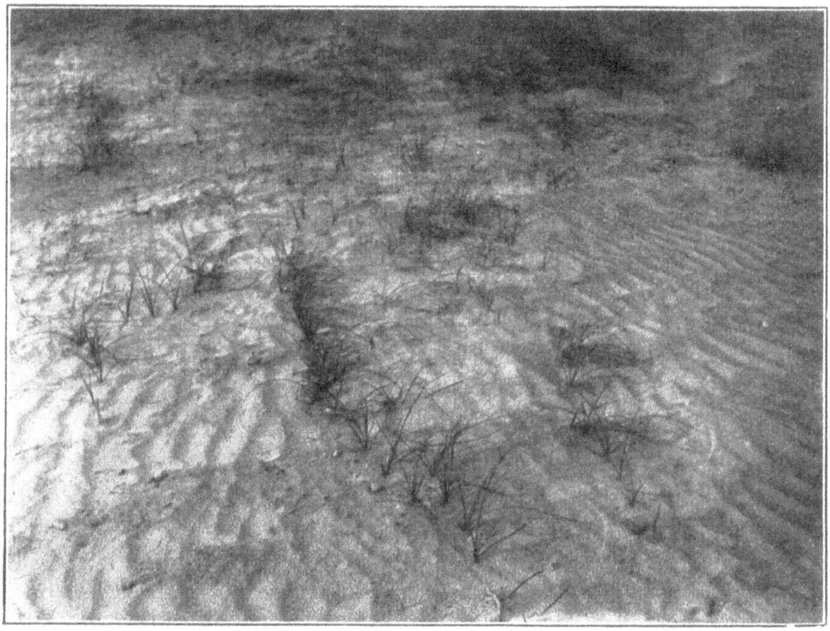

Abb. 21. Wellenfurchen (Rippeln) auf einer Düne bei der ehemaligen Hauptkadettenanstalt in Lichterfelde. Das Gras ist die Sandsegge (Carex arenaria). (Orig. R. Potonié)

in um so steiler einfallenden Schichten, je größer die gerade vorhandene Windstärke ist.

Auf ihrer Wanderschaft vom Strande ins Festland bedeckt sich die weiße, d. h. vegetationslose Düne allmählich mit Strandgräsern, die die regelmäßige Form der Düne durch zunächst nur stellenweises Festhalten des Sandes stören können. Vegetationsreiche Partien werden aus dem umgebenden Sand herausmodelliert. Man bezeichnet sie dann als Kupsten. Wo sich die weiße Düne ± vollkommen mit Strandgräsern bedeckt hat, finden wir die **grüne Düne**, die schließlich in die wesentlich mit Zwergsträuchern bewachsene **braune** oder schwarze **Düne** übergeht (vgl. S. 182 u.). Vielfach beobachten wir alle diese drei Dünenarten in parallelen Dünenzügen nebeneinander, wobei naturgemäß die älteste, nämlich die schwarze Düne, am weitesten landeinwärts zu finden ist.

β) Steppen.

Von den vom Winde aufgebauten Oberflächenbildungen sind für den Landwirt vor allem die der **Steppen** von Wichtigkeit.

Ein wesentlicher Unterschied zwischen dem Gesteinsmaterial der **Steppe** und der **Wüste** liegt in der bedeutenderen Feinkörnigkeit des ersteren. Es handelt sich nicht um **Flugsand** oder Verwandtes (siehe oben) sondern um **Flugstaub**. So wird die Tatsache verständlich, warum die meisten Wüsten von einem **Steppengürtel** umgeben werden.

Dem deutschen Landwirt sind solche Steppenbildungen insbesondere durch den berühmten **Zuckerrübenboden**, den **Löß**, der **Magdeburger Börde** usw. bekannt.

Im Aufschluß (Abb. 22) erweist sich der Löß als ganz oder fast ungeschichtet. Er zeigt eine ± feine Strichelung, die großenteils senkrecht verläuft und durch die Wurzelröhren der die jeweiligen Oberflächen der **Lößsteppe** bedeckenden Vegetationen hervorgerufen worden ist. Diese Steppenvegetationen sind denn auch schuld daran, daß der feine, ± gelbiche, kalkig tonig sandige **äolische Staub**, aus dem sich der Löß zusammensetzt, festgehalten und angehöht wurde. Es gelingt dies einer Vegetation allerdings nur in hinreichend trockenen Klimaten, also da, wo die Abtragung durch das Wasser in den Hintergrund tritt. Dies ist eben bei den Standorten von Steppenpflanzen der Fall.

Berühmt ist auch der Löß der südrussischen Steppen; er kommt hier wegen des noch heute halbtrockenen (semiariden) Klimas besonders auffällig in Form der bekannten **Schwarzerde** vor (Tschernosjom), die Rußland einst zur „Kornkammer Europas" gemacht hat. In trockeneren Klimaten verbleiben nämlich, wegen der nur geringen Auslaugung durch Regenwasser, Pflanzensubstanzen im Boden; es sind das die Humusstoffe, die ihn dunkel färben. Auch die mineralische Substanz wird im semiariden Klima nur wenig ausgelaugt, so daß hier unter Umständen sehr fruchtbare Böden zu finden sind. Übrigens kommt nicht nur der Löß als „Schwarzerde" vor, sondern bei ähnlichen Bedingungen auch andere Bodenarten. So findet sich Schwarzerde auch im sogenannten „Ebenen Ostpreußen", wie z. B. bei Rösel nordöstlich Allenstein.

Abb. 22. Lößwand, entstanden durch einen Erdfall über einem Braunkohlentiefbau in Gerlebogk. Beachtenswert sind die steilen Wände, die der Löß zu bilden pflegt; weiter zeigt das Bild die teilweise dunkle Farbe des Bodens (Schwarzerde) sowie seine Schichtungslosigkeit, Feinkörnigkeit und senkrechte Strichelung. (Nach Henry Potonié.)

Die deutschen Löße werden als Ausblasungsprodukte des kurz nach dem Rückzug des Inlandeises (siehe S. 112) noch unbegrünten Geschiebemergels aufgefaßt. Ihre äolische Entstehung kennzeichnet sich auch durch ihr Vorkommen in Tälern, wo der Löß besonders auf der westlichen Talseite zu finden ist und hier Flankenlehm genannt wird. Ganz allgemein kommt ja ein vom Winde transportiertes Material gern in Bodensenken zur Ruhe, wo es dann im „Windschatten" zu finden ist.

d) Wirkungen der Organismen.

1. Zerstörende Wirkungen.

Die Pflanzen haben einen beträchtlichen Anteil an der Verwitterung, worüber S. 142/3 zu berichten sein wird (vgl. auch Abb. 87, S. 162). Aber auch die Tiere spielen bei der Umarbeitung des Gesteins eine Rolle, und zwar eine größere, als man im allgemeinen glaubt. Man denke an Mäuse, Maulwürfe, Kaninchen, doch noch mehr an die Wirbellosen, wie vor allem an Regenwürmer usw. (auch hierüber vgl. unten Kap. D, S. 156).

2. Die neubildende Tätigkeit der Lebewesen.

Unter den Neubildungen, die durch lebende Wesen bedingt werden, hat wohl diejenige Gruppe von Gesteinen für den Landwirt die größte Bedeutung, die wir als die der Kaustobiolithe (kaein [griech.] = brennen; bios [gr.] = Leben; lithos [gr.] = Stein) bezeichnen.

Mit *Ehrenberg* werden nämlich alle von Lebewesen herrührenden Gesteine als Biolithe bezeichnet. Sie zerfallen in die nicht brennbaren von Lebewesen herrührenden Gesteine, die man Akaustobiolithe nennt (hierher gehören die verschiedensten Kalkarten, die Kieselgur usw.) und in die Kaustobiolithe. Die Kaustobiolithe lassen sich dann weiter trennen in die Sapropelite, Liptobiolithe und Humite. Zu den Sapropeliten (sapros = faul; pelos = Schlamm) oder Faulschlammgesteinen gehört der in vielen ruhigen Gewässern vorhandene, dunkle breiige Schlamm, der sich später (nach der Verlandung dieser Gewässer) unter dem Torf in Form des sogenannten Lebertorfs oder der Lebermudde (Saprokoll; kolla = Leim) als ein Material von grünlich blaugrauer Farbe wiederfindet (Abb. 73, S. 126). Außerdem gehören hierher eine Reihe von matten gasreichen Kohlenarten, die Kännelkohlen des Bergmanns. Zu den Humiten (humus [lat.] = Erdreich) gehören die verschiedenen Torfarten, die typischen Braun- und die glänzenden Steinkohlen. Von den Liptobiolithen (leiptos [gr.] = zurückgelassen) mag als bekanntester der Bernstein genannt sein. Es handelt sich in ihnen um stabile Anteile des Tier- und Pflanzenkörpers, die bei der Verwesung zurückgeblieben sind.

Die Einteilung dieser Gesteine bezieht sich auf ihre Entstehungsart. Wo Pflanzenreste verwesen, also gewissermaßen flammenlos verbrennen, bleiben praktisch meist gar keine Reste zurück; ist dies doch der Fall, so sind es eben jene besonders widerstandsfähigen Teile des Pflanzenkörpers, wie z. B. Wachse und Harze. Wir erhalten dann die bei der Verwesung „zurückgebliebenen, von Lebewesen herrührenden Gesteine", d. h. auf griechisch Liptobiolithe. Der Bernstein ist in der Tat nichts anderes als das ja sehr stabile Harz von Nadelhölzern der Tertiärzeit. — Wo Pflanzenreste vermodern oder gar vertorfen erhalten wir Humite, sofern es sich um Anhäufungen toter Sumpf- und anderer Landpflanzen handelt. Solche Anhäufungen entstehen da, wo hinreichende Luft- bzw. Bodenfeuchtigkeit oder auch beide Faktoren gegeben sind. Die Feuchtigkeit sorgt für einen genügenden Abschluß des Sauerstoffs der Luft, so daß es nicht zur Verwesung, wohl aber zur Vermoderung und bei noch besserem Luftabschluß (also bei noch größerer Feuchtigkeit) zur Vertorfung kommt. Wo dann später in Landsenkungsgebieten (siehe Tektonik) die Torflager überflutet und von anderen Sedimenten überdeckt worden sind, so von Sanden oder Tonen, da kommt es im Verlaufe der Zeit zur Bildung von Braunkohlen und schließlich von Steinkohlen. Diejenigen Steinkohlen, die aus Torfen hervorgegangen sind, nennen wir Humussteinkohlen (es sind das also Humite), jene dagegen, die sich aus Faulschlammarten gebildet haben, werden als Faulschlammsteinkohlen (Sapropelkohlen) bezeichnet. Für derartige Sapropelite ist nachzutragen, daß der Zersetzungsprozeß, dem sie unterliegen, ein etwas anderer ist, als der der Vertorfung. Wir sprechen hier im Sinne von *Liebig* von einer Fäulnis (daher auch der Name Faulschlammgesteine = Sapropelite). *Liebig* definiert nämlich die Fäulnis als einen Prozeß, der unter gänzlichem Sauerstoffabschluß vor sich geht. In der Tat sind die mikroskopischen, im Wassertropfen schwebenden Lebewesen (= Plankton), aus denen sich der Faulschlamm bildet (ein Plankton, das namentlich aus kleinen Algen, aber auch aus mikroskopischen Tieren besteht), sobald sie nach ihrem Tode auf dem Boden ruhiger Gewässer angelangt sind, um sich dort zu beträchtlichen Faulschlammschichten anzuhäufen, so gut wie völlig vom Sauerstoff der Luft abgeschlossen. Schon dieser andersartige Beginn des Zersetzungsprozesses, aber auch die Tatsache, daß die mikroskopischen Algen und Tiere des Planktons öl- und fettreicher sind als die Landpflanzen, bedingt eine andersartige Kohle. Die Sapropelkohlen sind nämlich oft hochwertige Gaskohlen. Auch der noch fließende Faulschlamm unserer stagnierenden Gewässer produziert in getrocknetem Zustande, sofern er rein ist, d. h. nicht allzusehr mit fremden Sedimenten durchsetzt, ebenfalls eine ziemliche Menge Gas. Er hat indes in dieser Hinsicht bisher noch keine praktische Bedeutung erlangt, weil es technische Schwierigkeiten macht, ihn schnell genug hinreichend zu trocknen, und weil er beim Trocknen außerordentlich stark zusammengeht. Er „besteht" eben hauptsächlich aus Wasser. Hier und dort soll er mit Erfolg als Düngemittel Verwendung gefunden haben, wozu er sich durch seinen Proteïngehalt (Stickstoff-) eignen dürfte. Wo er in mächtigeren Schichten unter Torfmooren vorhanden ist, setzt er deren Entwässerung Schwierigkeiten entgegen. Er sinkt entsprechend der Wasserabnahme zusammen und ihm folgt die Oberfläche des Torfmoors, sodaß diese in der Nähe des Grundwasserspiegels verbleibt. Derartiges ist z. B. beim Zedmarbruch bei Insterburg in Ostpreußen beobachtet worden. Hier hat man jahrelang entwässert, ohne daß das Moor der Landwirtschaft erschlossen werden konnte. Es findet sich denn auch unter einer verhältnismäßig dünnen Torfschicht eine Schicht von etwa 4—5 m Faulschlammgestein, das bereits über den Zustand des üblichen fließenden Faulschlamms hinausgegangen ist; es ist zu Lebermudde (Saprocoll) geworden.

Da es nicht geboten erscheint, die Verwandlung des Faulschlamms und des Torfs in die ihnen entsprechenden Kohlenarten durchgehend als Fäulnis bzw. Vertorfung zu bezeichnen, hat man für die Gesamtheit der kohlenbildenden Prozesse zwei weitere Ausdrücke geprägt, nämlich für die chemischen Prozesse, die schließlich zu den Faulkohlen führen, den Terminus Bituminierung, für jene, die die Humuskohlen liefern, den Terminus Inkohlung. Als bituminöse Kohlen bezeichnet nämlich der Bergmann solche, die u. a. besonders gasreich sind (vgl. Anm. S. 112). Bei den Humuskohlen vermeidet man es, von einem Verkohlungsprozeß zu reden, weil dieser ja, wie z. B. bei der in den Kohlenmeilern künstlich erzeugten Holzkohle, zu reinem Kohlenstoff führt, während der Kohlenbildungs bzw. Inkohlungsprozeß zu jenen komplizierten Gemischen von Kohlenwasserstoffen gelangt, als welche sich die Kohlen ja darstellen. Ein Oberbegriff für Verkohlung und Inkohlung ist Kohlung.

Es war lange eine Streitfrage, ob die Kohlenlager sich noch genau an dem Orte befänden, wo die die Kohle liefernde Vegetation gegrünt hat, ob diese Lagerstätten also bodeneigen oder autochthon seien, oder aber, ob das Pflanzenmaterial als zusammengeschwemmt aufgefaßt werden müsse. Dann wären die Kohlen bodenfremd oder allochthon. Da sich die Torftheorie für die meisten Fälle als richtig erwiesen hat, müssen wir die Kohlenlager als im allgemeinen autochthone Bildungen bezeichnen.

Als bemerkenswert sei noch erwähnt, daß das Petroleum aller Wahrscheinlichkeit nach als ein natürliches Destillationsprodukt von Faulschlammgesteinen aufzufassen ist. Bei dem hohen Ölgehalt der Planktonalgen ist es gelungen, aus einem frischen Plankton durch Laboratoriumsversuch künstliches Petroleum herzustellen. Der Ölgehalt der Ölschiefer wäre dann darauf zurückzuführen, daß sich mit dem Absatz des den Schiefer aufbauenden Sediments gleichzeitig ein vorzeitliches Plankton abgelagert hat. Der Ölschiefer ist nichts anderes als ein unreiner Sapropelit. Auch der Asphalt dürfte ein Destillationsprodukt derartiger Gesteine sein (S. 112).

Von den nicht brennbaren Biolithen, den Akaustobiolithen, ist für uns vor allem der Kalk von Wichtigkeit (Kap. C III c). Überall wo uns die Erdrinde mächtigere Kalklager vorweist, sind diese durch die Tätigkeit von Lebewesen entstanden. Nur gewisse kleinere Vorkommen (S. 121/2) haben sich auf anorganische Weise gebildet. — Das Kalzium gelangt unter anderem in der Form von im Flußwasser gelöstem Kalziumkarbonat und Gips ($CaSO_4$) in die Meeresräume und in die Seen. Aus dem Gips bilden die Tiere wahrscheinlich durch Umsetzung mit Ammoniumkarbonat das Kalziumkarbonat ihrer Hartteile. In einem ähnlichen Sinne, wenn auch durch einen anderen Chemismus, wirken die Kalkalgen (S. 209). Unter den Tieren gehören vor allem die Mollusken, Echinodermen, Foraminiferen und Korallen zu den Kalkbildnern (vgl. Kap. H). Sie bewirken jedoch die Kalkabscheidung nicht lediglich während ihres Lebens, sondern produzieren auch noch nach ihrem Tode durch die Verwesung ihrer Weichteile das den

Kalk ausfällende Ammoniumkarbonat. (Weiteres über die aufbauende Tätigkeit der Organismen findet sich in Kapitel C III c—e.)

III. Endogene Vorgänge.

a) Allgemeines.

Rein beschreibend lassen sich die endogenen Vorgänge gliedern in Bewegungen, welche sich im feuerflüssigen Magma und in solche, welche sich in der festen Erdrinde abspielen. Zu den ersteren kann man den Plutonismus [1]) und den Vulkanismus, zu den letzteren die säkularen Hebungen und Senkungen (Epirogenese [2])), die gebirgsbildenden Vorgänge (Orogenese [3])) und die Erdbeben stellen. Unter Plutonismus versteht man Bewegungen und Veränderungen des Magmas in der Tiefe, unter Vulkanismus die Erscheinungen und Wirkungen des Magmas an der Erdoberfläche. Die Epirogenese vollzieht sich ganz allmählich über weite Gebiete entweder als beckenförmige Senkungen oder als schildförmige Aufwölbungen; sie ist von langer Zeitdauer. Im Gegensatz hierzu steht die Orogenese; hierunter versteht man episodische Bewegungen, welche in verhältnismäßig kurzer Zeit verlaufen und zu einer Faltung oder Zerreißung ursprünglich horizontal gelagerter oder bereits schräg gestellter, auch gar schon gefalteter Schichten führen. Obwohl Epirogenese und Orogenese in ihren typischen Erscheinungsformen, die im folgenden geschildert werden, gut voneinander zu unterscheiden sind, so bestehen doch auch allmähliche Übergänge, auf deren Darstellung im Rahmen dieses Buches nicht eingegangen werden kann.

b) Plutonismus.

1. Alter der Intrusionen [4]).

In vielen Gebirgen, wie z. B. im Odenwald, Riesengebirge, Harz und in riesiger Ausdehnung in Schweden, Finnland und Kanada, be-

[1]) Der plutonistischen Geologenschule (*I. Hutton* 1726—1797), welche die Entstehung der Gesteine auf vulkanische Tätigkeit zurückführen wollte, stand die neptunistische gegenüber (*G. A. Werner* 1749—1817), die für eine Entstehung auch des Granits aus Wasser eintrat. Vgl. *Goethe*, Faust II.

[2]) Vom griech. epeiros = Festland, genesis = Entstehung.

[3]) Vom griech. oros = Berg.

[4]) Vom lat. intrudere = hineinstoßen.

obachtet man als tiefste Unterlage der ältesten Schichten Tiefengesteine (Granit und Gneißgranite), die lange Zeit als Reste der alten Erstarrungskruste angesehen wurden, welche sich als erster Bestandteil der Erdrinde bei der Abkühlung der einst glutflüssigen Erde gebildet haben soll. Es mußten also nach dieser Auffassung die Granit-Massive älter sein als die sie bedeckenden Sedimente. Genauere Unter-

Abb. 23. Kontaktzone des Ramberggranits am linken Bodeufer oberhalb Thale im Harz. Der stockförmige Granit bildet an dieser Stelle die Unterlage der Sedimente, welche durch ihn am Kontakt in Hornfels umgewandelt wurden. Der Granit ist also jünger. Deutlich tritt der Unterschied im landschaftlichen Charakter zwischen Granit und Hornfels in Erscheinung: Steilere Felsen des Granits, flachere Böschung und Pflanzendecke des Hornfels. (Orig. R. Potonié.)

suchungen zeigten jedoch, daß dies keineswegs zutrifft. Man beobachtet nämlich an dem Kontakt mit dem Granit eine hochgradige Metamorphose (Abb. 23) der Sedimente. Von diesen haben sich vielfach Schollen aus ihrem ursprünglichen Verbande losgelöst und schwimmen von allen Seiten umschlossen im Granit, der seinerseits Gänge in das Nebengestein entsendet. Daraus geht hervor, daß das Tiefengestein jünger sein muß als die Schichten, in welche es in magmatischem Zustand eingedrungen ist. So hat man z. B. im Harz, Schwarzwald, Vogesen und Erzgebirge festgestellt, daß diese Intrusionen im Karbon, in den Alpen aber im Karbon und Tertiär stattgefunden haben (vgl. Abschnitt Erstarrungsgesteine S. 96).

2. Form der Intrusionen.

a) Batholithe.

Bei einer batholithischen Intrusion nimmt man an, daß das Magma auf breiter Fläche aufgestiegen sei, wobei es die im Wege

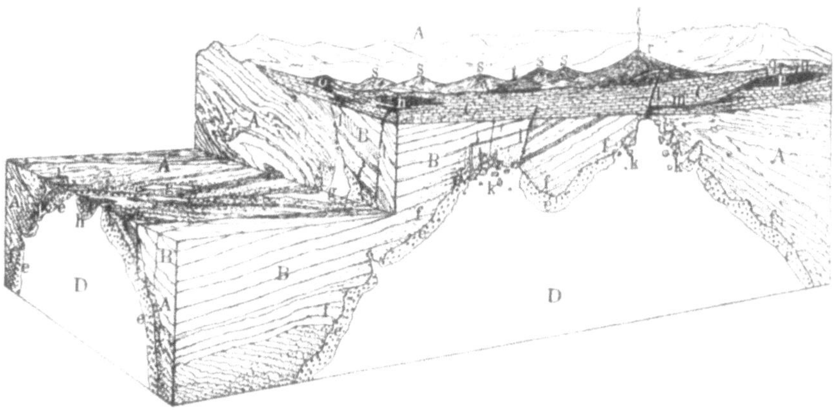

Abb. 24. Schematisches Blockdiagramm zur Erläuterung einiger vulkanologischer Begriffe. (Nach Originalzeichnung von F. E. Sueß in Neumayr—Sueß Erdgeschichte). *A* paläozoisches Grundgebirge, stark gefaltet und metamorphosiert *B* mesozoische, durch Verwerfungen zerstückelte Schichten; *C* jüngere, über dem Paläozoikum und Mesozoikum transgredierende Schichten. *D* Batholith, das Magma durchbricht auf breiter Fläche quer die Sedimentgesteine. *e* basische Randzone der ersten Erstarrung. *f* Kontakthof (Kontaktwirkung des glutflüssigen Magmas auf das Nebengestein). *g* kuppelförmige Aufwölbungen des Batholithen, die gesonderte Stöcke bilden. *h* eingetauchter Teil des Daches. *k* vom Nebengestein losgelöste Schollen im Magma schwimmend bezw. sinkend. *l* Spalten und Gänge von aufsteigendem Magma erfüllt. *m* Lagergang. *n*, *o*, *p* lakkolithische Intrusionen des Magmas ins Nebengestein. *r* tätiger Vulkan über der tieferen Spalte. *s* erloschene Vulkane von rechts gegen links in zunehmendem Grade abgetragen. *t* größerer Lavastrom.

stehenden Sedimente aufgebrochen und zum Teil aufgeschmolzen habe. Einzelne Schollen sanken in die Tiefe, wurden dort mehr oder weniger metamorphosiert, ja man nimmt sogar an, daß sie bei tieferem Einsinken vollkommen aufgelöst wurden. Die Sedimentdecke konnte dem Durchbruch des Magmas Widerstand leisten, es konnten sich aber auch Spalten oder Schlote bilden, durch welche ein Teil der Massen an die Erdoberfläche aufzusteigen vermochte und dort zur Ursache vulkanischer Erscheinungen wurde. Die in der Tiefe verbleibenden flüssigen Silikate kühlten sich allmählich ab, bildeten bei der Erstarrung die uns bekannten Tiefengesteine, welche dann durch spätere Abtragung der sie bedeckenden Sedimente an der Erdoberfläche sichtbar wurden. Im Querschnitt muß eine derartige Intrusionsform eine nach unten sich verbreiternde Gestalt haben, wie dies die Abb. 24 D u. 55 zeigt.

β) Konkordante Lakkolithe.

Eine andere Intrusionsform ist von den nordamerikanischen Geologen *Holmes* und *K. Gilbert* in Kolorado und Neumexiko nachgewiesen worden. Hier hat das Magma die überliegenden Schichten

Abb. 25. Idealprofil eines konkordanten Lakkolithen. Nach *Holmes*. Der Granit (schwarz und schraffiert) ist vorwiegend parallel den Schichtfugen in das Nebengestein (weiß) eingedrungen. Der festländischen Abtragung fielen die punktierten und schraffierten Teile im Profil zum Opfer. *a—a* ist die heutige Oberfläche.

bei seinem Aufstieg kuppelförmig aufgetrieben und ist dann vorwiegend parallel(= konkordant) den Schichtfugen in das Nebengestein eingedrungen. Untersucht man ein Profil einer derartigen lakkolithischen Intrusion, so beobachtet man übereinander, wie in Abb. 25 u. 56 schematisch dargestellt, einen vielfachen Wechsel von Tiefen- und Sedimentgestein.

γ) Diskordante Lakkolithe.

In neuester Zeit hat *Cloos* an der allgemeinen Anwendung der Batholith-Vorstellung berechtigte Kritik geübt. Er glaubt, daß diese Intrusionsform in der Tat seltener ist, als man bisher angenommen hat, insofern als viele „Batholithe“ in Wirklichkeit nur Lakkolithe sind, bei welchen die Ausbreitung des Magmas quer (= diskordant) zu den Schichten auf Klüften stattfand, und zwar derart, „daß dieselben Gesteine, die auf dem Granit von ihm abgeschnitten werden, aufhören, unter ihm wieder anfangen und unverändert fortsetzen" (Abb. 26). Auch hier sind wie beim konkordanten Lakkolithen die Tiefengesteinsmassive durch einen engen oder gangförmigen Kanal mit ihrem tieferen Herde verbunden. Der Nachweis einer derartigen Intrusionsform wurde von *Cloos* im Bayrischen Wald erbracht.

b) Gänge.

Gänge (Abb. 6, S. 16) sind durch offene Spalten entstanden, welche von dem aufsteigenden Magma ausgefüllt wurden. Man spricht von Quergang (Abb. 57 a u. 58), wenn der Gang die Schichten unter

Abb. 26. Schematisches Profil durch den diskordanten Lakkolithen des südlichen bayrischen Waldes. Nach *Cloos*. Schwarz: Granit und Diorit. Schraffiert: Sedimente und Gneise. Der Granit setzt quer zur Schichtung bezw. Schieferung hindurch. Nach der Batholith-Vorstellung müßte sich der Granit bis in die „ewige Teufe" fortsetzen, d. h. es müßte praktisch unmöglich sein, das Liegende des Granits zu erbohren. Durch den Graphitbergbau bei Passau ist jedoch die Fortsetzung dieser Lagerstätte, die zunächst nur über dem Granit ausgebeutet wurde, auch unter ihm erschlossen worden. Damit ist der Nachweis erbracht, daß das Tiefengestein tatsächlich plattenförmig das Nebengestein durchsetzt. Wieweit die praktische Bedeutung dieses Falles sich verallgemeinern läßt, bleibt allerdings noch dahingestellt.

irgendeinem Winkel durchschneidet, und von Lagergang (Abb. 57 b), wenn er parallel den Schichtfugen verläuft. Gänge stellen mehr oder weniger plattenförmige Gebilde dar, die als mauerartige Klippen in der Landschaft erscheinen (Abb. 81), wenn sie der Verwitterung stärkeren Widerstand leisten als das umgebende Nebengestein.

c) Vulkanismus.

1. Vulkanformen.

α) Spaltenvulkane.

Erreicht das Magma aus der Tiefe aufsteigend in einer Spalte die Erdoberfläche, so spricht man von einem Spaltenvulkan. Die gasarme, in der Regel basaltische Lava ergießt sich über die Ränder nach einer oder nach beiden Seiten und führt so zur Entstehung von flächenhaft weit ausgebreiteten **Decken** aus Eruptivgestein. Derartige heute noch tätige Vulkane sind nur aus Island bekannt.

β) Schlotvulkane.

In der Eifel befinden sich kreisrunde Seen, **Maare** genannt, die von einem Ringwall umzogen werden; er besteht aus Gesteinsschutt

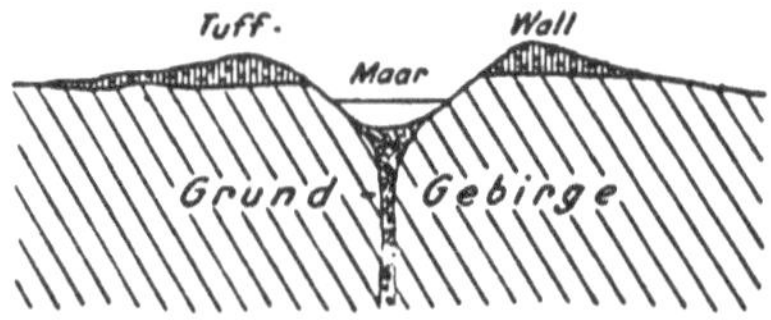

Abb. 27. Idealprofil eines Eifel-Maars. Eine explosionsartige Gaseruption durchschlug das Grundgebirge und schuf eine Röhre, die sich nach oben trichterförmig erweiterte. Die dabei herausgeworfenen Gesteinstrümmer und Tuffe fielen zum Teil wieder in die Röhre zurück; zum Teil häuften sie sich um den Rand des Trichters an.

und enthält auch mehr oder weniger vulkanische Produkte. *Daubrée* hat nun experimentell nachgewiesen, daß durch Gase, welche Gesteine durchschlagen, im Querschnitt kreisrunde Öffnungen erzeugt werden. So ist wohl auch bei den Maaren die Bildung eines solchen Schlotes durch die in der Tiefe entbundenen Gase erfolgt (Maartypus). In der

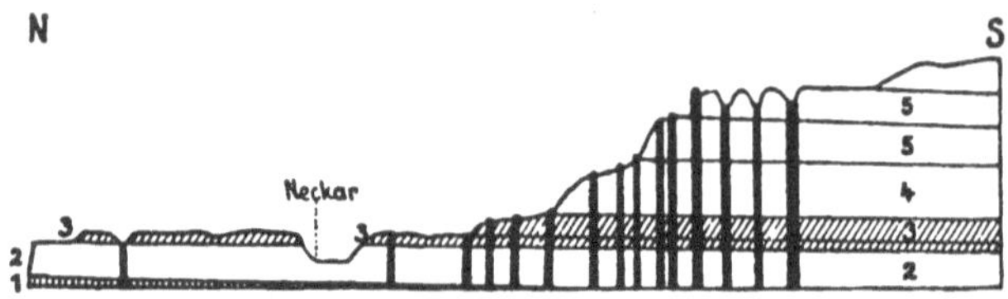

Abb. 28. Schematisches (überhöhtes) Profil von Stuttgart zur Schwäbischen Alb. (Gegend von Urach.) Nach *Branca*. 1 Muschelkalk. 2 Keuper. 3 Lias. 4 Dogger. 5 Malm. Viele dicht nebeneinanderliegende Durchschußkanäle sind mit Basalttuff und Basalt erfüllt. Die Schichten des Dogger u. Malm reichten früher viel weiter nach Norden; sie sind der Erosion zum Opfer gefallen. Das Profil zeigt daher die Vulkanschlote in verschiedenen Stadien der Abtragung. Die trichterförmigen Krater und der oberste Teil der Schlote wurden zerstört. Da wo die Füllmasse der Röhre widerstandsfähiger ist als das umgebende Gestein, bildet sie eine kleine Erhebung.

Schwäbischen Alb und ihrem Vorland kennt man etwa 130 ähnliche durch explosionsartige Gaseruption entstandene Durchschußkanäle. Der Ringwall ist aufgebaut aus den von den Gasen emporgeschleuderten Gesteinstrümmern, aber bisweilen sind durch die Gasentbindung auch größere Mengen des in der Tiefe befindlichen Magmas mit emporgerissen und fein zerspritzt worden; das hierbei entstehende Produkt nennen wir vulkanische Asche oder — in nachträglich verfestigtem Zustand — vulkanischen Tuff. Wo größere Mengen von dieser Asche gefördert worden sind, sehen wir auch in der Eifel an Stelle der Maare Vulkankegel vor uns. Nicht nur feine Asche, gröbere Bestandteile oder größere Lavastückchen, die man als Rapilli und Lapilli bezeichnet, sowie ganz große, meist spindelförmig aufgerollte Lavafetzen — die vulkanischen Bomben — beteiligen sich an dem Aufbau des Berges, sondern auch die Lava selbst; sie ergießt sich ent-

Abb. 29. Schematisches Profil durch einen Schichtvulkan. Nach *A. Heim*. *G* nicht vulkanische Schichten des Untergrundes. *A* Aschenschichten. *L* (schwarz) Lava. *S* kleiner, erloschener, parasitischer Krater, der von einer Spalte in der Flanke des Berges gespeist wurde.

weder über den Kraterrand oder — was noch häufiger der Fall ist — aus Spalten, die sich in den Flanken des Berges öffnen (Vesuvtypus).

Wo dem Magma keine bedeutenden Gasmengen entströmen, kann die Lava auch als fast einziger Bestandteil der Eruptionen auftreten, so z. B. bei den Vulkanen der Insel Hawai, dem Kilauea und dem Mauna Lao. Hier fehlen die heftigen Eruptionen und infolgedessen entsteht kein steil aufgeschütteter Vulkankegel. Die über den Kraterrand fließende Lava breitet sich nach allen Seiten flach aus und schafft eine nur schwach geneigte Böschung (Hawaitypus).

Wir haben hiermit einige wichtige Vulkantypen kennengelernt, zwischen denen jedoch in vieler Beziehung Übergänge bestehen:

1. Den Maartypus; nach einer explosionsartigen Gaseruption war die Tätigkeit des Vulkans in vielen Fällen beendet; im

wesentlichen kam es nur zur Bildung eines Schlotes. Man spricht daher auch von Vulkanembryonen oder Kryptovulkanen.

2. Den Vesuvtypus; das Ergebnis zahlreicher explosionsartiger Eruptionen ist ein aus einer Wechselfolge von Asche und Laven bestehender Vulkankegel.

Abb. 30. Der Vesuv im Jahre 1923. Blick in den Hauptkrater. Der ebene Kraterboden besteht aus erstarrter Lava; über ihm erhebt sich ein kleiner Eruptionskegel. Im Hintergrund ist deutlich die Schichtung in der Kraterwand erkennbar. Die Somma, die ihrerseits wieder den Hauptkrater halbkreisförmig umzieht, kann von dem Standpunkt dieser Aufnahme nicht gesehen werden. Am Vesuv sind also zur Zeit 3 ineinandergeschachtelte Krater zu erkennen: die Somma, der Hauptkrater und der kleine Eruptionskegel.

3. Den Hawaitypus; die Eruptionen liefern fast ausschließlich gasarme Lava, aus welcher sich ein flach geböschter schildförmiger Vulkan aufbaut.

Je nach der Stärke der Eruption wird die Krateröffnung größer oder kleiner sein. Findet nach einem starken Ausbruch nur eine geringe vulkanische Tätigkeit statt, dann baut sich auf dem weiten Kraterboden ein kleinerer Kegel auf. Einen derartigen Vulkan nennt man zusammengesetzt, im Gegenteil zu dem einfachen, der nur aus einem einzigen Kegel besteht. Der Vesuv ist ein in derartiger

Weise mehrfach zusammengesetzter Vulkan. Sein Hauptkegel ist von einem halbkreisförmigen Wall, der Somma, dem Rest eines alten, größeren, Kraters umgeben; außerdem erhebt sich auf dem Kraterboden des Hauptkegels ein kleinerer Eruptionskegel (Abb. 30).

Finden Lava-Ausbrüche auf Spalten statt, die sich in den Flanken des Vulkanberges öffnen, dann können sich dort kleinere (sogenannte parasitische) Schmarotzerkegel bilden (Abb. 29 S). Am Ätna hat man über 200 derartige „Parasiten" festgestellt.

2. Eruptionen.

Als eine mächtige Triebfeder vulkanischer Erscheinungen müssen die dem Magma entweichenden Gase angesehen werden. Erinnert sei nur an den Ausbruch des Vulkans Krakatau, der im Jahre 1883 durch eine einzige furchtbare Explosion den größten Teil der in der Sundastraße gelegenen Insel zerstörte. Eine Eruption glühendheißer Gase des Vulkanes Mont Pelée vernichtete am 8. Mai 1902 die Stadt St. Pierre mit 28000 Menschen. Auch bei den Ausbrüchen des Vesuvs spielt die Gasentwicklung eine große Rolle. Dagegen vollziehen sich die Eruptionen der Hawaivulkane infolge ihrer Gasarmut in solcher Ruhe, daß oft erst der Feuerschein ausfließender Lava den Einwohnern von der Tätigkeit des Berges Kunde gibt. Nun kommen auch Vulkane vor, bei denen nur noch ein Ausströmen von Gasen stattfindet, z. B. die Solfatara bei Neapel. Die hier entweichenden Schwefelverbindungen veranlassen die Sublimation von Schwefel. Im übrigen hat man u. a. folgende dem Magma entströmende Gase festgestellt: Cl, HCl, Fe_2Cl_6 [1]), $AsCl_3$, SO_2, CH_4 H_2S, CO_2, B_2O_3, H, N. Als letztes Stadium erlöschender vulkanischer Tätigkeit kann man das Ausströmen von Kohlensäure (sogenannte Mofetten) oder die Säuerlinge (Wasser, welches das aufsteigende Gas absorbiert hat) ansehen (vgl. auch S. 96 ff.).

d) Orogenese.

1. Allgemeines.

Die Orogenese oder die gebirgsbildenden Vorgänge dürfen nicht mit den Wirkungen exogener Kräfte (S. 6 ff), mit der Tätigkeit des Wassers, des Eises, der Verwitterung usw. verwechselt werden, denen wir gewissermaßen nur die Herausmodellierung, d. h. die

[1]) Fe_2 Cl_6 färbt die Kraterwände gelb und wird daher vielfach mit S verwechselt.

Schaffung der Oberflächenform von Bergen und Tälern verdanken. Daß trotzdem eine Beziehung zwischen der Tektonik (d. h. dem inneren Bau, welcher eben das Ergebnis orogenetischer Bewegungen darstellt) und der morphologischen Gestalt besteht, ist ganz selbstverständlich. Auf Grund des inneren Baues können die Gebirge eingeteilt werden in Schollengebirge und Faltengebirge. Bei den ersteren hat eine Zerreißung der Schichten an Brüchen stattgefunden, wobei die ursprünglich im gleichen Niveau liegenden Schichten aneinander vorbeibewegt wurden (z. B. Thüringer Senke). Bei den letzteren kam es vorwiegend zu Verbiegungen, Faltungen z. B. Schweizer Jura). Zwischen diesen beiden Typen gibt es natürlich allmähliche Übergänge.

Streichen und Fallen.

Die Lage, die eine geologische Ebene — sei es nun eine Schicht- oder eine Verwerfungsfläche (siehe unten) — im Raume einnimmt, wird

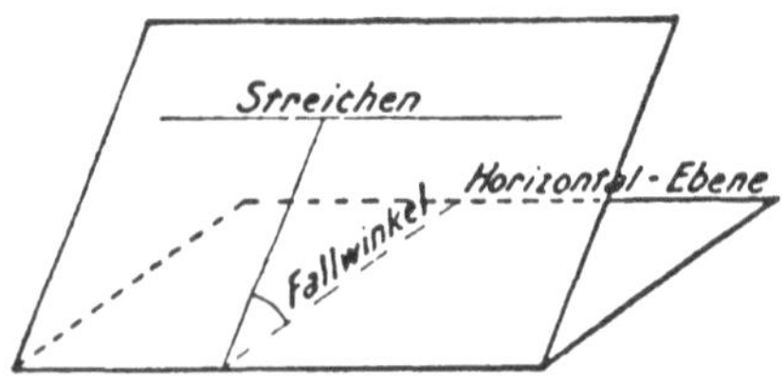

Abb. 31. Schema zur Erläuterung des Streichens und Fallens einer Fläche.

durch ein bestimmtes Streichen und Einfallen gekennzeichnet. Unter Streichen versteht man die Himmelsrichtung einer in der Schicht liegenden horizontalen Linie. Mit Einfallen bezeichnet man den Winkel, den eine in der geologischen Ebene senkrecht auf dem Streichen stehende Gerade mit der Horizontalebene bildet. Liegt eine Schichtfläche wagrecht, dann hat sie ein Einfallen von 0°; eine Streichrichtung kann nicht festgestellt werden. Steht eine Fläche senkrecht oder, wie der Bergmann sagt, saiger, dann ist der Fallwinkel 90°. Eine N-S streichende Fläche kann sowohl nach Osten wie nach Westen einfallen. Bei der Angabe des Fallwinkels ist eine ungefähre Bezeichnung der Fallrichtung unbedingt erforderlich. Wenn also eine Fläche N 45° O streicht (d. h. wenn ihre Streichrichtung mit der N—S-Richtung einen Winkel von 45° bildet) und 25° S einfällt, so

Abb. 32. Eine geneigte Schichtfläche. Der kurze Hammer bezeichnet das Streichen, der lange das Fallen. (Orig. R. Potonié.)

ist damit gesagt, daß sie in südlicher Richtung (genau N 135° O) und nicht in nördlicher Richtung einfällt.

2. Schollengebirge.

α) Gemeine Klüfte.

Die einfachste Form, in der Zerreißungen in Erscheinung treten können, ist die der Klüfte. An ihnen haben Bewegungen von nur

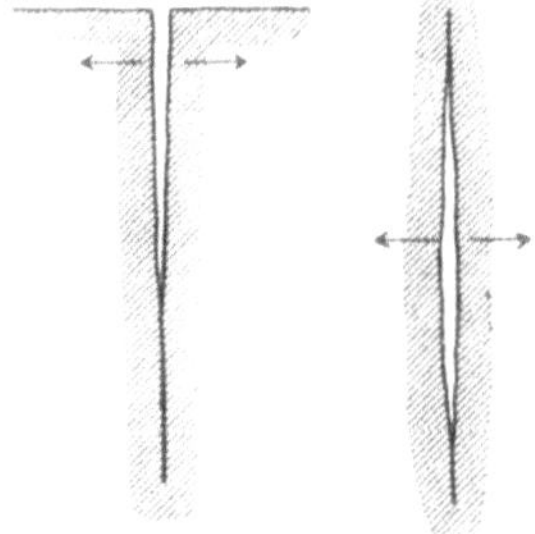

Abb. 33. Schema einer Kluft; im Profil links und im Grundriß rechts. Bei der Entstehung der offenen Spalte hat das Gestein eine geringe Bewegung in der Richtung der Pfeile ausgeführt.

sehr kleinem Ausmaß entweder parallel oder senkrecht zur Zerreißungsfläche stattgefunden, wobei es zu einem Klaffen der Spalte kommen kann (Abb. 33). Außer derartigen Klüften, die tektonischer Entstehung und infolgedessen in ihrer Streichrichtung regelmäßig angeordnet sind, gibt es auch noch solche, die durch Verwitterung entstanden und dann regellos verteilt erscheinen. Klüfte erhöhen die Wasserdurchlässigkeit eines Gesteins (Abb. 4, S. 11). Sie erleichtern den Abbau im Steinbruchbetrieb.

β) Verwerfungen und Überschiebungen.

Bei Verwerfungen und Überschiebungen haben Bewegungen vorwiegend parallel zur Zerreißungsfläche stattgefunden. Abb. 34

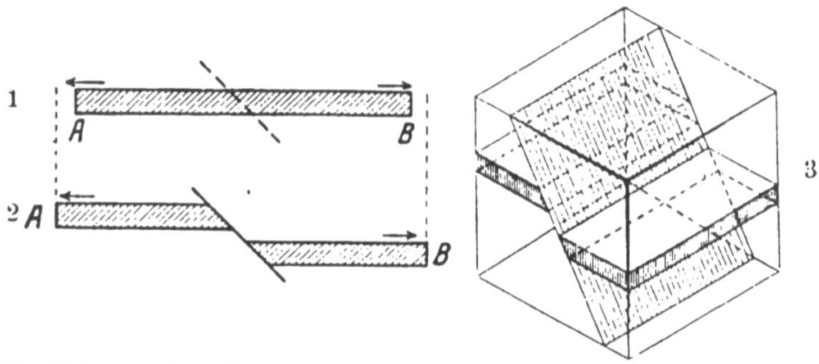

Abb. 34. Schema einer Verwerfung. 1 u. 2 Darstellung im Profil. 3 Darstellung im Raumbild (*Stach*sche Darstellungsmethode). 1 eine Schicht vor der Bewegung, 2 nach der Bewegung. Die Bewegung hat zu einer Vergrößerung des Horizontalabstandes *AB* geführt.

zeigt das Schema einer Verwerfung. Wenn man annimmt, daß die Scholle A stehen geblieben ist, dann hat die Scholle B eine Bewegung schräg nach unten ausgeführt, deren Ergebnis eine Vergrößerung des Horizontal-Abstandes im Profil, mithin also auch eine Vergrößerung der Oberfläche darstellt.

Abb. 35 zeigt eine Überschiebung. Die Scholle B hat sich im entgegengesetzten Sinne wie in Abb. 34 bewegt. Hierdurch ist im Profil eine Verkürzung des Horizontal-Abstandes und damit also eine Verkleinerung der Oberfläche entstanden. Der Wesensunterschied zwischen Verwerfung und Überschiebung besteht somit darin, daß die Entstehung der ersteren durch Zug oder Zerrung (in Abb. 34 durch wagrechte Pfeile angedeutet, welche voneinander wegfliegen) und die letztere durch Schub (Abb. 35: die wagrechten Pfeile fliegen auf-

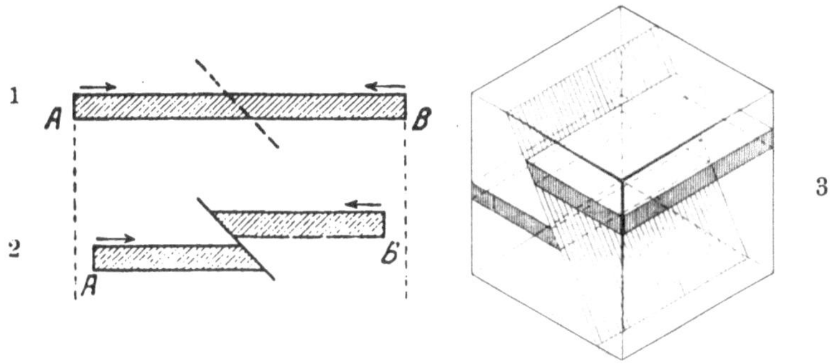

Abb. 35. Schema einer Überschiebung. 1 u. 2 Darstellung im Profil. 3 Darstellung im Raumbild. 1 eine Schicht vor der Bewegung, 2 nach der Bewegung. Die Bewegung hat zu einer Verkürzung des Horizontalabstandes AB geführt.

einander zu) erklärt werden kann. Zu beachten ist, daß niemals die absolute Richtung der Bewegung zu ermitteln ist. So geht z. B. aus Abb. 34 hervor, daß entweder die Scholle A sich gehoben oder die Scholle B sich gesenkt hat oder daß die Scholle A sich stärker als die Scholle B gehoben hat. Damit ist aber jeweils nur der relative Bewegungssinn beschrieben.

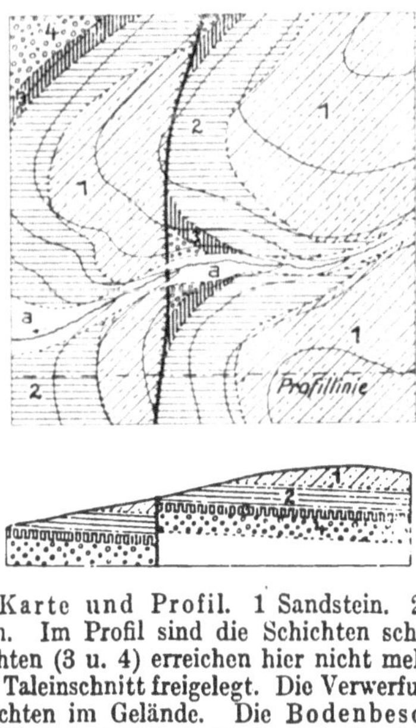

Abb. 36. Geologische Karte und Profil. 1 Sandstein. 2 Kalk. 3 Mergel. 4 Ton. *a* junge Flußablagerungen. Im Profil sind die Schichten schwach nach Osten geneigt; die Ton- und Mergelschichten (3 u. 4) erreichen hier nicht mehr die Erdoberfläche, wohl aber sind sie in dem tiefen Taleinschnitt freigelegt. Die Verwerfung verursacht eine Wiederholung der gleichen Schichten im Gelände. Die Bodenbeschaffenheit ist also, wie dieses einfache Beispiel zeigt, in hohem Maße auch durch die Tektonik bedingt.

Die Bewegungsrichtung an einer Fläche kann jeden beliebigen Winkel mit der Linie des Einfallens bilden. Jede Störung, sei es nun eine Überschiebung oder eine Verwerfung, hat an der Erdoberfläche eine besondere Anordnung der Schichten und damit auch der **Bodenbeschaffenheit** zur Folge. In Abb. 36 ist das Profil einer Verwerfung mit senkrecht stehender Fläche sowie eine Karte zu sehen, aus welcher der plötzliche Wechsel in dem Schichtenbau und damit auch in der Bodenbeschaffenheit zu beiden Seiten der Störungslinie hervorgeht.

γ) Gräben und Horste.

Wenn an parallelstreichenden Verwerfungen ein stufenweises Absinken der Schollen stattgefunden hat, dann spricht man von

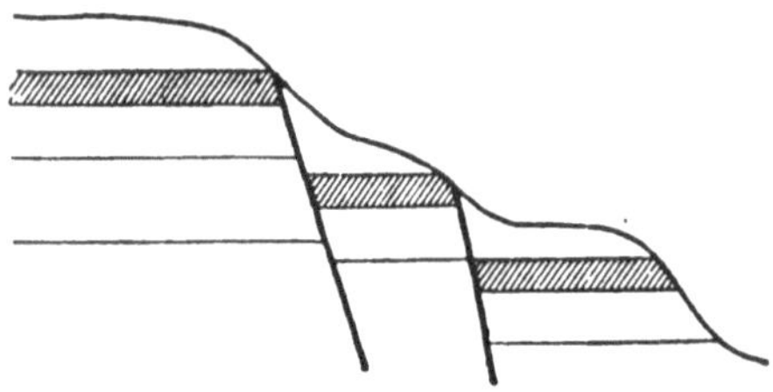

Abb. 37. Profil eines Staffelbruches (geologische Treppe).

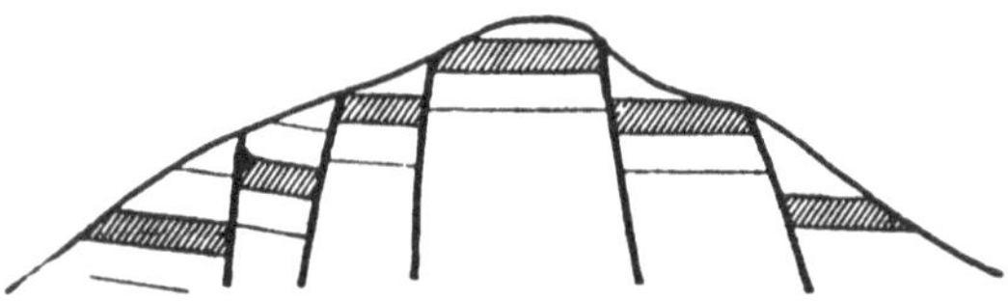

Abb. 38. Profil eines Horstes.

Staffelbrüchen (Abb. 37); sie können einen sogenannten **Graben** einschließen (Abb. 39). Einen **Horst** (Abb. 38) nennt man einen Gebirgsteil, der ebenfalls von zwei oder mehreren parallellaufenden Verwerfungen oder Staffelbrüchen begrenzt wird, der aber im Gegensatz zum Graben nicht gesunken ist, sondern sich gegenüber seiner Umgebung aufwärts bewegt hat bzw. stehen geblieben ist.

Viele Teile der deutschen Mittelgebirge haben den Charakter von Schollengebirgen. Außer dem Rheintalgraben seien Schwäbische Alb, Frankenjura, Sächsische Schweiz und Thüringer Senke erwähnt. Die Schollen haben bei der Entstehung dieser Gebirge eine vorwiegend vertikale — oder auf den Mittelpunkt der Erde bezogen — eine radiale Bewegung ausgeführt. Ob die Kräfte, die die Ursache der

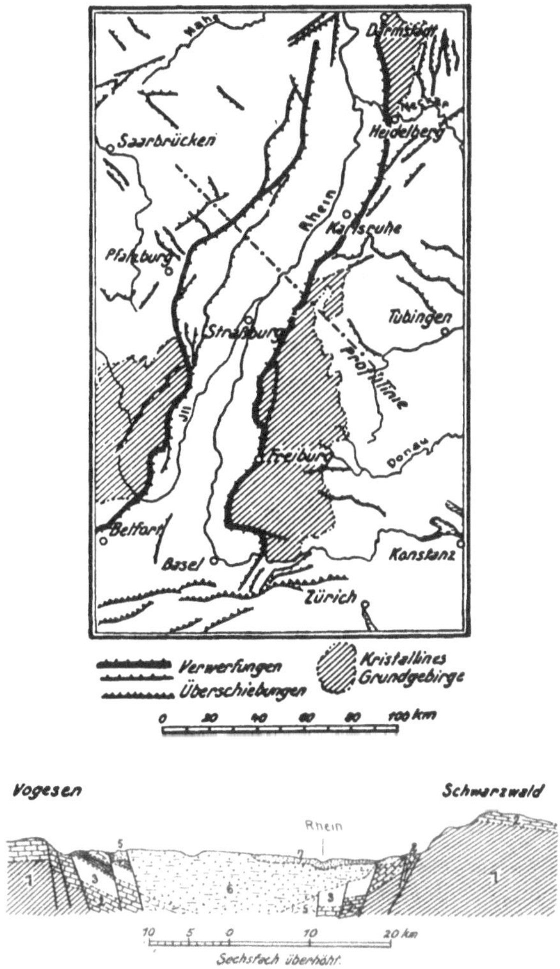

Abb. 39. Der Rheintalgraben in Karte und Profil. Nach *Regelmann* (vereinfacht). 1 Grundgebirge. 2 Buntsandstein. 3 Muschelkalk. 4 Keuper. 5 Lias. 6 Tertiär. 7 Diluvium. Zwischen parallel streichenden Verwerfungen, von welchen nur die wichtigsten auf der Karte eingetragen sind, ist das Gebirge in die Tiefe gesunken.

Gebirgsbildung waren, ebenfalls in dieser Richtung wirkten oder ob es sich vielleicht um horizontale Druck- oder Zugspannungen handelt, ist eine außerordentlich schwierige Frage, zumal alle diese verschiedenen Bewegungen im Laufe geologischer Zeiten nacheinander an ein und derselben Stelle zur Geltung kommen konnten.

3. Faltengebirge.

α) Der Faltungsvorgang.

Die typischen Faltengebirge erscheinen uns als die Folge starken horizontalen Zusammenschubes, dessen Ergebnis abhängig ist:

a) von der Gesteinsbeschaffenheit,
b) von der Tiefe, in welcher sich der Faltungsvorgang abspielte,
c) von der Stärke und Dauer der gebirgsbildenden Kraft.

Massig geschichtete Dolomite oder Sandsteine sind z. B. schwerer faltbar als dünnbankige Kalke mit Tonzwischenlagen; der Ton gibt

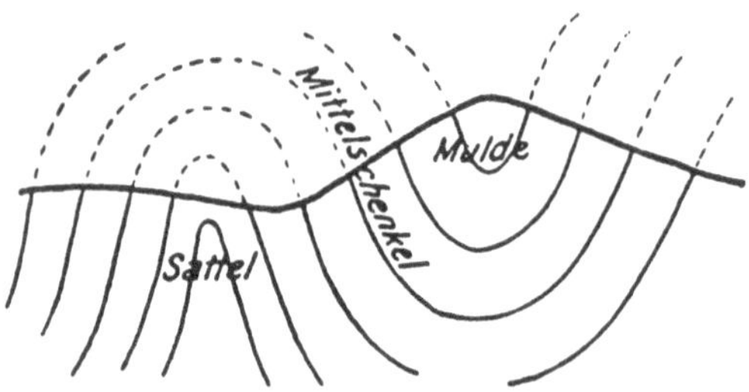

Abb. 40. Schema eines Sattels und einer Mulde. Die abgetragenen Teile des Gebirges sind durch Luftlinien (gestrichelte Kurven) ergänzt.

beim Zusammenschub ein ausgezeichnetes Schmiermittel ab. Geht die Faltung in großer Tiefe, also unter starker Belastung von anderen Schichten, und bei höherer Temperatur vonstatten, dann wird sie ziemlich bruchlos verlaufen. An der Erdoberfläche dürfte ein Zusammenschub ohne starke Zerreißung kaum denkbar sein. Bruchlose Faltung ist außerdem nur vorstellbar, wenn die mechanische Beanspruchung sich ganz allmählich vollzieht.

Man unterscheidet bei einer einfachen Falte zwischen Mulde oder Synklinale und Sattel oder Antiklinale (Abb. 40). Je nach der Stärke des Zusammenschubes sind Mulden und Sättel weit ausgespannt oder eng zusammengepreßt. Abb. 41 zeigt, wie aus einer zunächst schwach gefalteten Schicht durch stärkeren tektonischen Druck ein schmaler Sattel entsteht, der unter weiterer Einwirkung des Schubes in der Richtung der Kraft überkippt wird, bis es schließlich zu

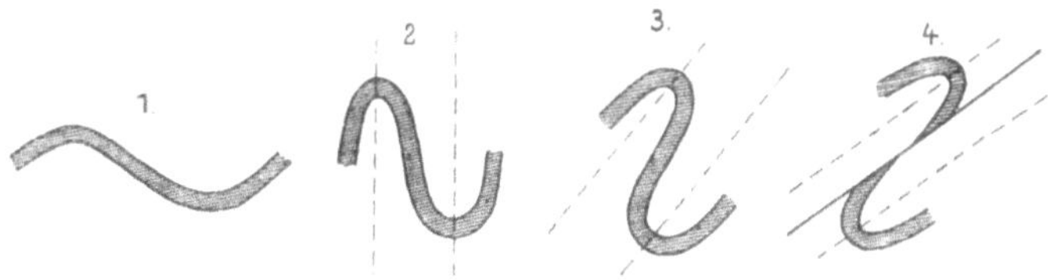

Abb. 41. Entstehung einer Faltenüberschiebung. 1 schwach gefaltete Schicht. 2 stark zusammengepreßte, senkrecht stehende Falte. 3 überkippte Falte. 4 Faltenüberschiebung.

einer Zerreißung, zu einer Auswalzung des Mittelschenkels kommt. Auf diese Weise entsteht die Faltenüberschiebung.

Das Ausmaß einer Überschiebung kann sehr verschieden sein. An steilstehenden Überschiebungsflächen kann wohl eine beträchtliche Verschiebung in der vertikalen, aber nur eine geringe in der horizontalen erfolgen. Anders bei flachliegender Fläche; hier braucht die Bewegung in der Horizontalen nur wenige Kilometer zu betragen; sie kann aber auch 20 und mehr Kilometer ausmachen. Derartige weitreichende Überschiebungen nennt man Decken.

Als Folge der Faltung können Blattverschiebungen entstehen (Abb. 42). Hierbei hat sich ein gefalteter Gebirgsteil gegenüber einem anderen in der Richtung der Kraft an einer meist senkrecht stehenden Zerreißungsfläche verschoben.

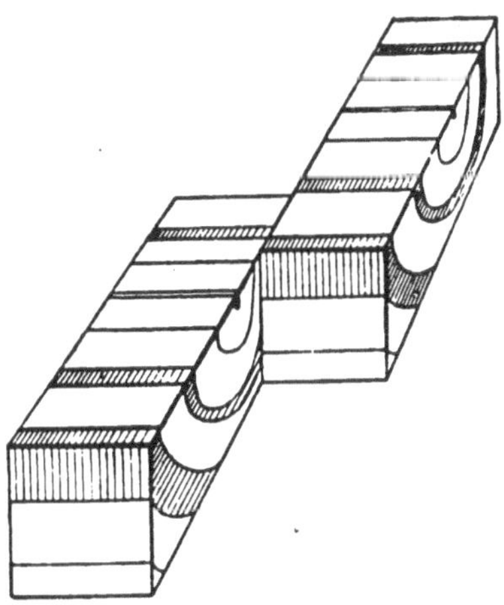

Abb. 42. Blockdiagramm einer Blattverschiebung. Von einer ursprünglich zusammenhängenden Mulde ist der eine Teil gegenüber dem andern an einer senkrecht stehenden Bruchfläche horizontal bewegt worden.

β) Beispiele.

Ein typisches Faltengebirge ist der Schweizer Jura. *Buxtorf* nimmt an, daß über einem starren, bereits im Paläozoikum gefalteten Untergrund die aus Jura, Keuper und Muschelkalk bestehenden Deckschichten gewissermaßen wie ein Tuch über der Tischplatte

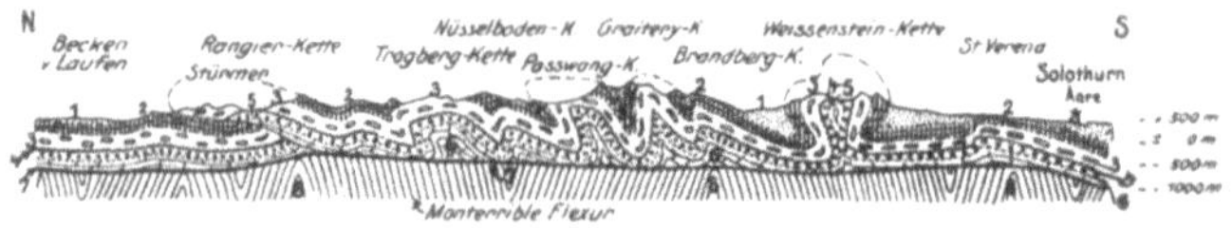

Abb. 43. Profil durch den Schweizer Jura. Nach *Buxtorf*. Das paläozoische Grundgebirge hat an der Faltung der mesozoischen Schichten nicht teilgenommen (Abscherungsdecke). 1 Tertiär. 2 Malm. 3 Dogger. 4 Lias. 5 Keuper. 6. Oberer Muschelkalk und Anhydritgruppe. 7 Unterer Muschelkalk und Perm. 8 Grundgebirge, paläozoisch gefaltet.

zusammengeschoben wurden (Abb. 43). In den Alpen sind Schichten, die ihrer Fazies nach nur in weit voneinander entfernt liegenden Gebieten entstanden sein können, durch den Faltungsvorgang über fremden Untergrund hinweg verfrachtet worden (Decken) und befinden sich nun dicht beieinander (Abb. 44).

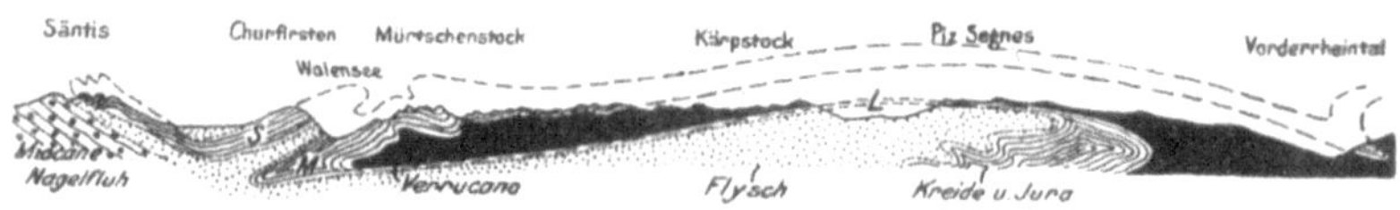

Abb. 44. Profil durch die Glarner Alpen. Veroucano, Jura und Kreide sind von weit her über Flysch und Nagelfluh überschoben. Beispiel für den Deckenbau der Alpen.

Einfacher Faltenbau ist in vielen Teilen Norddeutschlands zu beobachten, z. B. in der Hilsmulde und Sackmulde westlich und östlich der Leine (Abb. 45), sowie im Harzvorland. Jedoch haben die hier im Untergrund vorhandenen leicht beweglichen Zechstein-

Abb. 45. Schematisches Profil durch die Hilsmulde (stark überhöht). 1 Muschelkalk. 2 Keuper. 3 Lias. 4 Dogger. 5 Malm. 6 Untere Kreide. 7 Obere Kreide. 8 Diluvium und Aluvium. Beispiel für eine einfache Mulde.

salze einen so bedeutenden Einfluß auf die Lagerung der hangenden, d. h. überlagernden Schichten ausgeübt, daß die Erklärung des Aufbaues nicht in jedem Fall auf Zusammenschub zurückgeführt werden darf. Aus diesem Grunde soll die Tektonik der für die Landwirtschaft so wichtigen Kalisalzlagerstätten in einem besonderen Abschnitt behandelt werden.

Die altpaläozoischen Schichten der deutschen Mittelgebirge wurden so intensiv gefaltet (Abb. 46), daß sie unter weiterem Druck an meist steilen Brüchen zerbrachen.

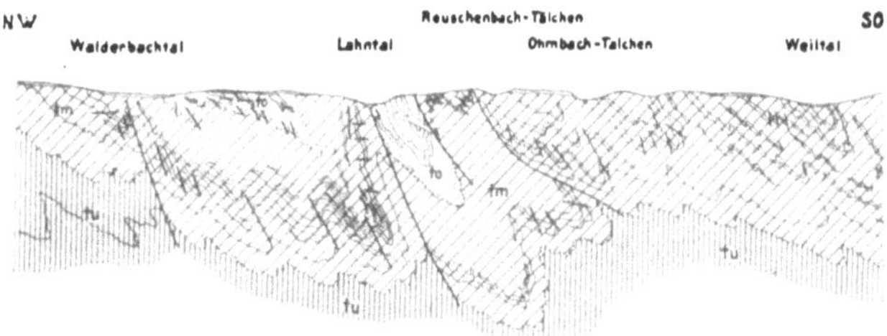

Abb. 46. Profil durch die Lahnmulde. Nach *Ahlburg*. Beispiel für intensive paläozoische Faltung. *tu* Unterdevon. *tm* Mitteldevon. *to* Oberdevon.

γ. Salztektonik.

Die Tektonik der Salzlagerstätten zeigt in besonders auffälliger Weise die Abhängigkeit der Lagerungsform von der Gesteinsbe-

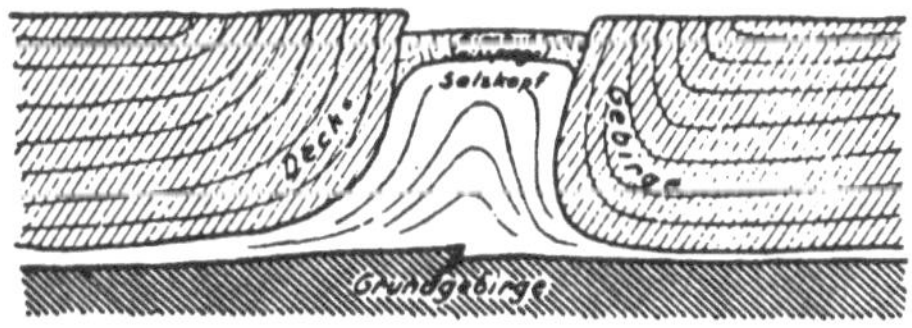

Abb. 47. Schematisches Profil durch einen Salzhorst. Nach *Seidl*. Das Deckgebirge ist nur in der Nähe des Salzes nach oben gebogen, im übrigen aber ziemlich ungestört. Die eindringenden Tageswasser lösen Teile des aufsteigenden Salzgebirges auf. Das schwerer lösliche, vorwiegend aus Gips bestehende Material bleibt zurück und bildet den Gipshut, der nach unten von einer ziemlich ebenen Fläche, dem Salzspiegel begrenzt wird.

schaffenheit. Die Zechsteinsalze sind intensiv gefaltet und horstartig zwischen jüngeren Schichten aufgepreßt, welche selbst mehr oder weniger sattelförmig aufgewölbt sind, aber bereits in geringer Entfernung vom Salzstock eine flache, fast ungestörte Lagerung (Abb. 47) annehmen. Ferner ist sehr bemerkenswert, daß diese Salzpfeiler auf langen Linien angeordnet sind, wie z. B. im unteren Allertale von Wietze über Steinförde, Hope, Grethem, Büchten bis Verden. Unter der starken Belastung der Deckschichten, deren Mächtigkeit in der norddeutschen Tiefebene etwa 2000 m beträgt, nimmt das Salz eine außerordentlich plastische Beschaffenheit an. Kommt es nun zu gebirgsbildenden Bewegungen, so müssen diese in den leicht beweglichen Massen ihren besonderen Ausdruck finden. Hierbei können zwei verschiedene Vorgänge sich abspielen.

1. Es findet eine Zerr-Bewegung statt; dann öffnet sich eine mehr oder weniger lange Spalte, in welcher das an dieser Stelle

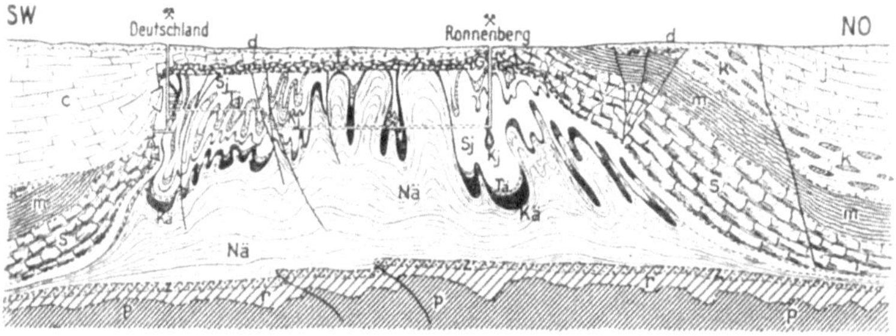

Abb. 48. Profil durch einen Salzhorst bei Hannover.
Nach *Seidl* Das Profil zeigt das intensiv gefaltete Salzgebirge und rechts und links davon die verhältnismäßig wenig gestörten Deckschichten. p paläozoisches Grundgebirge. r Rotliegendes. z Unterer und mittlerer Zechstein. Nä älteres Steinsalz. Kä älteres Kalilager. Tä grauer Salzton. Sj jüngeres Steinsalz. Kj jüngeres Kaliflöz. tj roter Salzton. G Gipshut. s Buntsandstein. m Muschelkalk. k Keuper. c (links) Kreide. j (rechts) Jura. t (Mitte) Tertiär. d Diluvium.

vom Druck entlastete Salz aufsteigt. Die Schollen des Deckgebirges, die auf beiden Seiten über dem leichten Salz gewissermaßen schwimmen, sinken in das Salz hinein und pressen hierbei die plastischen Massen nach oben. Die Abwärtsbewegung der schweren Gesteinsdecke vollzieht sich ziemlich gleichmäßig und ungestört; sie wird nur in der Nähe der Spalte in Mitleidenschaft gezogen. Bei der Aufwärtsbewegung des Salzes wird dieses intensiv gefaltet (Abb. 48). Erreicht der Salzkopf (Abb. 47) die Erdoberfläche, so werden die leichtlöslichen Bestandteile sofort aufgelöst und weggeführt. Gips als das schwerer lösliche Mineral bleibt zurück und bildet über der eigentlichen Lagerstätte den sogenannten Gipshut.

2. Findet ein Faltungsvorgang statt, dann wird das Salz

durch den horizontal wirkenden Gebirgsdruck in den sich bildenden Sattel mehr oder weniger eingepreßt. Da nun der Sattelfirst in der Regel von Spalten durchsetzt ist, so kann hier ein ähnliches Aufsteigen des Salzes erfolgen, wie das oben unter 1 beschrieben wurde.

δ. Nichttektonische Faltungen (siehe auch S. 41).

Abgesehen von den rein tektonischen Faltungen beobachtet man noch viele Faltungserscheinungen, die auf **exogene Ursachen** zurückgeführt werden müssen; um Verwechslungen zu vermeiden, möge hier kurz auf sie eingegangen werden.

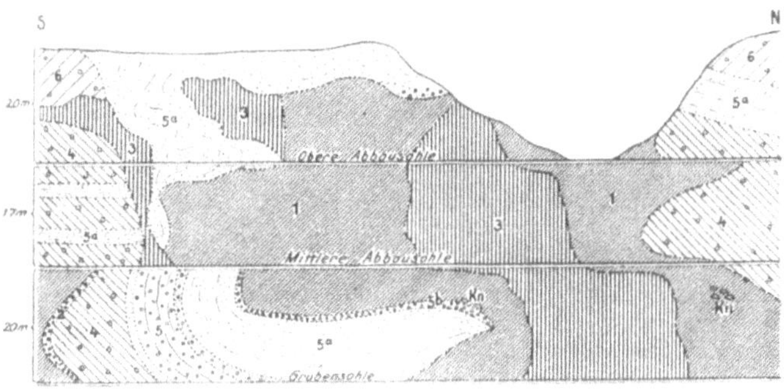

Abb. 49. Westlicher Stoß der Kreidegrube Katharinenhof, Finkenwalde bei Stettin. Nach *Wahnschaffe*. Beispiel für intensive Faltung durch das Inlandseis. 1 obersenone Kreide. 2 (links unten) Grünsand. 3 mitteloligocäner Septarienton. 4 Geschiebemergel. 5 Unterer Diluvialkies. 5a Unterer Diluvialsand. 5b diluviales Konglomerat. 6 Oberer Geschiebemergel. Kn Knollensteine. (Der durch die Abbausohlen verursachte Schnitt in den Schichtgrenzen beruht auf perspektivischer Verzerrung).

So wurden z. B. durch das Vorrücken des mächtigen Inlandeises die seine Unterlage bildenden Schichten an vielen Stellen gepreßt, gestaucht und zusammengeschoben. Ja, es wurden sogar riesige aus Kreide und Tertiär bestehende Schollen aus ihrem ursprünglichen Schichtenverbande herausgerissen, gefaltet und über älteres Diluvium hinweggeschoben (Abb. 49).

Nichttektonische Faltungen entstehen auch dann, wenn Schichten auf geneigter Böschung entweder infolge ungleichförmiger Sedimentation und zu starker Belastung an hochgelegener Stelle oder bei starker Durchfeuchtung über einem tonigen Gestein ins **Gleiten** kommen (Abb. 50).

Abb. 50. Gleitfaltung (keine tektonische Faltung) im Lias des Monte Brè bei Lugano. Während der Ablagerung entstanden durch Rutschung unter Wasser. (Orig. Seitz.)

4. Rumpfschollengebirge.

Während Schollen- und Faltengebirge einen Gegensatz zueinander bilden und in ihren typischen Erscheinungen auf verhältnismäßig einfache Bewegungen zurückgeführt werden können, stellt das Rumpfschollengebirge das Ergebnis komplizierterer Vorgänge dar. In der Carbonzeit z. B. wurden die Schichten des Cambriums, Silurs und Devons einer intensiven Faltung unterworfen und durch Granitintrusionen (z. B. im Harz, Riesengebirge, Odenwald, Schwarzwald) versteift. Es entstand damals ein quer über Deutschland hinziehendes, an Erhebung mit den Alpen zu vergleichendes, mächtiges Gebirge. Dieses fiel in der Folgezeit der Abtragung zum Opfer und wurde zur Fastebene erniedrigt. Nun setzte eine allmähliche Senkung ein (epirogenetische Bewegung, S. 81), wobei weite Flächen von den Schichten des jüngeren Paläozoikums und von denjenigen des Mesozoikums überdeckt wurden. Die gebirgsbildenden Vorgänge im jüngeren Mesozoikum und Neozoikum (ob Druck oder Zerrung ist in diesem Falle gleichgiltig) konnten in den starren paläozoischen Massen nur mehr oder weniger senkrechte Verschiebungen bewirken. Hierbei bewegten sich einzelne Teile des ursprünglich zusammenhängenden Gebirges gegenüber ihrer Umgebung aufwärts. Nun setzte wieder die Abtragung ein; sie entfernte die verhüllenden jüngeren Sedimente, und legte die paläozoische Fastebene frei, die jedoch durch tiefe Erosionstäler zum größten Teil wieder vernichtet wurde. Rheinisches Schiefergebirge, Thüringer Wald und Harz erscheinen uns heute als gehobene Teile (Rümpfe) eines in Schollen zerbrochenen, ehemals zusammenhängenden Faltengebirges.

e) Epirogenese.

Epirogenetische Bewegungen sind schildförmige Aufwölbungen oder beckenförmige Einsenkungen weiter Gebiete; sie vollziehen sich allmählich, durchdauern lange Zeiten in gleichförmiger Weise, ohne daß hierbei eine nennenswerte Zerstückelung durch Verwerfungen stattfindet.

Epirogenetische Senkungen im Innern großer Kontinente

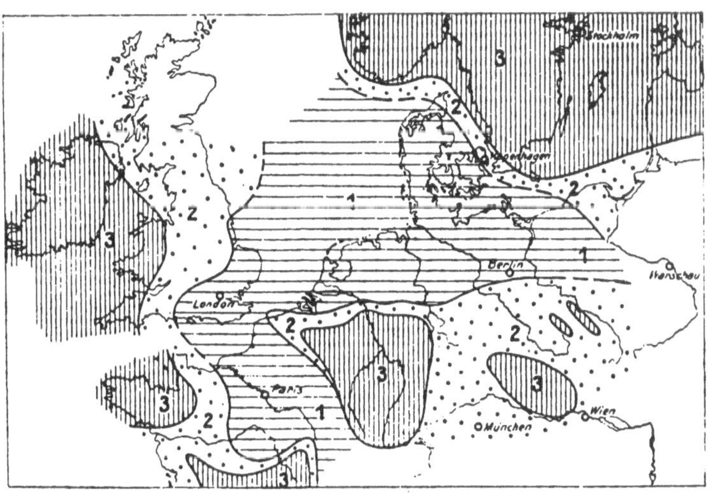

Abb. 51. Transgression des cenomanen Meeres (Cenoman ist die unterste Stufe der oberen Kreide). 1 ungefähre Ausbreitung des Meeres zu Beginn des Cenomans. 2 Gebiet, das im Laufe des Cenomans vom Meere überflutet wurde. 3 ungefähre Begrenzung des Festlandes am Ende des Cenomans.

schaffen die Sammelmulden terrestrischer Sedimente; in der Nähe einer Küste führen sie zu Überflutungen durch das Meer (Transgressionen, Abb. 51); in beiden Fällen entstehen Ablagerungen, deren Mächtigkeit bisweilen mehrere 1000 m beträgt. Trotz dieser scheinbar überraschenden Tatsache sind die Schichten ihrer Gesteinsbeschaffenheit und dem Fossilinhalt nach vielfach in einer Flachsee entstanden. Damit ist erwiesen, daß das Meer dauernd eine geringe Tiefe hatte, daß aber eine anhaltende Senkung des Bodens stattfand, die die Anhäufung der Gesteinsmassen erst gestattete. Derartige Tröge nennt man Geosynklinalen. Diese epirogenetischen Senkungsvorgänge werden in der Regel durch eine orogenetische Phase beendet. So entstanden z. B. aus der alpinen Geosynklinale unter Einwirkung tangentialen Druckes die heutigen Alpen.

Ein ausgezeichnetes Beispiel für jüngere epirogenetische Hebung ist Skandinavien. Eine Hebung kann natürlich nur an der Verschiebung gegenüber dem Meeresspiegel festgestellt werden. Nun hat man beobachtet, daß die durch die Brandung erzeugten Uferwälle und Abrasionsterrassen im mittleren Schweden und Norwegen sich heute vielfach über 250 m Meereshöhe befinden. Dort ist also das Land nach der Eiszeit um diesen Betrag gehoben worden; im Süden macht die Hebung nur 50 m aus.

f) Erdbeben.

1. Wirkung der Erdbeben.

Unter Erdbeben versteht man alle Erschütterungen der Erdoberfläche, deren Ursache nicht durch den Menschen [1]) herbeigeführt wird; mit Seebeben bezeichnet man Erschütterungen des Meeresbodens. Den in der Tiefe liegenden Herd des Erdbebens nennt man Hypozentrum; der darüber liegende Teil der Erdoberfläche, das Epizentrum, ist dasjenige Gebiet, in welchem die Erschütterungen am stärksten in Erscheinung treten. Vom Hypozentrum aus verbreiten sich die Erdbebenwellen starker Erschütterungen durch Erdkörper und über die ganze Oberfläche unseres Planeten; daher können sie von Erdbebenstationen registriert werden.

---

[1]) Erschütterungen, welche durch Sprengungen und Explosionen verursacht werden, gehören also nicht zu den Erdbeben.

Die Stärke eines Erdbebens kann so schwach sein (mikroseismisch), daß die Erschütterungen nur von einem Seismometer (Erdbebenmesser) aufgenommen werden. Stärkere (makroseismische) Bewegungen äußern sich u. a. dadurch, daß Lampen oder Bilder in Pendelschwingungen geraten, und Gegenstände umfallen. Bei sehr starken Erschütterungen entstehen Risse im Mauerwerk, Häuser stürzen ein, Städte werden zerstört. Jedoch darf nicht immer aus der Größe der Zerstörung auf die Stärke der Erschütterung geschlossen werden. Durch verhältnismäßig geringe Stöße werden sekundär häufig Rutschungen in wassererfüllten Schichten ausgelöst, die über festem Untergrund in zu steiler Böschung an einem Uferrand lagern. Gebäude, die dort errichtet, werden natürlich viel stärker in Mitleidenschaft gezogen als solche, die auf festem Fels erbaut sind.

Im Epizentrum äußert sich das Erdbeben entweder in der Entstehung von Bodenspalten oder in Verschiebungen von Schollen in wagrechter oder senkrechter Richtung, womit oft eine erhebliche Störung der ober- oder unterirdischen Wasserzirkulation verbunden sein kann.

2. Einteilung der Erdbeben.

α) Einsturzbeben sind nur von untergeordneter örtlicher Bedeutung; sie entstehen bei dem Zusammenbrechen unterirdischer Hohlräume, welche durch Auslaugung der Sickerwässer in Salz-, Gips-, Kalk- oder Dolomitschichten geschaffen wurden (Abb. 4).

β) Vulkanische Beben werden als Begleiterscheinungen vulkanischer Ausbrüche, offenbar durch die in der Tiefe plötzlich freiwerdenden Gase, verursacht. Sie ziehen ebenfalls ein nur wenig ausgedehntes Schüttergebiet in Mitleidenschaft. Hierher sind auch die Intrusionsbeben zu stellen, die als Folge lakkolithischer Intrusionen in Erscheinung treten können; ihr objektiver Nachweis im Einzelfalle kann allerdings nur sehr schwer geführt werden.

γ) Die tektonischen oder Dislokationsbeben sind weitaus am häufigsten und am weitesten verbreitet; zu ihnen gehören die Ereignisse, die als Weltbeben auf der ganzen Erde registriert werden können. Sie entstehen bei gebirgsbildenden Bewegungen (s. S. 69ff.), bei welchen ja Gesteinsschichten verworfen oder gefaltet werden.

Sieberg hat eine sehr interessante statistische Berechnung über die Häufigkeit und Verbreitung der Erdbeben vorgenommen. Indem er von der Gesamtzahl der in einem Jahre auf der Erde beobachteten Festlandsbeben ausgeht, stellt er fest, wieviel hiervon prozentual auf einzelne Gebietsteile entfallen.

	Tektonischer Charakter	Beispiele
a) $^1/_2$%	Paläozoische Rumpfgebirge	Ural, Kapgebirge, Australische Alpen.
b) $1^1/_2$%	Alte Kontinentalkerne	Finnland, Skandinavien, Ostsibirien.
	Tafelländer	Rußland, Westsibirien, Arabien.
c) 3%	Festländische Einbruchsbecken	
d) $3^1/_2$%	Ein Teil der tertiären Faltengebirge	Alpen, Pyrenäen.
e) 22%	Die Gesamtheit der Bruchschollenländer	Island, die skandinavische Fjordküste, West- und Mittel-Europa (ausgenommen Norddeutsche Tiefebene), Balkanländer
f) 24%	Der übrige Teil der tertiären Faltengebirge	Apennin, Atlas.
g) 40%	Bruchrand des Pazifischen Senkungsfeldes (Tiefseegräben)	Die Küstengebiete des großen Ozeans.

Hieraus geht hervor, daß der weitüberwiegende Teil der Erdbeben an tiefgreifende Bruchlinien der Erde gebunden ist. Am häufigsten treten sie in den Küstengebieten des großen Ozeans auf, denen die ozeanischen Gräben, welche die größten Meerestiefen besitzen, vorgelagert sind. Am Rande dieser Tiefseegräben finden heute noch Absenkungen statt, die die Ursache der Groß- und Weltbeben bilden (Erdbeben von San Franzisco 1906). Auch die unter f angeführten Faltengebirge sind Gebiete, deren geologischer Aufbau Senkungen an Brüchen jungen Alters erkennen läßt.

g) Über die Ursachen endogener Vorgänge.

1. Der Zustand des Erdinnern.

Pendelbeobachtungen haben ergeben, daß die mittlere Dichte der Erde 5,5 beträgt (Dichte des Wassers = 1). Die Gesteine an der Erdoberfläche besitzen nur eine Dichte von 2,5—3,0; es müssen also im Innern unseres Planeten schwerere Stoffe vorhanden sein. Da nun die meisten Meteoriten, die schließlich nichts anderes als Bruchstücke zersprengter Himmelskörper sind, aus Nickeleisen bestehen, so liegt der Gedanke nahe, daß auch das Erdinnere vorwiegend aus solchen Schwermetallen zusammengesetzt ist. In der Tat hat nun die Berechnung der Geschwindigkeit und des Verlaufes der Erdbebenwellen ergeben, daß das Erdinnere durchaus nicht aus einem stofflich einheitlichen Körper besteht, sondern, daß den Metallkern Kugelschalen von verschiedener Zusammensetzung umschließen. Infolge der ungeheuren Drucke und hohen Temperaturen [1]), die in großer Tiefe herrschen, können die an der Erdoberfläche unter ganz anderen Bedingungen gewonnenen Begriffe „gasförmig, flüssig, fest" nicht ohne weiteres auf den Zustand des Erdinnern angewandt werden. Man kann daher den Metallkern der nach *Königsberger* etwa einen Radius von 3900 km (Erdradius = 6370 km) hat und dessen Dichte der Autor auf 7,5—7,9 festlegt, ebenso gut als fest oder als zähflüssig bezeichnen. Über ihn legen sich 2 Schalen, die man als flüssig bis gasförmig ansehen kann; die tiefere besteht vorwiegend aus Eisenverbindungen (Dichte 6) und ist ungefähr 1400 km dick [2]); die höhere setzt sich aus Silikaten (Basalten, Peridotiten) zusammen (Dichte 2,8—4,0) und ist etwa 1000 km mächtig [3]). Darüber folgt bis zur Erdoberfläche eine 100—300 km mächtige Zone [4]), von welcher jedoch nur die oberen

[1]) Temperaturmessungen in tiefen Bohrlöchern haben eine Temperaturzunahme von 1° C bei etwa 30 m Tiefe (= geothermische Tiefenstufe) ergeben. Da jedoch das tiefste Bohrloch (bei Fairmont 2311 m) und der tiefste Schacht (Quincy Mining Co 2600 m) nur den 2450. Teil des Erdradiusses erreichen, ist es sehr zweifelhaft, ob diese Temperaturzunahme auch für größere Tiefen gilt.

[2]) Diese Schale und der Metallkern sind von *E. Suess* entsprechend ihrer hauptsächlichsten Bestandteile, nämlich Nickel (Ni) und Eisen (Fe) mit Nife bezeichnet worden.

[3]) Nach *E. Suess* Sima genannt wegen der vorwiegend beteiligten Elemente Silizium (Si) und Magnesium (Mg).

[4]) Nach *E. Suess* Sal; vorwiegend beteiligte Elemente sind Silizium (Si) und Aluminium (Al).

ca. 30 km der eigentlichen festen Erdkruste angehören. Die tieferen Lagen befinden sich in einem halbfesten plastischen Zustand.

Um das Verhalten der in großer Tiefe vorhandenen Silikate zu verstehen muß hier in aller Kürze auf die Ergebnisse der von Tammann angestellten Versuche eingegangen werden. Er hat verschiedene Stoffe geschmolzen und sie dabei hohen Drucken ausgesetzt. Mit dem Schmelzpunkt bezeichnet man diejenige Temperatur, bei welcher ein Körper bei gegebenenem Druck aus dem festen in den flüssigen Zustand übergeht. Findet der Versuch bei niedrigem Druck und geringer Temperatur statt, dann hat der Kristall kurz vor dem Schmelzen ein kleineres Volumen als die Schmelze (d. h. durch Erwärmen Volumenvergrößerung); oder was dasselbe ist, in dem Augenblick, wo die Schmelze bei einer Abkühlung auskristallisiert, findet eine Volumenverringerung statt. Da nun eine Schmelze viel leichter zusammengepreßt werden kann als der Kristall, so muß es einen Druck und eine Temperatur geben, bei welchem das Silikat beim Schmelzen gewissermaßen sofort auf das Volumen des Kristalls zusammengedrückt wird, also im flüssigem wie im festem Zustand das gleiche Volumen einnimmt. Damit ist der „maximale Schmelzpunkt" erreicht. Hier vollzieht sich die Kristallisation aus der Schmelze ohne Volumenänderung. Findet eine weitere Druckerhöhung statt,dann wird die Schmelze stärker zusammengepreßt als der Kristall; oder, was dasselbe ist, in dem Augenblick, wo unter diesen Bedingungen die Schmelze auskristallisiert, erfolgt eine Volumenvergrößerung.

Die hier geschilderte Versuchsreihe ermöglicht einen Vergleich mit den Zuständen, die man bei einem Vordringen von der Erdoberfläche zum Erdinnern antreffen würde. In einer gewissen Tiefe muß ein Druck herrschen, der zunächst noch geringer ist als derjenige des maximalen Schmelzpunktes [1]). Wird das dort vorhandene Magma von einer Temperaturerniedrigung betroffen, so findet ein Auskristallisieren unter Volumenverminderung statt. Die hierbei freiwerdenden Gase können jedoch so große Druckspannungen ergeben, daß sie zu unmittelbarer Veranlassung von Vulkaneruptionen werden. In größerer Tiefe, in welcher ein höherer Druck als derjenige des maximalen Schmelzpunktes herrscht, tritt bei einer Abkühlung eine Volumenzunahme ein. Dies kann zur Folge haben, daß benachbarte, noch nicht verfestigte Schmelze nach oben gepreßt wird, wobei es zu batholithischen oder lakkolithischen Intrusionen bzw. zur Entstehung oberflächlicher Magmaherde kommt. In noch größerer Tiefe muß nach den Versuchen *Tammanns* ange-

[1]) Die Zone des maximalen Schmelzpunktes wird in etwa 150 km Tiefe angenommen.

nommen werden, daß infolge der außerordentlich hohen Drucke keine Temperaturerhöhung mehr erforderlich ist, um das Erdinnere plastisch zu halten.

2. Theorien.

Keine der vielen Theorien, von denen hier nur die wichtigsten kurz angeführt werden, vermag bei dem heutigen Stande unseres Wissens die Mannigfaltigkeit der Erscheinungen in jeder Beziehung befriedigend zu erklären.

Die Kontraktionstheorie geht von der Annahme aus, daß das Volumen der Erde infolge dauernder Abkühlung sich vermindere. Hierbei ist der glutflüssige Erdkern einer stärkeren Zusammenziehung unterworfen als die feste Erdkruste, die — gewissermaßen wie die Haut eines schrumpfenden Apfels — gezwungen ist, sich zu runzeln. Im einzelnen kann man sich diesen Vorgang folgendermaßen vorstellen. Da über dem sich zusammenziehenden Erdkern die feste Rinde kein hohles Gewölbe zu bilden vermag, vielmehr die einzelnen Teile durch die Schwerkraft zum Niedersinken gezwungen sind, so müssen die zentripetalen Bewegungen infolge der dabei eintretenden Oberflächenverringerung sehr starke tangentiale Druckspannungen erzeugen. Diese finden je nach der Beschaffenheit der Schollen in mannigfaltiger Weise ihre Auslösung. Man kennt Gebiete, die in sich so stark gefestigt sind, daß sie seit langer Zeit jeder Gebirgsbewegung widerstanden. Andere Teile wurden schwacher, langdauernder, weitspanniger Faltung unterworfen und führten so zu epirogenetischen Bewegungen, zu säkularen Hebungen und Senkungen. In anderen Teilen wieder führten die Kräfte zu magmatischen Eruptionen, zu intensiven Faltenbildungen, zu Zerstückelungen an Verwerfungen und zu Erscheinungen, die als Erdbeben sich noch heute vor unseren Augen vollziehen.

Obwohl die Kontraktionstheorie vielen Beobachtungen gerecht wird, so ist an ihr doch in mancher Beziehung Kritik geübt worden. So müßte z. B. in der festen Erdkruste allenthalben ein ziemlich gleichmäßiger tangentialer Rindendruck herrschen und es bleibt unverständlich, wie trotzdem in vielen Gebieten Zerr-Bewegungen stattfinden konnten, die doch eine Oberflächenvergrößerung zur Folge hatten. Auch daß Vulkanspalten lange Zeit hindurch offen bleiben konnten, kann die Theorie nicht befriedigend erklären. Außerdem besteht auf Grund der oben geschilderten *Tammann*'schen Versuche die Möglichkeit, daß die auf große Erdtiefe vordringende Abkühlung keine Kontraktion sondern im Gegenteil eine Volumenvermehrung zur Folge hat.

Die von *A. v. Böhm* aufgestellte Retardationstheorie geht davon aus, daß durch die Gezeitenreibung die Rotationsgeschwindigkeit der Erde verringert wird. Hierdruch tritt eine Änderung der Abplattung unseres Planeten ein, wobei es zu gebirgsbildenden Bewegungen kommen muß.

Die Isostasie nimmt an, daß die einzelnen Schollen der starren Erdkruste über dem Magma schwimmen, in welche sie je nach ihrer Schwere tiefer oder weniger tief (mit schwimmenden Eisschollen vergleichbar) eintauchen. In der Tat haben nun Schwere-Messungen ergeben, daß die Festlandschollen in vielen Fällen leichter sind, als die subozeanischen. Hinzu kommt noch, daß durch festländische Abtragung einerseits das Volumen der Kontinente verringert, andererseits der Boden der Meere belastet werden kann, der infolgedessen sich in dauerndem Sinken befindet. Obwohl die Isostasie auf diese Weise eine Erklärung für die Entstehung vertikaler, epirogenetischer Bewegungen gibt, so bleibt dennoch schwer verständlich, wie die sinkende Tendenz einer von Anfang an schwereren und durch die Sedimentbildung noch weiter belasteten Geosynklinale plötzlich in die entgegengesetzte Bewegung umschlagen kann, die zum Aufsteigen eines Faltengebirges führt (vergl. S. 82).

Während die Isostasie nur vertikale Bewegungen annimmt, läßt die von *Wegener* aufgestellte Hypothese auch große horizontale Verschiebungen der auf dem Sima schwimmenden Schollen (Kontinente) gelten. Die ozeanischen Böden sind das zwischen den starren Kontinentalblöcken sich ausdehnende, oberflächlich erstarrte Magma. So soll z. B. der Atlantische Ozean dadurch entstanden sein, daß zwischen Europa-Afrika einerseits und Nord- und Süd-Amerika andererseits sich eine Spalte öffnete, welche sich allmählich auf eine Breite von 5000 km erweiterte. In der Tat würde der Parallelismus im Verlauf der Küsten der Alten und Neuen Erdteile und der zum Teil übereinstimmende innere Bau mit dieser Theorie eine Erklärung finden.

Die Unterströmungstheorie *Ampferers* nimmt an, daß

Strömungen und Volumenschwankungen in der flüssigen Zone des Erdinnern die Ursache der endogenen Vorgänge bilden, die an der Erdoberfläche allerdings in sehr veränderter Form in Erscheinung treten.

C. Das Material der Erdrinde.

I. Gesteinsbildende Mineralien.

Massen, die in nennenswertem Umfang am Aufbau der Erdrinde beteiligt sind, nennt man Gesteine. Demnach ist mit diesem Wort nicht unbedingt der Sinn des Festen, Felsartigen verbunden: auch lose Sandanhäufungen, Lehm- und Schlammschichten fallen unter diesen Begriff.

Gesteine sind aus Mineralien zusammengesetzt, die wiederum aus chemisch und physikalisch gleichartigen kleinsten Teilchen, den Molekülen bestehen. Die letzten Bausteine der Moleküle sind weiterhin jene „denkbar kleinsten Einheiten" chemischer Elemente, die Atome der bis vor kurzem nicht zerlegbaren chemischen Grundstoffe.

Während die in Gesteinen möglichen Kombinationen von Mineralien theoretisch der Zahl nach unbegrenzt sind, kennt man kaum mehr als rund eintausend Mineralien, die ihrerseits wieder aus den etwa 80 bekannten Elementen bestehen.

Von diesen 80 Elementen sind nur einige wenige nennenswert an der Zusammensetzung der Mineralien beteiligt, von denen ebenfalls nur sehr wenige eine gewisse Rolle im Gesamtaufbau der Erdrinde spielen, soweit diese Untersuchungen und Beobachtungen zugänglich ist.

Rechnet man das Weltmeer und die Lufthülle zur Erdrinde, so ergibt sich folgendes einfache Bild:

Rund 50 % der bekannten Erdrinde — bis in 10 km Tiefe — bestehen aus Sauerstoff (chemisches Zeichen: O [vom lat. *oxygenium*]).

Von der übrigbleibenden Hälfte nimmt das Silizium (Si) wieder die Hälfte für sich in Anspruch (rund 26 % der Gesamtheit), und zwar tritt es nahezu ausnahmslos in Verbindung mit Sauerstoff als Kieselsäure (SiO_2) auf. Die meisten wichtigen gesteinsbildenden Mineralien sind Salze der Kieselsäure (Silikate).

Es folgen:

an dritter Stelle das Aluminium (*Al*), ein Hauptbestandteil des Tones mit rund 7—7,5 %;

an vierter das Eisen (*Fe* [von lat. *ferrum*]) mit 4,15 %;

an fünfter bis achter Stelle stehen:

Calcium	(*Ca*)	mit	3,19 %,
Natrium	(*Na*)	,,	2,43 %,
Magnesium	(*Mg*)	,,	2,30 %,
Kalium	(*K*)	,,	2,27 %.

Damit ist die Reihe der wichtigsten Gesteinsbestandteile erschöpft. Alle folgenden Elemente machen zusammen wenige Teile vom Hundert aus und jedes für sich weniger als 1 %, ja zum großen Teil sogar weit weniger als 1 ‰!

Zu nennen sind noch:

Wasserstoff	(*H*[1]))	mit	0,9 %,
Titan	(*Ti*)	,,	0,4 %,
Chlor	(*Cl*)	,,	0,2 %,
Kohlenstoff	(*C*)	,,	0,13 %,
Schwefel	(*S*)	,,	0,1 %,
Phosphor	(*P*)	,,	0,1 %,
Barium	(*Ba*)	,,	0,08 %,
Mangan	(*Mn*)	,,	0,07 %.

Wohlgemerkt, diese Angaben beziehen sich nur auf die Erdkruste, nicht auf den ganzen Erdkörper, der wahrscheinlich zum größten Teil aus Eisen u. a. Schwermetallen besteht.

Nun treten die Grundstoffe meist nicht für sich allein in den Mineralien auf, sondern in Form ihrer Verbindungen untereinander; und zwar sind es in erster Linie reine Sauerstoffverbindungen (Oxyde) und Verbindungen mit Sauerstoff und Kieselsäure: Kieselsaure Salze oder Silikate.

$Si\,O_2$ ist die wichtigste Sauerstoffverbindung (Siliziumdioxyd = ,,Kieselsäure“)

Alsdann folgen: Tonerde (Al_2O_3), Eisenverbindungen (Fe_2O_3, FeO), Calciumoxyd (CaO), sowie MgO, K_2O, Na_2O.

An Wichtigkeit treten zurück:

H_2O (= Wasser), P_2O_5 (Phosphorsäure), $Ti\,O_2$ (Titandioxyd).

---

[1]) Von lat. *hydrogenium*.

Alle andern Elemente und Sauerstoffverbindungen finden sich gelegentlich in untergeordnetem Maße.

Während bei den (unten besprochenen) kristallinen Gesteinen diese Bestandteile vorwiegen, finden sich unter anderen Umständen — in chemischen Niederschlägen aus dem Wasser — Salze der Kohlensäure (H_2CO_3) (Karbonate [von *carbo* = Kohle]), der Schwefelsäure (H_2SO_4) (Sulfate[1]), Chlorverbindungen (Chloride); in den aus organischen Resten entstehenden Kohlegesteinen dagegen spielen Verbindungen der vier Hauptelemente organischer Stoffe die wichtigste Rolle: Kohlenstoff, Sauerstoff, Wasserstoff und Stickstoff (*N* von *nitrogenium*).

Die Zahl der gesteinsbildenden Mineralien ist nicht groß. Natürlich liefert jede Auswahl je nach dem zugrunde gelegten Gesichtspunkt eine verschiedene Zahl. Wir können uns hier mit 12 Mineralien begnügen, deren Kenntnis für die praktische Gesteinskunde und für das Verständnis der für den Landwirt besonders wichtigen Bodenbildung aus den Gesteinen unumgänglich ist.

An erster Stelle ist der Quarz zu nennen, der im reinsten Zustand allein aus Kieselsäure (SiO_2) besteht und in der auf Abb. 52a dargestellten Form als Bergkristall bekannt ist. Meist aber ist er durch verschiedenartige Beimengungen verunreinigt und wird in solchen Fällen besonders benannt; violetter Bergkristall heißt Amethyst, gelber bis brauner Rauchtopas usw.; ist er hingegen gestaltlos und undurchsichtig, so heißt er je nach seiner Farbe Milchquarz oder Rosenquarz; dichte, dunkel gefärbte, oft verschieden gemusterte Abarten sind die verschiedenen Achate, Jaspise u. a.

Allen Abarten aber sind verschiedene Eigenschaften gemeinsam: die große Härte[2]), die muschelartigen Bruchflächen, der fettige

[1]) Von lat. *sulfur* = Schwefel.

[2]) Die Härte der Mineralien ist eins der wichtigsten Merkmale. Man hat eine Härteskala aufgestellt, in der 10 verschiedene Grade vorhanden sind. Dabei ist aber zu bemerken, daß die Härteunterschiede sehr verschieden abgestuft sind. Man hat also noch kein absolutes Maß der Härte.

Härtegrad 1: Talk (wird vom Fingernagel geritzt).
„ 2: Steinsalz (wird von einer Kupfermünze geritzt) (Gips, Steinkohle, Schwefel).
„ 3: Kalkspat (läßt sich mit einem Eisennagel ritzen); z. B. Schwerspat.
„ 4: Flußspat (wird von Glas geritzt), z. B. Eisen.
„ 5: Apatit (ebenso hart wie Glas, ritzt dieses also und wird von ihm geritzt, ebenso von gutem Messerstahl); z. B. Hornblende und Augit.

Glanz. Quarz ist der wichtigste Gemengteil vieler Gesteine, und bildet die Hauptmasse aller Sandanhäufungen usw.

An gesteinsbildender Wichtigkeit stehen ihm die **Feldspäte** kaum nach (Abb. 52b): Verbindungen von Al_2O_3, 2—6 SiO_2 und K_2O bzw. Na_2O oder CaO; reiner Kalifeldspat (= Kalitonerdesilikat) heißt **Orthoklas**, reiner Kalk- bzw. Natronfeldspat: **Plagioklas**. Zwischen den beiden letzteren gibt es eine Reihe von Übergängen, die verschiedene Bezeichnungen (Oligoklas, Andesin, Labrador u. a.) führen.

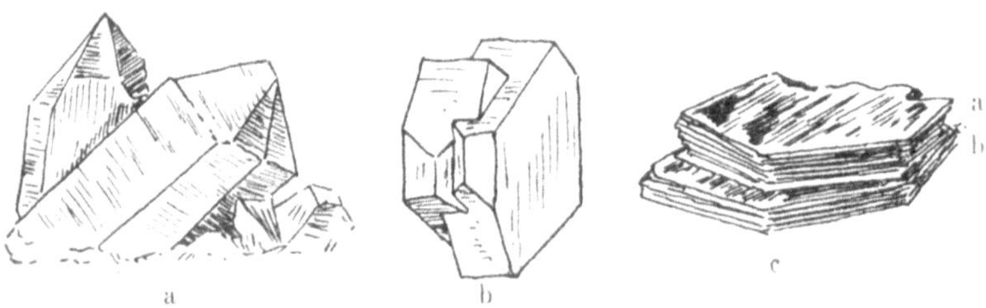

Abb. 52. Die Kristallformen der drei **wichtigsten gesteinbildenden Mineralien.** *a* Quarz (Bergkristall), *b* Feldspat (Zwillingskristall). *c* Glimmer (nat. Größen). (Gez. A. Ebert.)

Orthoklas und Plagioklase unterscheiden sich voneinander durch ihre Kristallform, bisweilen auch durch die Farbe.

Die Feldspäte sind gelegentlich durchsichtig (Sanidin), meist aber, z. T. durch Verwitterung, undurchsichtig und farbig: weiß, grau, gelb, rot oder braun. Ausgebildete Kristalle finden sich verhältnismäßig selten, weil das Mineral im allgemeinen nur als Korn innerhalb der verschiedensten Gesteine auftritt.

„ 6: Feldspat (härter als Glas, ebenso hart wie Stahl): Schwefelkies, Opal u. a.

„ 7: Quarz (gibt am Stahl Funken und ist härter als Stahl, ritzt also eine Messerklinge).

„ 8—10: **Topas, Korund, Diamant.**

Zur Illustration des oben Gesagten mag dienen, daß Diamant (Härte 10) rund 150 mal so hart ist wie Korund (Härte 9) und etwa 1000 mal härter als Quarz (Härte 7).

Andere wichtige Unterscheidungsmerkmale der Mineralien sind: Spaltbarkeit, spezifisches Gewicht, Ätzerscheinungen, Verhalten gegen Elektrizität und Magnetismus; die eindeutigste Bestimmung eines Minerals ergeben seine Einordnung in eines der 6 **Kristallsysteme** und seine **chemische Zusammensetzung** — Dinge, die Gegenstand der Kristallographie und Mineralogie sind.

Feldspat hat etwa die Härte des Stahles, wird also vom Messer kaum mehr geritzt. Im Gestein erkennt man ihn fast immer leicht an den glatten, glänzenden Spaltflächen, die sich auch einstellen, wenn man größere Stücke zerschlägt.

Fehlt es in einem Erstarrungsgestein an der nötigen Kieselsäure zur Bildung von Feldspat, so entstehen kieselsäurearme Feldspatvertreter: Leuzit, das Gegenstück des Kalifeldspates mit nur 2—4 Molekülen Kieselsäure ($K_2\,O$, $Al_2\,O_3$, 2—4 $Si\,O_2$) und Nephelin, das Gegenstück des Natron-Feldspates mit 1 $Si\,O_2$: $Na_2\,O$, $Al_2\,O_3$, $Si\,O_2$.

Während der Quarz mit rd. 12 % am Aufbau aller Eruptivgesteine (s. u.) beteiligt ist, nehmen die Feldspäte fast 60 v. H. ein!

Die Hornblende und die Augite hingegen etwa 17 %.

Auch diese gehören zu den Silikaten. Sie unterscheiden sich voneinander nur durch die Kristallform — und auch das nur sehr wenig; Farbe und chemischer Gehalt aber sind bei beiden gleich, so daß es für den Praktiker nicht nötig ist, sie genauer zu unterscheiden. Beide bestehen aus verschiedenen häufigen Bestandteilen: Eisen-, Kalzium- und Mangan-Oxyd und Kieselsäure, hier und da noch Tonerde und $Na_2\,O$. Sie sind schwerer als die hellen, da eisenarmen Feldspäte und haben die Härte des Stahles (6). Beide sind dunkel, fast schwarz; auf einer unglasierten Kachel („Strichtafel") gestrichen, liefern sie ein dunkelgrünes Pulver, man sagt, „sie haben grünen Strich".

Man unterscheidet verschiedene Abarten:

die gemeine Hornblende (Amphiból), die im Gestein in Form dunkler, rußig aussehender Körnchen auftritt. In der Form grüner, auch weißer (verwittert!) Stengel heißt sie Strahlstein;

der gemeine Augit (Pyroxén) bildet im Gegensatz zur Hornblende — die oft sechsseitige Kristalle zeigt — Körner von achteckigem Querschnitt. Bildet er bronzeartig schillernde Täfelchen, so heißt er Diallag.

Ebenfalls zu den Silikaten gehört der leicht kenntliche Glimmer (Katzengold), dessen glänzende Blättchen in vielen Gesteinen, in Sandböden usw. nicht selten sind (s. Abb. 52 c).

Der Kaliglimmer (Muskowit) ist arm an dunkeln Bestandteilen (Eisen und Mangan) und deshalb farblos und durchsichtig.

Man fertigt aus ihm feuerfeste Ofentüren, Lampenzylinder und anderes an.

Je nach etwaigen Beimengungen unterscheidet man weitere Abarten.

Der Magnesiumglimmer (Biotit) ist arm an Kalium, dagegen sehr reich an Eisen- und Magnesiumoxyd und deshalb dunkelbraun bis schwarz.

Olivin ist ein weniger verwickelt zusammengesetztes kieselsaures Salz, bestehend aus Magnesiumsilikat + Eisenoxydulsilikat.

Der Quarz und die Silikate nehmen etwa $^9/_{10}$ oder mehr der Eruptivgesteine der Erdrinde ein. Alle anderen Mineralien treten demgegenüber zurück.

Titanhaltig sind einige wenige.

Phosphor enthält der Apatit, der etwa 0,6 % ausmacht und den gesamten Phosphorgehalt des Ackerbodens und der Pflanzen- und Tierwelt (Knochen- und Nervensubstanz usw.) liefert. Er tritt überaus häufig, meistens aber in Form mikroskopisch kleiner Nädelchen auf. So fehlt er z. B. in kaum einem Granit.

Für alle anderen Mineralien bleiben in den Eruptivgesteinen weniger als 6 % übrig. Auch die überaus wichtigen Eisen-, Kalk-, Schwefelverbindungen usw. spielen trotz verhältnismäßig geringer Menge ihre große Rolle.

Eisen fehlt in keinem Gestein und keinem Boden. Es ist fast immer der färbende Bestandteil. Je dunkler ein Mineral, desto eisenreicher ist es im allgemeinen. Infolge seiner Eigenschaft, sich leicht mit dem Luftsauerstoff und mit Wasser zu verbinden, tritt das Eisen so gut wie nie im reinen Zustand auf, sondern in Form mehr (Oxyde) oder weniger (Oxydule) sauerstoffreicher Verbindungen. In Verbindung mit Wasser bilden diese Stoffe den Rost (Eisenoxydhydrat).

Kalkspat als solcher ist nicht häufig, da er leicht aufgelöst wird. Kalzium hingegen (Kalkspat ist die kristallisierte Form des Kalziumkarbonates, d. h. des kohlensauren Kalkes) nimmt — wie wir sahen — mit rund 3 % den fünften Platz unter den wichtigsten Elementen der Erdrinde ein; man kann wohl sagen, es ist nahezu überall vorhanden: in Silikatgesteinen, in Schichtgesteinen (dort ganz besonders als Bindemittel, siehe unten S. 118, 136), im Wasser. Meistens tritt es als Karbonat, weniger häufig als Silikat und im Gips als Sulfat, als schwefelsaures Salz ($Ca\,SO_4$) auf.

Kalkspat bzw. Kalk schlechthin und Gips leiten schon zu den Mineralien — insbesondere sind es Haloidsalze — über, die in solchen Mengen auftreten, daß sie in ihrer Massenhaftigkeit als Gesteine bezeichnet werden müssen und deshalb in dem entsprechenden Abschnitt über „einfache, unzusammengesetzte Gesteine" (siehe unten S. 130) behandelt werden.

In der bisherigen Aufzählung fehlen eine ganze Reihe von Mineralien, die trotz ihrer geringen Menge hier und da geologische Bedeutung erlangen. Auch sie sollen bei passender Gelegenheit im Vorübergehen erwähnt werden.

II. Die Hauptgesteine der Erdrinde.

Nehmen wir an, auf der Erdoberfläche hätten keine der exogenen Vorgänge stattgefunden (von denen in Kapitel B 2 die Rede ist), so würde sich die Oberfläche der Erde ausschließlich aus Gesteinen zusammensetzen, die sich bei der Abkühlung unseres Planeten aus dem ehemals völlig feurig-flüssigen Stoff bildeten bzw. aus solchen, die im gleichen Zustande in und auf die Erdrinde gelangt sind, um sich dort abzukühlen und zu erstarren: Die Erstarrungsgesteine sind der eigentliche Baustoff der Erdhaut, gleichviel, ob sie der ursprünglichen Erstarrungskruste angehören, die wir nicht kennen, oder ob sie als aufdringendes Magma (siehe S. 59 ff.) die Oberfläche erreichten (Erguß- oder Eruptivgesteine) oder gleichsam auf halbem Wege stecken blieben (Tiefengesteine).

Aus ihren Zerstörungsprodukten gingen die Sedimentgesteine hervor, jene schichtweisen Anhäufungen, die von den zahlreichen Kräften der Gesteinsbildung (Kapitel D) transportiert und abgelagert worden sind.

Wenn die Schichtgesteine auch im Gesamtaufbau der Erdrinde — und noch mehr des ganzen Planeten — nur eine äußerst geringfügige Rolle spielen, treten sie doch für menschliche Verhältnisse weitaus in den Vordergrund.

Sie bilden auf großen Gebieten die Oberfläche, sie sind meist der Baugrund unserer Wohnungen und Verkehrswege, der Lieferant für Kleidung und Nahrung, der Boden, in dem fast alles pflanzliche Leben wurzelt, auf dem wieder das tierische Leben basiert.

Auch der Ackerboden ist, vom Standpunkt des Geologen gesehen, ein Sedimentgestein, nur daß er sich mehr als andere Gesteine im Zustande des Werdens befindet.

Die gesamte Erdoberfläche ist in dauernder Veränderung begriffen. Aus der Zerstörung des einen geht ein neues Gestein hervor. Alle Gesteine unterliegen einem großen Kreislauf.

Neugebildete Gesteine werden umgewandelt durch endogene Vorgänge; abgebaut durch exogene Kräfte; umgelagert durch die Transportkräfte der Schwerkraft, des bewegten Wassers, der bewegten Luft, des Lebens; abgelagert als Schlamm, Sand, Boden und zu Sedimentgesteinen verfestigt durch Vorgänge innerhalb der Ablagerung selbst. Dann können sie wiederum abgebaut und umgelagert werden zu neuen Sedimenten (*sedimentum* [lat.] = der Niederschlag, Bodensatz) oder sie verfallen den umwandelnden Kräften des Erdinnern (Hitze und Druck) und werden zu metamorphen Gesteinen (*metamorphóse* [griech.] = Umwandlung), oder aber sie werden von neuem eingeschmolzen, um von neuem als Lava zu erstarren (vgl. Abb. 121, S. 195).

Die Sedimentgesteine sind Abkömmlinge der Erstarrungsgesteine. Die metamorphen Gesteine können sowohl aus Sedimenten wie auch aus kristallinen Gesteinen entstehen, stehen also zwischen beiden, zumal sie die Körnigkeit der einen mit der Schieferung der anderen vereinigen (vgl. unten S. 137).

a) Erstarrungsgesteine.

Ein wichtiges Kennzeichen dieser Gruppe ist die regellose Anordnung der Mineralkörnchen im Raum, die „Körnigkeit". Je nach der Größe der Mineralkörner, deren jedes bei der Bildung des Gesteins bestrebt ist, sich zu einem Kristall auszuwachsen, unterscheidet man grob-, mittel-, fein- und verborgen-(krypto-)kristalline Gesteine. Sind die Körner unmittelbar miteinander verwachsen, so ist das Gestein schlechthin kristallinkörnig. Liegen sie hingegen in einer einheitlichen Grundmasse — etwa wie die Rosinen im Kuchenteig —, so spricht man von porphyrischem Gefüge (so genannt nach dem typischen Gestein, dem Porphyr [siehe unten S. 102]). Während die kryptokristallinen („scheinbar dichten") Gesteine, wie z. B. der Basalt, sich unter dem

Mikroskop tatsächlich als körnig herausstellen, sind die glasigen Gesteine gleichmäßig und mehr oder weniger gefügelos (strukturlos), zeigen höchstens eine gewisse Anordnung ihrer feinsten Bestandteile, die auf den ursprünglich flüssigen Zustand der Masse zurückzuführen ist (Fließ- oder Fluidaltextur).

Die Unterschiede in dem Gesteinsgefüge gehen auf die Entstehung des Gesteins zurück. Zur Erläuterung sei auf entsprechende Verhältnisse bei der Glasfabrikation hingewiesen: Überläßt man einen mit Glasfluß gefüllten Behälter sich selbst, so wird die flüssige Masse erkalten; und zwar werden die äußeren Teile schnell und zu gleichmäßigem, durchsichtigem Glase erstarren. Je weiter nach innen, desto langsamer wird die Erstarrung vor sich gehen, desto mehr Zeit ist, daß sich gleichartige Bestandteile der Masse zu Kristallen zusammenfinden können: desto körniger wird also das Abkühlungs- und Erstarrungsprodukt ausfallen.

Ganz entsprechend verhält sich die Bildung der Erstarrungsgesteine aus dem flüssigen Magma: erreicht das Magma die Erdoberfläche, so erstarrt es unter besonders günstigen Umständen zu Glas, unter weniger geeigneten Verhältnissen bildet sich ein feinkristallines Gestein heraus oder aber eine porphyrartige Struktur, wenn sich in der Tiefe schon einzelne Kristalle eines Stoffes bilden konnten und der Rest nun, plötzlich abgekühlt, zur gleichmäßig dichten Grundmasse wird. Ebenso finden sich bei Ergußgesteinen alle Erscheinungen, die von den vulkanischen Laven beschrieben wurden. So können sie von Ascheablagerungen begleitet sein, können sich decken- oder stromartig ausbreiten, können von den aus ihrem Inneren entweichenden Gasen porös aufgetrieben oder zu schlackenähnlichen Massen „zerspratzt“ werden.

Bei den Tiefengesteinen hingegen, die die Oberfläche nicht erreichen, fehlen alle diese Kennzeichen. Tiefengesteine sind immer mehr oder weniger körnig.

Zwischen Tiefen- und Ergußgesteinen stehen bezüglich ihrer Eigenschaften die Ganggesteine, d. h. jene Magmamassen, die enge Räume in der Erdrinde ausfüllen.

Die Lagerungsformen der kristallinen Gesteine ergeben sich ebenso wie die Strukturverhältnisse aus der Entstehung. Zumal für die eigentlichen Ergußgesteine gibt das Kapitel B III c über

Abb. 53. Durchschnitt durch einen Gesteinsstrom, bzw. eine Decke; Ober- und Unterseite des Ergußgesteins (schraffiert) sind durch das Entweichen der eingeschlossenen Gase und durch schnellere Abkühlung anders geartet (porös und glasig) als die Hauptmasse, die nur Absonderung senkrecht zur Abkühlungsfläche zeigt (s. auch Abb. 60). Ebenso verhält sich das Gestein der Zuführungsspalte, in der das Magma zur Oberfläche aufgedrungen ist. (Nach *Kayser.*)

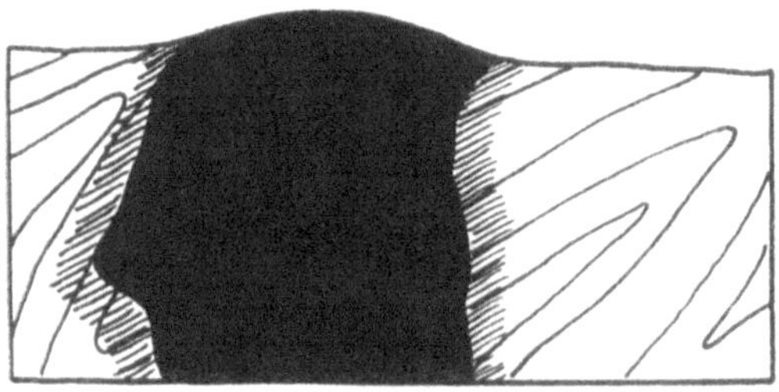

Abb. 54. Sog. „Stock" (schwarz) aus Tiefengestein, der in unregelmäßiger Gestalt die bereits gefaltete Erdrinde durchsetzt; er ist durch die Denudation freigelegt worden und erscheint nun an der Oberfläche als rundliches Areal, umgeben vom „Kontakthof" (schraffiert) dem Bereich der umwandelnden Einflüsse des ehemals feurig-flüssigen Magmas auf das Nebengestein. (Stöcke haben sog. „durchgreifende Lagerung", vergleichbar den „echten" Gängen.)

Abb. 55. Ein Batholith, er ist ebenfalls durchgreifend gelagert und setzt in die „ewige Teufe", d. h. in unbekannte Tiefen fort.

Vulkanismus einigen Anhalt. Ergußgesteine finden sich in Form von Decken, Strömen, Schloten usw. (siehe Abb. 27—29, 53).

Abb. 56. Lakkolith; kuchenförmiger Gesteinskörper mit Zuführungsgängen aus der Tiefe; er ist gleichsam konkordant zwischen die Gesteinsschichten eingezwängt, die infolgedessen aufgewölbt wurden (vgl. die sog. „Lagergänge"). (Nach *Kayser*.)

Die Tiefengesteine füllen vorhandene Hohlräume oder schaffen sich Raum. Sie bilden unregelmäßige „Stöcke", Lakkolithe, Batholithe usw. (siehe Abb. 54 bis Abb. 56).

Die Erstarrungsgesteinsgänge endlich (Abb. 6 u. 57) füllen meistens vorhandene Spalten in den das Tiefengestein umgebenden Gesteinen aus und bilden demzufolge plattenförmige Körper; sie durchsetzen die Erdrinde, indem sie den Schichtfugen folgen („Lagergänge") oder aber treten ohne Rücksicht auf die Lagerung auf („echte oder Quergänge" mit „durchgreifender" Lagerung, (Abb. 57, 58 u. 75).

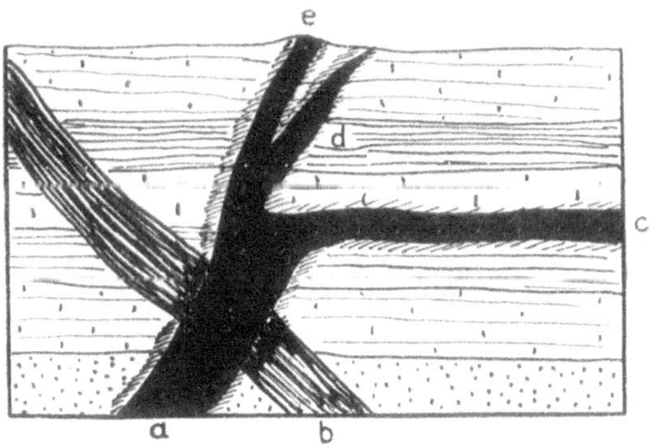

Abb. 57. Gänge: a Echter oder Quergang mit durchgreifender Lagerung; entsendet nach c einen (konkordant eingelagerten) Lagergang; „zerschlägt sich" bei d in zwei „Gangtrümer" und kreuzt (durchsetzt) den älteren Gang b.

Zu der Struktur der Gesteine, die durch die Größe und Gestalt der Gemengteile bedingt ist, kommt als weitere Eigenschaft die Textur hinzu, die „durch die räumliche Anordnung der Gemengteile und die Raumerfüllung durch dieselben gegeben ist" (*Andrée*). Die allgemeinste Textur der Eruptiva ist die richtungslos körnige (oder massige) (s. Abb. 59), die hier und da radialstrahlig, konzentrisch schalig oder kuglig werden kann; unter einseitigem Druck,

Abb. 58. Ein „echter" oder „Quergang" (Quarz) durchsetzt die horizontal liegenden Schieferschichten. Rechts oben eine kleine Verwerfung. (Orig. *R. Potonié.*)

dem das erstarrende Gesteinsmagma u. U. ausgesetzt ist, ergeben sich Ausweichtexturen (primärschiefrige oder Bändertextur), durch fließende Bewegungen innerhalb des Magmas die Fluidal- oder Fließtextur. Auch blasige, schaumige Beschaffenheit usw. fällt unter den Begriff der Textur.

Struktur und Textur sind unterscheidende Eigenschaften der Erstarrungsgesteine.

Weiterhin werden diese unterschieden nach der chemischen Zusammensetzung — hier spielt der Gehalt an Kieselsäure eine große Rolle —, nach der Lagerungsform, evtl. nach dem geologischen Alter und nach anderen Merkmalen, die gelegentlich erwähnt werden sollen.

Die **wichtigsten Erstarrungsgesteine:**

Der Typ des massigen Tiefengesteines ist der **Granit** (Abb. 59). Feldspat, Quarz und Glimmer sind seine drei bekannten Haupt-

Abb. 59. Regellos-körnige Struktur von Massengesteinen, z. B. Granit (schwarz: Glimmer, weiß: Quarz, gestreift: Feldspat) (nat. Größe).

gemengteile. Der Quarz bildet graue, unregelmäßige Körner; unter den glänzenden Glimmerblättchen überwiegt der dunkle Biotit, während der helle Muskovit zurücktritt; von den Feldspäten finden sich überwiegend die spiegelnden Spaltstücke von weißem oder rötlichem Orthoklas (Kalifeldspat), von dem sich etwa vorhandene Plagioklase (Kalknatronfeldspäte) durch matteren Glanz und schmutzige Farben unterscheiden.

Zu diesen Hauptgemengteilen treten „akzessorisch" Hornblende, Augit oder andere dunkle Mineralien.

Abarten des Granites sind: körniger (fein-, mittel-, grob-), porphyrischer, Flasergranit, Granulit (der hauptsächlich aus Orthoklas und Quarz besteht); nach dem Mineralbestand unterscheidet man Biotit-, Muskovit- und Zwei-Glimmergranit (dieser ist der gewöhnliche); nach der Farbe roten und weißen, nach den Nebengemengteilen Hornblende-, Augit- usw. Granit.

Das zugehörige Ergußgestein von der gleichen chemischen Zusammensetzung ist der **Porphyr**, dessen rote Grundmasse — welche beim Austreten sofort erstarrt ist und nur mikroskopisch die Hauptmineralien erkennen läßt — die schon in der Tiefe gebildeten Kristalle von Feldspat (Orthoklas) und auch Quarz umschließt. Man unterscheidet: Granitporphyr mit feinkörniger Grundmasse; dichten Porphyr, dessen Grundmasse dem bloßen Auge dicht erscheint; Felsitporphyr, in dem auch die Einsprenglinge fehlen, die Masse aber gelegentlich mikroskopische Fließstruktur zeigt; Quarzporphyr, Glimmerporphyr, Augitporphyr usw.

Der deutsche Porphyr hat meist paläozoisches Alter (Steinkohlenformation und Rotliegendes); jüngere, chemisch ganz gleich beschaffene Gesteine aus dem Tertiär werden **Liparit** genannt, dessen schaumige Schlackenabart als Bimstein bekannt ist.

Der **Syenit** enthält die gleichen Bestandteile wie der Granit mit Ausnahme des Quarzes, ist also ärmer an Kieselsäure. Mit der Abnahme der Kieselsäure geht im allgemeinen eine Zunahme der dunklen, nichtsauren (basischen) Mineralien Hand in Hand: Hornblende rückt im Syenit zum Hauptbestandteil auf (Plauenscher Grund bei Dresden, Meißen u. a.).

Das entsprechende paläozoische Ergußgestein ist **quarzfreier Feldspatporphyr**; das tertiäre der **Trachyt** (Siebengebirge, Westerwald).

Nimmt der Kieselsäuregehalt des Syenites weiter ab, so daß auch die Bildung von Feldspat nicht mehr möglich ist, so treten an dessen Stelle die kieselsäureärmeren Feldspatvertreter: es entsteht Leuzit- und Nephelinsyenit.

Entsprechende Eruptiva: ältere fehlen, ein jüngeres ist der **Klingstein** (Phonolith), der in dünne, klingende Platten zerfällt und glasigen Feldspat (Sanidin) sowie Augit enthält (Lausitz, Hegau [Hohentwiel], Böhmen).

Die bisher genannten Gesteine enthalten immer noch mehr als 50—55 % SiO_2.

Weniger als 50 % sind im **Diorit** vorhanden, einem meist schwarzweiß gefleckten Gestein aus Plagioklas und Hornblende (Vogesen, Fichtelgebirge, Odenwald). Abarten sind Quarz-, Glimmer-, Augit-Diorit; beim Überwiegen der Hornblende Hornblendefels oder Amphibolit (Amphibol = Hornblende).

Der entsprechende plagioklasführende Porphyr heißt **Porphyrit.**

Andesit ist das jüngste Äquivalent, das im Vergleich zum vorigen wesentlich frischer aussieht. Quarz-Andesit wird Dazit genannt.

Im **Gabbro** überwiegen die dunklen Gemengteile bei weitem: eine als Diallag bezeichnete, metallisch schillernde Abart des Augites und ein kalkreicher Feldspat (Labradorit) setzen das grobkörnige, schwere Gestein im wesentlichen zusammen (Sächsisches Mittelgebirge, Harz, Zobten usw.).

Diabas (hauptsächlich Augit, daneben Plagioklas; in der dichten Abart als Grünstein bzw. Grünsteinschiefer bezeichnet) ist das dazugehörige ältere Ergußgestein (Fichtelgebirge, Harz, Lausitz,

Chemisch-mineralogische Eigenschaften		Mehr als 50–55 % Kieselsäure		Weniger als 50–55 % Kieselsäure		
		Alkalifeldspäte vorherrschend		Kalknatronfeldspäte vorherrschend		Ohne Feldspäte
		Mit Quarz	Ohne Quarz	Biotit, Hornblende oder Augit	Diallag (=monokliner Augit)	Olivin
II. Erguß-Gesteine	Jüngere	mit glasigem Orthoklas (= Sanidin)				
		Quarztrachyt (Liparit)	**Trachyt** und **Phonolith** (dieser mit Nephelin)	**Andesit**	**Basalt**	—
	Ältere	mit gewöhnlichem Orthoklas				
		Quarzporphyr	**Feldspatporphyr**	**Porphyrit**	**Diabas** und **Melaphyr**	**Pikrit**
I. Tiefen-Gesteine		**Granit**	**Syenit**	**Diorit**	**Gabbro**	**Peridotit.**

Kristalline Schiefer können aus Erstarrungsgesteinen durch Metamorphose hervorgehen.

Hessen usw.), ebenso der Melaphyr, dessen Blasenräume oft von Achat- oder Quarzmandeln erfüllt sind. **Basalt,** der jüngere Verwandte, ein dunkles, meist dichtes (bis körniges), vielbenutztes Gestein, das aus Plagioklas, Augit und Magneteisenerz besteht und Nephelin oder Leuzit enthalten kann (Eifel, Siebengebirge, Rhön,

Abb. 60. Basaltsäulen in Meilerstellung (Druidenstein in Westfalen); aus dieser Stellung geht hervor, daß hier nur ein Sektor einer größeren Basaltmasse von der Denudation zurückgelassen worden ist. (*A. Ebert* gez.)

Vogelsberg, Sachsen, Lausitz usw.). Charakteristisch ist die durch die Abkühlung bedingte säulenförmige Absonderung des Basalts; die im Querschnitt polygonen Säulen stehen senkrecht auf der Abkühlungsfläche (Abb. 60).

In den **Peridotiten,** die fast ausschließlich aus Olivin bestehen, fehlen Feldspäte ganz, dagegen finden sich Chromeisen und Hornblende als gelegentliche, untergeordnete („akzessorische") Gemengteile. Der Peridotit wandelt sich in der Nähe der Erdoberfläche in Serpentin um, ein dichtes, grünes, sehr zähes Gestein (s. S. 141).

Von den entsprechenden Ergußgesteinen ist der **Pikrit**, der äußerlich dem Diabas ähnelt, zu nennen.

Vom sauren, hellen Granit führt eine ununterbrochene Reihe bis zum basischen, dunklen, schweren Peridotit — alle Erstarrungsgesteine sind durch Übergänge verbunden. Die Verwandtschaftsverhältnisse der genannten Gesteine — es sind nur die allerwichtigsten erwähnt — lassen sich übersichtlich in der auf Seite 103 mitgeteilten Tabelle von *Andrée* zusammenfassen (Geologie in Tabellen, Berlin, Bornträger 1921/22).

b) Sedimentgesteine.

Der einzige Umstand, der die Sediment- oder Schichtgesteine mit den Erstarrungsgesteinen verknüpft, ist die Tatsache, daß das Rohmaterial der Schichtgesteine den Erstarrungsgesteinen entstammt.

Alle anderen Eigenschaften weichen völlig voneinander ab. Die Erstarrungsgesteine sind kristallin-körnig, die Sedimente dagegen in der Mehrzahl der Fälle klastisch (vom griechischen *klaein* = zerbrechen), d. h. sie bestehen aus den Zerstörungsprodukten anderer Gesteine. Jene sind massig, diese fast immer deutlich geschichtet („Schicht"gesteine!) und führen im Gegensatz zu jenen meistens irgendwelche „Versteinerungen". Die Eruptiva bestehen im allgemeinen aus Quarz und kieselsauren Verbindungen, bei den Sedimenten spielen dagegen Karbonate und Sulfate (z. B. Kalk und Gips) eine große Rolle. Entstammen die Erstarrungssteine unmittelbar dem Magma, sind also primäre Gesteine, so sind alle Sedimente *sekundärer Natur.* Das kristalline Gestein wird erst auf dem Umweg über allerlei Umwandlungen und Transporte zum Schichtabsatz.

Nach dem Ort ihres Absatzes unterscheidet man:

I. Landablagerungen:

Süßwasser:	fluviatile oder Fluß-	Ablagerungen.
	limnische oder See-	
Land:	äolische oder Wind-	
	glaziale oder Eis-	

II. Küsten-, Delta-, Brackwasserablagerungen.

III. Meeresablagerungen:

litorale oder Küstensee-
hemipelagische oder Flachsee- } Ablagerungen.
eupelagische oder Tiefsee-

Diese Sedimente sind je nach Art und Ort ihrer Entstehung voneinander verschieden.

Zunächst wechselt das Material der Gesteinsabsätze. In Seen z. B. kann sich Schlamm bilden, der aus organischen und mineralischen Stoffen besteht; in der unruhigen Strandzone des Meeres dagegen ist das Gesteinsmaterial meist grobklastisch und fast ausschließlich anorganischen Ursprungs; in weit von der Küste entfernten Tiefseebecken fehlen Stoffe des Festlandes mehr oder weniger vollständig, und es finden sich, abgesehen von dem verbreiteten roten Tiefseeton, organische Kalk- und Kieselsäurebildungen; Kohle besteht fast ausschließlich aus Pflanzenresten; Dünensand aus mehr oder weniger reinem Quarz.

Nach dem Material unterscheidet man:

I. minerogene und

II. organogene Sedimente, und unter diesen wieder zoogene, die aus Tierresten bestehen, und phytogene, die aus Pflanzensubstanz zusammengesetzt sind.

Auch die Art der Ablagerung wechselt und damit die Schichtung[1]) der Sedimente.

Absätze, deren Bildung vom Wechsel der Jahreszeiten abhängt, können ganz regelmäßig geschichtet sein, indem sich das Material beispielsweise im Sommer anhäuft, im Winter hingegen ausbleibt; mächtigere Schichten werden Bänke genannt — das Gestein ist gebankt; fehlt jede Schichtung, so ist das Gestein klotzig, massig. Dünensand, der unter stetig wechselndem Wind abgelagert wird, Flußkies, der sich bei veränderlicher Strömung absetzt, und noch andere Sedimente sind diagonal oder kreuzgeschichtet (siehe Abb. 11 S. 22).

[1]) Eine der Schichtung äußerlich ähnliche Eigenschaft vieler Gesteine ist die Schieferung, die jedoch mit der Schichtung nichts zu tun hat. Sie ist vielmehr im Gegensatz zu dieser primären Eigenschaft eine sekundäre Erscheinung, die durch den Gebirgsdruck hervorgerufen wird und dadurch zustandekommt, daß die kleinsten Teilchen des Gesteins sich rechtwinklig zum Druck einstellen. Demnach fallen Schichtung und Schieferung nur gelegentlich zusammen. Meistens kreuzen sie sich unter verschiedenem Winkel.

Ändert sich die Stoffzufuhr, so entsteht an der Grenze z. B. von gröberem zu feinerem Korn eine Schichtfuge, ebenso bei einer Unterbrechung des Absatzes, die durch Jahreszeiten, Strömungswechsel, Ausbleiben der Zufuhr usw. bedingt sein kann.

Gleichförmiges (paralleles) Übereinanderliegen von Schichten bezeichnet man auch als „konkordant“; ungleichförmige Lagerung als „diskordant“. Eine Diskordanz entsteht, wenn sich beispielsweise auf dem „Rumpf“ eines „eingeebneten“ Faltengebirges (siehe Kapitel B III d 2) Meeresschichten ablagern; das ist z. B. am Bohlen bei Saalfeld (siehe Abb. 61) schön zu beobachten (vgl. auch Abb. 62).

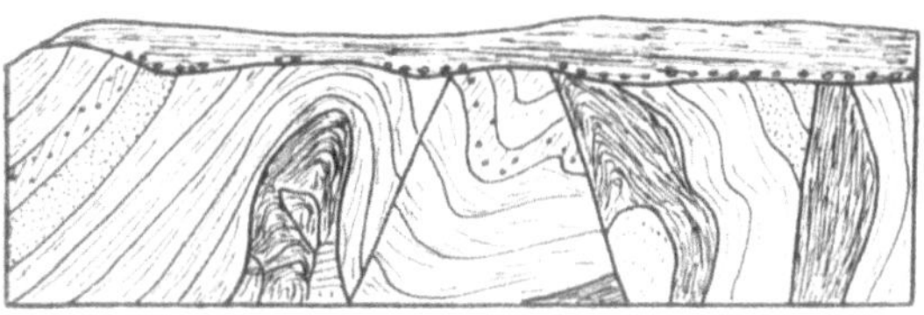

Abb. 61. Beispiel für diskordante Lagerung am „Bohlen“ bei Saalfeld. Das Meer des Zechsteins ist über die gefalteten und verworfenen Devonschichten hinweggegangen, hat die Falten eingeebnet („abradiert“) und auf dieser „Rumpffläche“ seine Absätze wagerecht abgelagert; punktierte Linie über dem Rumpf = Transgressionskonglomerat. (zugl. Beispiel für Faltung und Verwerfungen) (gez. in Anlehnung an *Meyer*-Saalfeld).

Da jede Gesteinsschicht in einem begrenzten Raum abgelagert wird — Seebecken, Flußbett, Wüste, Meer —, so muß sie früher oder später „auskeilen“, also im Großen etwa die Form einer Linse haben. Schichten von geringer Ausdehnung, die man im Ganzen übersehen kann, bezeichnet man darum auch schlechthin als „Linsen“. Diese und andere Lagerungsformen sind auf den beigefügten Abb. S. 109/10 dargestellt bzw. erklären sich aus deren Unterschriften.

Auch der Fossilinhalt eines Gesteines gibt Hinweise auf seine Entstehung. Meeresablagerungen werden im allgemeinen nur die „versteinerten“ [1]) Reste von Seetieren enthalten, Wüsten-

[1]) Wirkliche „Versteinerung“ (Intuskrustation) liegt nur dann vor, wenn das betreffende Lebewesen unter Erhaltung der Struktur mit irgendeinem Stoff, z. B. Kieselsäure, getränkt wurde; meist sind die sogenannten Versteinerungen nur Ausfüllungen der Hohlräume, die der verweste Körper in der Ablagerung zurückgelassen hat (Steinkern). Werden z. B. Pflanzen von Kalk oder dgl. umkrustet (vgl. S. 9. u. 122) und nicht von ihm durchsetzt, so spricht man von

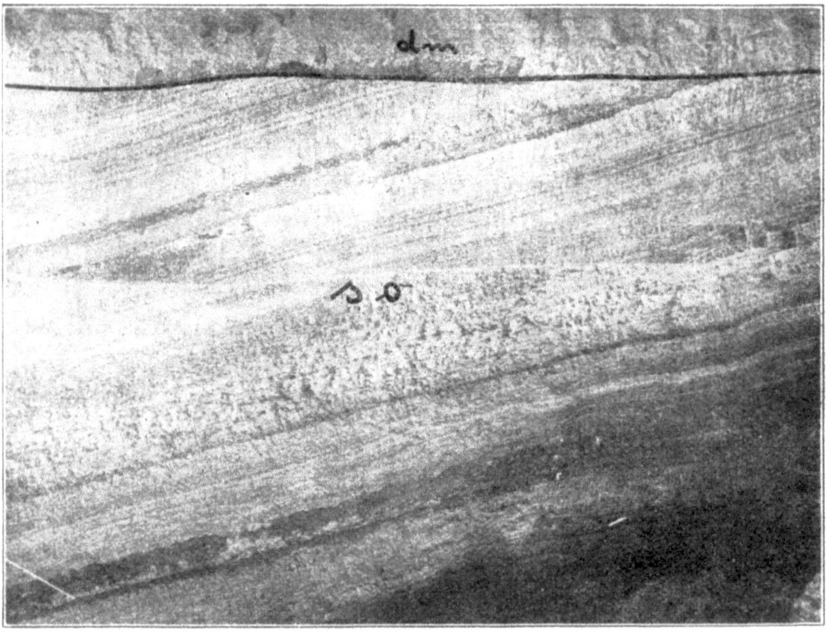

Abb. 62. Der völlig ungeschichtete Geschiebemergel (*dm*) liegt „diskordant" auf den nach links einfallenden Schichten des oberen Buntsandsteines (Röt) von Rüdersdorf bei Berlin; letztere sind bunte Mergel, vgl. S. 226. (Orig. *R. Potonié*).

gesteine sind arm an Fossilien, in Kohlengesteinen überwiegen Pflanzenreste usf.

Aus der natürlichen Entstehung der Sedimentgesteine ergibt sich als selbstverständlich, daß jedes Gestein sowohl in horizontaler als auch in vertikaler Richtung in andersartige Absätze übergehen kann bzw. muß. So gehen die Tiefseeschlamme allmählich in die Bildungen der flacheren See, weiter in die der Küstenzone und schließlich in solche des Strandes über. Derartige Erscheinungen bezeichnet man als Fazieswechsel (*facies* [lat.] = Gesicht, Aussehen).

Die Fazies umfaßt die gesamten Eigenschaften eines Gesteines, die sich aus der Entstehungsart und dem

---

Umkrustung (Inkrustation); auch hierbei verbleiben nach Verwesung der Pflanzenreste Hohlräume. Auch unversteinerte Reste fallen unter den Begriff des Fossils, z. B. erhalten gebliebene Knochen, Fußspuren u. a.

Entstehungsort ergeben, im Gegensatz zu denen anderer, gleichzeitig gebildeter Gesteine[1])

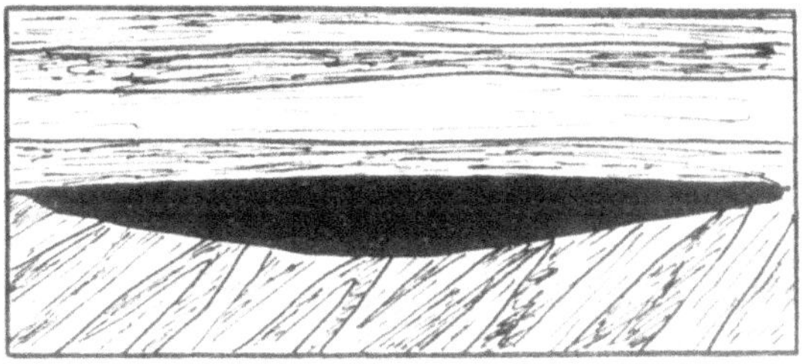

Abb. 63. Eine Gesteins-Linse (z. B. die Ausfüllung eines Sees); sie liegt diskordant auf dem „Liegenden" und konkordant unter dem „Hangenden".

Abb. 64. Sogenannte auskeilende Wechsellagerung oder Schichtenverzahnung.

Abb. 65. Gesteinsriff mit Schuttmantel auf einer Erhöhung des Untergrundes, eingehüllt von horizontal liegenden Meeressedimenten (s. S. 119 ff.).

In diesem Sinne spricht man von mariner Tiefsee-(pelagischer), Flachsee-, Küsten- (litoraler) Fazies, kontinentaler Wüsten-,

[1]) Die Fazies ist also die Summe der durch ein Gestein und seinen Fossilinhalt ausgedrückten, zu einer gegebenen Zeit an einem gegebenen Ort (und in dessen Umgebung) herrschenden Verhältnisse.

Abb. 66. Talausfüllung durch jüngere Sedimente (vulkanischer Tuff, Flußsand, Steppenstaub [Löß] o. ä.), in die wiederum ein Tal eingeschnitten ist.

glazialer (Eis-), äolischer (Wind-), limnischer (See-, Teich-), fluviatiler (Fluß-) Fazies usw.

„Die jetzt im Rheine abgesetzten Sande sind also ebenso „Fazies" des Alluviums, des gegenwärtigen Abschnittes der Erdgeschichte, wie die Torfe der norddeutschen Torfmoore, die Dünen der Ostsee, die Moränen der Alpengletscher" (*Salomon*).

Die **wichtigsten Sedimentgesteine:**

Während die Erstarrungsgesteine rund 95 % der obersten 16 km der Erdrinde ausmachen, entfallen auf die Sedimente nur etwa 5 %.

Unter diesen spielen wieder die klastischen Sedimente die Hauptrolle, indem $^4/_5$ = 80 % auf die Tongesteine und 15 % auf die Sandgesteine entfallen.

1. Tongesteine.

Nahezu alle Sedimentgesteine, die nicht Sandsteine oder Kalke sind, gehören in diese Gruppe.

Sie bestehen im wesentlichen aus Tonerdesilikat, dem Zersetzungsprodukt feldspathaltiger Gesteine[1]) (siehe unten Kapitel D II, S. 140 ff). Die anderen Mineralien solcher Gesteine sind ebenfalls in den Tonen enthalten: Glimmer-, Quarzstäubchen usw. Der Eisengehalt der ursprünglich vorhandenen Hornblenden, Glimmer usw. färbt die Tongesteine in Form von Oxyden und Hydroxyden (rot oder braun) oder in Form von Silikaten (grau, grünlich, bläulich); organische Beimengungen liefern dunkelgraue oder schwarze Farbtöne.

[1]) Es ist zu unterscheiden zwischen dem chemisch-mineralogischen Begriff Ton = Al_2O_3, $2SiO_2$, $2H_2O$ und dem geologischen Begriff des Tones, der dasselbe bedeuten kann, doch im allgemeinen ein beliebiges feines Gesteinsmehl bezeichnet (*Salomons* „Alphitite").

Der allgemeinen Verbreitung feldspathaltiger Gesteine entsprechend treten Tongesteine überall auf.

Reine, an Ort und Stelle entstandene Tonerde bildet das Kaolin (Porzellanerde; näheres siehe unter Verwitterung);

durch Flüsse und überhaupt durch fließendes Wasser verschwemmt bilden sich Schlamm und Schlickablagerungen;

mit Sand durchsetzter und durch Eisen gelb gefärbter Ton ist der Lehm der Ackerböden;

mächtige Schlammablagerungen bilden sich am Boden der Süßwasserseen und des Meeres (farbige Küstenschlicke, Tiefseeton usw.);

kalkhaltiger Ton oder Lehm heißt Mergel, und zwar je nach der Menge des Kalkes: Tonmergel, Mergel, Mergelton;

Salz-, Gipsmergel, Höhlenlehm (vgl. S. 11, 12, 188) Glimmermergel usw. sind Bezeichnungen, die keiner Erklärung bedürfen.

Durch den Druck, den die oberen Schichten auf die unteren ausüben, durch chemische Umsetzungen innerhalb des Gesteins, durch Konkretionsbildung[1]) und andere Vorgänge wandelt sich das plastische weiche Gestein allmählich in festere Massen um (Vorgang der Diagenese). Es können im Laufe der Zeit folgende Gesteine entstehen:

Schieferton, Tonschiefer, Mergelschiefer, Letten (= kolloidarme, meist farbige Tone), Alaunschiefer (bei Gehalt an Schwefelkies), Kupferschiefer (bei Vorhandensein von Kupfermineralien), aufs feinste spaltbare, dunkle Dachschiefer, stenglig geklüftete Griffelschiefer usw.; die beiden letzteren verdanken ihre Eigenschaften neben der Diagenese in erster Linie dem Gebirgsdruck (siehe oben Anm. auf S. 106).

Tongesteine sind oft sehr regelmäßig geschichtet, wie z. B. die unten besprochenen Bändertone (siehe S. 197), oft auch gänzlich schichtungslos, wie z. B. Kaolin, Tone des Tertiärs u. a.

Tierfährten, feinste Organismen, Pflanzenabdrücke, Trok-

[1]) Konkretionen (= Zusammenballungen) bilden sich dadurch, daß z. B. der Gips-, Kalk- oder Schwefelkiesgehalt des Tongesteines mit dem Sickerwasser wandert oder im Wasser diffundiert und sich an bestimmten Stellen, z. B. um organische Reste herum, zu Knollen zusammenballt.

kenrisse (siehe Abb. 136 S. 227) halten sich in tonigen Sedimenten oft vorzüglich.

Die technisch-praktische Bedeutung der Tongesteine ist vielgestaltig.

Kaolin ist der Ausgangsstoff der Porzellanherstellung. Ton und Lehm dienen der Fabrikation von Ziegeln, Röhren, feuerfesten Stoffen usw.

Die Fähigkeit des Tones — und in geringerem Maße auch des Lehmes —, sich (infolge der kolloiden Beschaffenheit der Tonsubstanz) voll Wasser zu saugen und alsdann für Wasser undurchlässig zu sein, ist von Bedeutung für die Verteilung des Grundwassers im Boden (siehe Kapitel E.), für Tiefbauten und Wasserversorgungen, für Entwässerungsarbeiten und Abdichtungen.

Die festen Tongesteine haben Bedeutung als Baumaterial, Rohstoff für Schreibgriffel und Tafeln, im Zustand der Verwitterung als Lieferanten für Ton und Lehm, als Muttergestein von Alaun (heute ohne Bedeutung), Kupfer- und Silbererzen (Mansfeld!), Düngephosphor (knochenreicher Höhlenlehm), Ölen (organismenreiche, bituminöse[1]) Schiefer) usw.

Kalkhaltige Tone (Mergel) dienten noch bis vor einigen Jahrzehnten als wichtigstes Meliorationsmittel.

Ein mit gewissem Vorbehalt hierher zu stellendes Gestein von besonderen Eigenschaften ist der auf S. 53, 54, erwähnte **Löß**, jenes Windsediment der Diluvialzeit, das am Südrand des Inlandeises in großen Massen niedergeschlagen wurde. Er ist ein überaus feinkörniger, kalkhaltiger Quarzstaub; im Gegensatz zu den typischen

---

[1]) Bitúmen (lat. = Erdpech) ist u. a. ein Sammelname für Asphalt und erdölartige Kohlenwasserstoffgemenge, wie sie aus den Leichen insbesondere von Wassertieren, und ölhaltigen Wasserpflanzen entstehen können; Chemiker und Bergmann aber bezeichnen damit vielfach auch alle diejenigen Stoffe, die bei der Destillation Teer ergeben. Nun liefert auch die Zellulose Teer, so daß vorgeschlagen worden ist, besser alle durch Benzol, Äther, Chloroform usw. extrahierbaren Stoffe als Bitumina zu bezeichnen; auch Harze und Wachse werden bei dieser Methode erfaßt, nicht aber die Zellulose und vielleicht auch nicht die in den Kohlen als Teerbildner eine große Rolle spielenden, noch unzersetzten Korkarten. Der Chemiker nennt also manches Bitumen, was im Gestein selbst noch nicht so weit zersetzt ist, um vom Geologen als Bitumen bezeichnet werden zu können. Man müßte in Zukunft unterscheiden zwischen bereits fertigen Bitumina und Bitumenlieferanten.

Tonen ist er locker und durchlässig für Wasser, so daß er in feuchten Zeiten doch keinen schmierigen, schwer bearbeitbaren Boden abgibt. In der trockenen Jahreszeit hingegen steigt das Grundwasser auf kapillarem Wege in den feinen Poren des Gesteins auf und durchfeuchtet die oberen Schichten. Die feine Verteilung des Kalkgehaltes (hier und da reichert sich der Kalkgehalt in Form von bizarr gestalteten Konkretionen [„Lößpuppen"] an) und der übrigen Nährstoffe machen diese für

Abb. 67. Lößlandschaft in der nördlichen Dobrudscha (Ebene mit junger charakteristisch scharfer Zerschneidung durch V-förmige Wasserrisse (*A. Ebert*).

die Pflanzenwurzeln leicht aufnehmbar. Alles in allem stellt der Löß, der in Deutschland in breitem Streifen von Schlesien über Magdeburg (Böhrde!), Thüringen am Fuße der Mittelgebirge nach Westen bis zum Niederrhein zieht und auch in Süddeutschland weit verbreitet ist, einen idealen Boden dar. Zudem dient er als Rohmaterial für die Ziegelei.

Dies eiszeitliche Steppensediment nimmt rund $3^1/_2$ % von der gesamten Landfläche der Erde ein. In Europa bedeckt es rund 7 %.

Der allgemeinen Bildungsmöglichkeit der **Tongesteine** entsprechend **fehlen** diese **in keiner Formation** der **Erdgeschichte**. Denken wir allein an Deutschland, so finden wir u. a.

folgende Landschaften von Tongesteinen im weitesten Sinne aufgebaut (s. auch Abb. 94).

Tonschiefer finden sich im rheinischen Schiefergebirge, im Harz, im Frankenwald und in einem Teil der schlesischen Gebirge; Löß nimmt den eben beschriebenen breiten Streifen ein; Tonschichten, Letten usw. treten in den Gebieten des Karbons, Perms, der Buntsandsteinformation, des Keupers und des Tertiärs auf; Mergelgesteine beanspruchen einen guten Teil der jurassischen und Kreideschichten; das Muttergestein der diluvialen Glazialablagerungen, das weite Teile von Nord- und Ostdeutschland einnimmt, ist der Geschiebemergel, von dem im Kapitel F über den „Kreislauf der Gesteine" ausführlicher die Rede (siehe unten S. 174 ff. u. S. 195.).

2. Sandgesteine.

Der Menge nach an zweiter Stelle stehen unter den klastischen Sedimenten die Sandgesteine, die 15 % der Sedimentgesteine ausmachen.

Sind die Tongesteine im allgemeinen „kryptoklastisch" (d. h. „verborgen klastisch"), so erreicht die Korngröße der Sandgesteine in nahezu allen Fällen Ausmaße, die weit über der Grenze mikroskopischer Kleinheit liegen.

Im Gegensatz zu den als Pelite bezeichneten Tongesteinen (vom griechischen *pēlós* = Schlamm) faßt man die Sandsteine unter dem Sammelnamen Psammite (vom griechischen *psámmos* = Sand) zusammen und trennt von ihnen gelegentlich unter der Bezeichnung Psephite (vom griechischen *pséphos* = Steinchen) die grobklastischen Bildungen ab (Konglomerate, Bretschen, vgl. S. 116).

Die Psammite und Psephite sind Anhäufungen der gegen die Zerstörung durch Verwitterung und andere exogene Kräfte widerstandsfähigeren oder nicht weit transportierten Gesteinsbestandteile; sie bestehen z. gr. T. aus Quarz und anderen schwer verwitternden Mineralien.

Lockere, unverfestigte Psammite und Psephite sind die Massen der Flußschotter und der Brandungsgerölle;

der Kies der Flüsse und des Strandes der Seen und Meere;

der Sand der Flüsse, Meere, Dünen und Wüsten;

die Bestandteile dieser drei Gesteinsgruppen sind sämtlich durch den Wind- und Wassertransport ± abgeschliffen, gerundet.

Je nach vorhandenen Gemengeteilen unterscheidet man auch Spatsand (mit Feldspat), Glimmersand, Magneteisensand u. a. Feinster Sand wird als Schluff bezeichnet. Der Löß kann schon zu den Tongesteinen gerechnet werden (siehe oben S. 112).

Noch scharfkantig sind die bei der mechanischen Verwitterung (siehe unten Kapitel D II a und Abb. 79) abfallenden Gesteinsbrocken, die sich zu Schuttmassen anhäufen.

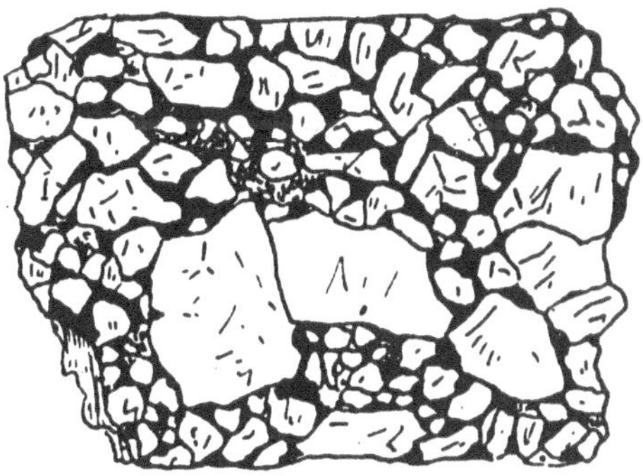

Abb. 68. Brecciöse Sandsteinstruktur (vergrößert). (Gez. *A. Ebert*).

Durch chemisch-diagenetische Vorgänge werden die lockeren Massen verkittet, verfestigt.

Sickerwasser trägt Kieselsäure, Kalk, Eisen herbei oder löst diese Stoffe aus den Mineralien des Sandes, um sie an anderen Stellen unter Verdunstung wieder fallen zu lassen. Auf diese Weise werden die einzelnen Körner durch verschiedenartige und verschiedenfarbige Bindemittel (Zemente) miteinander verbunden; kieseliges Zement ist weiß oder hellgrau; kalkiges grau oder graublau; Eienoxydzement ist gelb, rot oder braun; kommen organische Stoffe hinzu, so entstehen gedämpfte, grünliche Farbtöne.

So entstehen aus

Geröllen: Konglomerate (s. Abb. 69) („Nagelfluh" [Fluh = Fels]); Kies, Grand; desgleichen

aus Sand: Sandstein (kalkig, kieselig, dolomitisch[1]), Eisensandstein usw.; Glimmersand wird zu plattigem Sandstein),

[1]) Dolomit ist eine dem Kalke (Calciumkarbonat = $CaCO_3$) nahestehende Verbindung, nämlich Calciummagnesiumkarbonat ($CaMg(CO_3)_2$); vgl. unten S. 120.

Schutt: sogenannte Breccien (ital. *breccia*, gespr. etwa „bretscha“); Breccien oder Bretschen enthalten scharfkantige, grobe Bestandteile (Abb. 70), Konglomerate gerundete (Abb. 69).

Abb. 69. Konglomerate bestehen aus gerundeten Bestandteilen, die in einer sandigen, tonigen oder anders gearteten Grundmasse (Zement) liegen.

Abb. 70. Breccien enthalten eckige, ungerundete Bestandteile.

Spatsande werden zu Arkosen (meistens gehen sie aus verwitterten Graniten usw. hervor, deren Schutt nicht weit transportiert worden ist, so daß der Feldspat nicht zerstört wurde). Grauwacken sind feste graue, paläozoische Sandsteine, in denen noch Schieferstückchen und dergleichen erkennbar sind (Verwitterungsgrus aus sedimentären Gebieten).

Quarzite sind äußerst feste Sandsteine, deren kieseliges Bindemittel nicht nur die Zwischenräume der Sandkörner schlechthin ausfüllt, sondern unter Umständen auch durch die Anordnung seiner Moleküle mit den Körnern kristallographisch völlig verschmolzen ist.

Ihren Entstehungsbedingungen entsprechend sind natürlich alle Übergänge zwischen den psammitischen Gesteinen und von diesen zu den Peliten möglich und tatsächlich vorhanden, so daß es oft schwer ist, ein Gestein einer bestimmten Gruppe zuzuteilen (vgl. Löß).

Wie die Tongesteine, so fehlen auch die Sandgesteine in keiner Formation, stellen doch gerade die Sedimente der landnahen Flachsee das Hauptkontingent der sedimentären Ablagerungen. Die sandfreien Bildungen der tiefsten See, wie wir sie vom Boden unserer Ozeane kennen, sind fossil[1]) noch nirgends beobachtet worden, so daß man annehmen muß, daß die gewaltigen Verschiebungen in der Konfiguration der Kontinente im Lauf der Erdgeschichte sich immer nur in verhältnismäßig engem Rahmen abgespielt haben. Insonderheit muß man annehmen, daß Tiefsee immer Tiefsee geblieben ist, und daß die Festländer immer nur bis in verhältnismäßig geringe Tiefen gesunken sind.

Die Schichtung der im Meere entstandenen Psammite ist meistens regelmäßig; Deltabildungen zeigen schräge, Fluß-, Dünen- und Wüstensande Diagonalschichtung (Abb. 11). Häufig wechseln Sandsteinschichten mit Tonlagen, z. B. im Buntsandstein, im Keuper usw., was sich aus der Entstehung beider zwanglos erklärt. Psephite zeigen meistens keinerlei Schichtung.

Eine auf den Schichtflächen der Sandsteine häufige Erscheinung sind die sogenannten „Rippelmarken", zierliche Wellensysteme, die dem Wind (Dünen!) oder der Wellenbewegung und Strömung des Wassers ihre Entstehung verdanken (Abb. 21 S. 52 u. Abb. 136, S. 227.) Die Kalkschalen usw. der eingeschlossenen Organismen werden meistens von den Sickerwassern aufgelöst, sodaß von den „Versteinerungen" nur ein „Steinkern" (vgl. Anm. S. 107) übrigbleibt.

In Deutschland bestehen beispielsweise die Ablagerungen der Buntsandsteinformationen (Wüstenbildungen), der Keuperzeit (Fluß- und Küstenbildungen), der Kreideformation (Strandablagerungen der Sächsischen Schweiz, der Heuscheuer usw.) zum Teil aus Psammiten. (Abb. 96) Psephite, insbesondere Konglomerate, spielen eine große Rolle im Karbon und Perm. Die Diluvialablagerungen Norddeutschlands und des Donaugebietes sind zum guten Teil sandig (siehe auch S. 41 ff.). In der Gegenwart bilden sich Sandanhäufungen in den Dünen, am Strande, in Flüssen und Seen.

---

[1]) „Fossil" sind nicht nur die „Versteinerungen" ausgestorbener Organismen (siehe Anm. S. 107), sondern auch die Sandgesteine u. a. sind fossile Sedimente usw. Fossil bedeutet schlechthin den Gegensatz zu „rezent", d. h. der Gegenwart angehörig.

In der Praxis finden die Sandgesteine ausgedehnte Verwendung:

in lockerem Zustand als Bausand (reiner grober Sand), Formsand (fein, schwach tonig), Glassand (rein); Betonkies (verschiedenkörnig); Straßenschotter und Steinschlag, Wegematerial, Schleifmittel;

in festem Zustand als Bausteine (besonders kieseliger Sandstein, Konglomerate), Pflastersteine (desgl. und Quarzit), Rohmaterial für feuerfeste Stoffe (Quarzit) usw.

3. Kalkgesteine.

Sie können sowohl auf rein chemischem Wege (seltener) als auch unter Mitwirkung von Organismen entstehen.

Als verhältnismäßig leicht löslicher Stoff fehlt Kalk eigentlich nirgends. Er ist in vielen Gesteinen, in fast allen Böden, im Süß- und auch im Meerwasser vorhanden. Dementsprechend vielseitig sind die Möglichkeiten seines Auftretens und seiner Beschaffenheit.

α) Marine Kalke.

Hierher gehören die meisten als Kalkstein schlechthin bezeichneten dichten bis feinkörnigen, geschichteten Gesteine, die zum großen Teil aus Calciumkarbonat bestehen ($Ca\,CO_3$). Je nach dem Vorhandensein von Beimengungen unterscheidet man tonigen (= mergeligen), kieseligen, bituminösen Kalk.

Da mariner Kalk am Boden des Meeres z. gr. T. außerhalb der Zone gebildet wird, in die noch vom Festland stammende (terrigene)[1]) Mineralkörner gelangen, besteht er aus der feinsten Trübe des Meerwassers, die an keine Entfernung von der Küste gebunden ist, sondern überallhin gelangen kann, aus zerriebenen und ganzen Schalen von Schnecken und Muscheln, sowie Skelettteilen anderer Meeresbewohner (S. 58) und schließlich zum geringsten Teil aus einst gelöstem $Ca\,CO_3$, das durch die bei der Zersetzung abgestorbener Meerestiere freiwerdenden Kohlensäure- und Ammo-

[1]) Der Wortbestandteil „*gen*" hängt mit dem griechischen *genesis* = Entstehung zusammen, also z. B. *organogen* = aus organischen Stoffen entstanden, *terrigen* = auf dem Festland [*terra*] entstanden.

niakmengen chemisch ausgefällt wird. Kieselige Beimengungen entstammen den Skeletteilchen der Radiolarien (einer Ordnung der Protozoen, einzelliger Urtiere), bituminöse den Öl- und Eiweißstoffen der Tierleiber. Die ersteren beeinflussen nicht die Farbe, wohl aber erhöhen sie die Festigkeit des Gesteines; die anderen färben den Kalk grau bis schwarz.

Ohne solche Verunreinigungen ist der gemeine Kalkstein im allgemeinen grau oder grau-blau. Eisengehalt färbt ihn rot oder braun.

Während diese Kalkarten, zu denen auch der heute in 1000 bis 5000 m Meerestiefe vorkommende Globigerinenschlamm gehört (Glo-

Abb. 71. Devonische Korallenriffe bei Gerolstein in der Eifel. (*A. Ebert* gez.)

bigerinen sind eine Gruppe der als Foraminiferen bekannten einzelligen Wurzelfüßer), meistens deutlich geschichtet sind, fehlt die Schichtung bei rein organogenen Kalken, den Korallen-, Schwamm- und Bryozoenriffen, vollkommen (Abb. 65, S. 109 u. Abb. 71). (*Bryozoen* [Moostierchen] sind eine Klasse der Würmer.) Auch Kalkalgenriffe kommen vor. Riffe sind stockförmige Massen, deren Eigenschaften sich aus ihrer Entstehung erklären.

Die in tropischen Meeren bis in 50—80 m Tiefe lebenden Korallen scheiden z. T. kalkige Skelette aus, die in ihrer Gesamtheit die Küste in Form eines Saumriffes begleiten. Sinkt der Untergrund, so wachsen die Korallenstöcke nach oben weiter, immer mächtiger werdende, steil vom Untergrund emporragende Kalkmassen erzeugend. Aus dem Saumriff wird ein Wallriff, aus diesem unter Umständen, d. h. wenn es sich um eine sinkende Insel handelt, ein geschlossenes Atoll, das den Umfang der ehemaligen Insel widerspiegelt. Obwohl Korallen nur in geringer Tiefe leben können, bilden sie dennoch auf diese Weise oft sehr mächtige klotzige Riffkalke, die ringsum von horizontal liegenden Schlammschichten bezw. Sedimentgesteinen umgeben sind (siehe Abb. 65).

Korallenriffe können sehr große Ausmaße erreichen; das größte bekannte Wallriff, das die Nordostküste Australiens begleitende „Große Barrière-Riff", ist z. B. rund 2000 km lang; ein ähnliches Gebilde zieht sich an der Küste von Neu-Kaledonien in 750 km Länge hin; der größte Teil aller Südseeinseln besteht aus Korallenkalk. Etwa 8 Millionen qkm der Erdoberfläche dürften allein die Korallenriffe einnehmen. Dazu kommen die Schwammriffe und Bryozoenriffe, sowie die kalkausscheidenden Algenrasen vieler Meere.

Auch die mechanische Zusammenhäufung von organischem Kalk z. B. von Muschelschalen o. ä., kann zur Gesteinsbildung führen, wie etwa die Trochiten-Kalkschichten des deutschen Muschelkalkes beweisen, die stellenweise fast ganz aus den Stengelgliedern einer Seelilie („Bonifazius-Pfennige") bestehen können.

Diagenetische Vorgänge können beim Vorhandensein von Radiolarien oder von Quarz zur Verkieselung des Kalkes führen; anderenorts scheidet sich der Kieselsäuregehalt des Kalkes in Form von Konkretionen aus. Man denke an die Feuerstein-(Flint-)knollen und -bänke der Rügener Schreibkreide, die ein erdig zerreiblicher, sehr reiner mariner Mergel ist, der mit dem erwähnten Globigerinenschlamm der heutigen Meere einige Ähnlichkeit hat.

Ferner ist die Umwandlung von Kalkstein in Dolomit eine Wirkung der Diagenese. Viele Kalksteine enthalten mehr oder weniger $MgCO_3$. Wird nun der Kalkgehalt, der leichter beweglich ist als der Magnesiumgehalt, durch Sickerwasser z. T. aufgelöst und fortgeführt, so wird das Gestein verhältnismäßig immer reicher an Magnesium und schließlich zu Dolomit. Kommen nämlich $CaCO_3$ und $MgCO_3$ etwa zu gleichen Teilen vor, so spricht man von Dolomit. Infolge dieser Entstehung ist der Dolomit häufig etwas porös und von erdigrauhem Aussehen. Er kann sich aber auch unmittelbar wie Kalk aus dem Meere absetzen. Auch enthalten Korallenkalke von vornherein oft schon bis 20 % *Mg*, Kalkalgen bis 10 %; weiter kann der *Mg*-Gehalt des Meerwassers umwandelnd wirken, so daß das rauhe Aussehen des Dolomites nicht immer vorhanden zu sein braucht.

Die Dolomitisierung beginnt schon im lebenden Kalkriff, setzt sich im fossilen fort und bewirkt, daß die kennzeichnende Struktur des Korallen-, Schwammkalkes usw. völlig verlorengeht, so daß schließlich derartige Dolomitriffe vollständig gleichmäßig aufgebaut erscheinen. Der Fossilinhalt verschwindet bei dieser Umwandlung des Kalkes, auch die Tierschalen fallen ihr zum Opfer; bei nicht dolomitisierten Kalken hingegen sind die Fossilien besser als in allen anderen Gesteinen erhalten.

Obwohl der Dolomit äußerlich wenig vom Kalkstein zu unterscheiden ist, zeichnet er sich doch durch etwas größere Härte aus, sowie dadurch, daß er sich in kalter Salzsäure (HCl) nicht oder nur als Pulver löst, während Kalkstein jeder Art unter heftigem Aufbrausen sofort aufgelöst wird. Der chemische Hergang ist folgender:

$$2\,HCl + CaCO_3 = CaCl_2 + H_2CO_3$$

Salzsäure + Kohlensaurer Kalk = Kalziumchlorid + Kohlensäure.

Die entweichende Kohlensäure bewirkt das Aufbrausen des Gesteins, $CaCl_2$ wird gelöst.

Zelliger Dolomit heißt Rauchwacke, pulverförmiger Dolomitasche.

β) Festlandskalke.

Andere Entstehungsmöglichkeiten für Kalkablagerungen sind auf dem **trockenen Lande** und im **Süßwasser** gegeben.

Zu den Festlandsbildungen gehören kalkige Wüstenrinden. Im „ariden" Klima der Wüsten, unter dem sämtliche Niederschläge verdunsten, wird die Oberfläche des Bodens und der Gesteine völlig ausgedörrt, so daß in der Tiefe vorhandenes Wasser in den Poren des Gesteins aufwärts dringt, gleichsam emporgepumpt wird. An der Oberfläche verdunstet es dann und läßt seinen gesamten Gehalt an löslichen Mineralstoffen zurück, den es auf dem Wege durch das Gestein aufgenommen hat und der nun in Form einer Kruste die Oberfläche des Bodens oder der Felsen überzieht.

Süßwasserkalke hingegen entstehen im wesentlichen im „humiden" Klima, in dem mehr Niederschläge fallen als verdunsten.

So finden sich beispielsweise in Deutschland mehrere Arten von Süßwasserkalk.

Lockere, poröse Massen von Kalktuff entstehen dort, wo kalkhaltiges Grundwasser (siehe S. 9 u. Kapitel E) zutage tritt. An der Luft verliert das Wasser z. T. seinen Kohlensäuregehalt, z. T. verdunstet es auch, so daß aus beiden Gründen Kalk ausfällt (bezüglich der Rolle der Kohlensäure vgl. unten S. 140) und sich in Form von Krusten um Gräser, Pflanzenstengel und Erdkrümchen herum festsetzt (siehe Abb. 72 (1)).

In kalkhaltigen Seen und stillen Buchten entziehen die Wasserpflanzen dem Wasser einen Teil der Kohlensäure zum Aufbau ihres Körpers, infolgedessen schlagen sie Kalk nieder (Potamogeton, Chara[1])). (Auch die Fauna des Süßwassers verbraucht Kalk, den sie auf bisher unbekannte Weise dem Wasser entnimmt: Schneckengehäuse, Muschelschalen, Knochen usw.) Es entsteht aus diesen Kalkmassen am Boden des Gewässers ein mit dem Spaten stechbarer Seekalk (Seekreide) von weißer Farbe. Etwas anderes ist der Kalkfaulschlamm (Kalksapropél) von meist grauer bis brauner Farbe. Kommt dieser breiartig flüssige Schlamm — etwa durch Senkung des Wasserspiegels — mit der Luft in Berührung, so trocknet er zu einer zähen, blätternden Masse, während Seekreide in diesem Falle zerbröckelt. Der Kalkfaulschlamm enthält viel weniger Kalk, als die hochprozentige Seekreide. Er entsteht wesentlich aus der Mikroflora und -fauna. Sein Kalkgehalt entspringt teils den Crustaceen- usw. Resten, teils könnte er durch die Verwesung organischer Substanzen niedergeschlagen worden sein (vgl. oben).

Wird Seekreide von Torf bedeckt, so bezeichnet man sie als Moor-(Wiesen-)mergel, bezw. Moorkreide (vgl. Abb. 72). (Über Torf und Moor siehe unten S. 125 ff.)

Der Vorgang der Ausfällung von Kalk wird bei warmen Quellen (siehe unten S. 192 f.) durch die Abkühlung des Wassers an der Erdoberfläche gefördert, da bekanntlich die Lösungsfähigkeit des Wassers von seiner Temperatur abhängt. Zu den „Thermal"-bildungen

[1]) Bei Potamogeton, auf dessen Blättern sich feine Kalkkrusten bilden, kann man beobachten, wie die Kalkteile sich von den Blättern loslösen und zu Boden sinken. So entstehen weiße Kalklagen ohne wesentliche Beimengung organischer Substanz (H. Potonié u. Kaunhowen). Bei Chara entstehen sofort weiße Kalke, wegen der besonders reichen Kalkabsonderung.

(Therme [vom griechischen *thermos* = Wärme] = warme Quelle) gehören der berühmte Baustein Roms, der **Travertin**, manche mächtige Kalktuff-(Sinter-)bildungen der Zwischeneiszeiten, z. B. in der Gegend von Weimar oder Stuttgart, Sinterterrassen auf Neuseeland und an nordamerikanischen (Yellowstone-Park) Thermen und viele andere mehr (vgl. Abb. 119, S. 193).

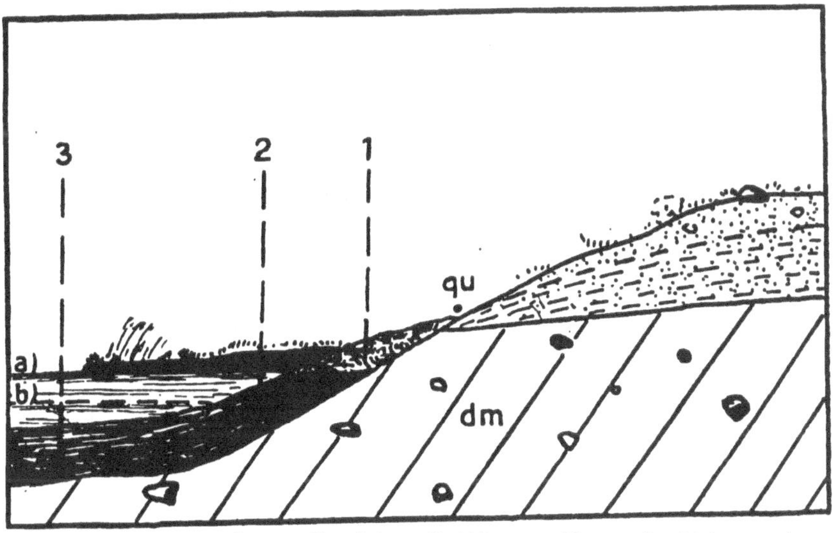

Abb. 72. Die Entstehung alluvialer Kalklager: (dm = Geschiebemergel, qu = Quelle) am Austritt des Grundwassers aus dem Grundwasserträger, einem kalkhaltigen Diluvialsand (Grundwasserstauer: dm) scheidet sich Kalktuff (1) ab. Unter Wasser entsteht Kalkfaulschlamm (3) bzw. rechts von b Seekreide (2). Rechts von a Schwingrasen.

Als für den Landwirt wichtigstes kalkhaltiges Gestein des Festlandes ist der in Norddeutschland ungeheuer verbreitete **Geschiebemergel** zu nennen, die Grundmoräne des diluvialen Inlandeises (siehe S. 35 ff.). Seiner Entstehung entsprechend — der Geschiebemergel enthält alles aus dem Eise austauende Gesteinsmaterial und wird unter dem gleitenden Eiskuchen fortwährend durchgeknetet — fehlt dem Gestein jede Schichtung; in ihm sind alle jene Massen enthalten, die das nordische Eis auf seinem Wege aufgenommen hat, deshalb finden sich darin die Bestandteile der Urgesteine des skandinavischen Massivs, die Reste der kalkigen Silurschichten von Schweden und seiner Inseln, der Quarz paläozoischer Sandsteine, die Kreide der Ostsee (sehr wichtig) usw., usw.; alle Korngrößen vom staubfeinen Teilchen bis zum hausgroßen Block sind vorhanden (Abb. 15); in einer tonig-schmierigen, schwachsandigen Grundmasse von grauer bis graublauer Farbe (bedingt durch den Gehalt an Eisensilikaten und Kalk) finden sich, wie die Rosinen im Kuchenteig, Blöcke nordischer Gesteine: Geschiebe (siehe S. 38). Durch den Namen „Geschiebemergel" sind also die wichtigsten Eigenschaften des Gesteins ausgedrückt: tonige Beschaffenheit, Kalkgehalt, Geschiebeführung. Die weitreichende Bedeutung des Gesteines für den gesamten Bodenaufbau und den landschaftlichen Charakter Norddeutschlands ist weiter unten gewürdigt (siehe Kapitel „Verwitterung" S. 175 und „Kreislauf der Gesteine" S. 195 ff.).

Über die Verwendung der Kalkgesteine als Dünge-, Meliorations- und Baustoffe (Hausteine, Mörtel, Zement) braucht nichts Näheres ausgeführt zu werden.

4. Organogene und chemische Kieselgesteine.

Im gleichen Maße, wie die Löslichkeit der Kieselsäure (SiO_2) in Wasser hinter der des kohlensauren Kalkes zurückbleibt, treten hierin auch die organogenen und chemischen Kieselgesteine hinter den Kalk.

Beide sind unter Umständen durch Übergänge verbunden: Kalk — Kieselkalk — reine Kieselgesteine; auch zu den Sandsteinen bestehen alle Übergänge. Den marinen Kalken entsprechen die Tiefseebildungen des Radiolarienschlammes[1]) im Indischen und Pazifischen Ozean.

Den Süßwasserkalken entsprechen massenhafte Anhäufungen von den Schalen der Kieselalgen (Diatomeen), die z. B. aus der Lüneburger Heide bekannte Kieselgur, auch Bergmehl genannt; die den Sinterkalken und Kalktuffen entsprechenden Bildungen sind die Kieselsinterabsätze heißer Quellen, z. B. der Geysire (siehe S. 9 u. 192 f.) Nordamerikas und Islands, die z. T. unter der Mitwirkung farbiger Algen entstehen.

Auch Wüstenrinden (siehe S. 121), die aus Kieselsäure bestehen, treten auf.

---

[1]) Radiolarien = Strahltierchen, eine Gruppe der einzelligen Urtiere, mit Skeletten, die aus wasserhaltiger, kolloider Kieselsäure (Opal) bestehen.

Diagenese und Metamorphose (siehe unten S. 135ff.) wandeln die organischen Kieselablagerungen in feste Kieselschiefer und Hornstein um.

Der technische Wert der Kieselgesteine (besonders der metamorphen!) beruht auf ihrer großen Härte: Pflastersteine, Straßenschotter, Wetz- und Schleifsteine, feuerfestes Material u. s. w. Kieselgur nimmt eine Sonderstellung ein. Sie ist locker und porös und dient als Isolier- und Filtriermittel, als Unterlage für die Dynamitherstellung (sie wird mit Nitroglyzerin getränkt), sowie als Schleif- und Poliermittel.

5. Kohlengesteine.

Die Kohlengesteine nehmen insofern eine Sonderstellung ein, als sie aus organischen Verbindungen bestehen: aus *C*, *O*, *H* und *N* der Pflanzen-(selten Tier-)leiber.

Da Pflanzenreste bei Zutritt von Sauerstoff völlig verwesen, d. h. unter Mitwirkung von Bakterien, Fadenpilzen usw. in ihre Grundstoffe bezw. deren einfachste Verbindungen zerfallen (insbesondere zu H_2O = Wasser und CO_2 = Kohlensäure), ist Luftabschluß das Haupterfordernis der Kohlenbildung. Am sichersten wird dieser unter Wasser, bezw. unter wassergetränkten Schichten erreicht. Der im Pflanzenmaterial vorhandene Sauerstoff reicht dann nicht zur völligen sogenannten Selbstzersetzung aus, und es entstehen kohlenstoffreiche Verbindungen, die verhältnismäßig arm an *O* und *H* sind.

In der Gegenwart spielt sich dieser Vorgang besonders in den Torfmooren ab, die, zumal in ehemals vergletscherten Gebieten, große Flächen einnehmen.

Unter Wasser entsteht, nachdem das betreffende Wasserbecken z. T. durch Faulschlammassen (S. 122 u. 128) ausgefüllt ist, aus den Pflanzen des Wassers, des Röhrichts und des Bruchs der Torf der Flachmoore[1]), die ihren Namen daher haben, daß die Oberfläche des Torfes eben, flach ist, solange sich die Torfbildung nicht wesentlich über den Wasserspiegel hinaushebt. Auf der immer weiter wachsenden, aber durch die hierbei entstehende Last etwa im

---

[1]) Die untergetauchten Wasserpflanzen spielen bei der Torfbildung eine geringere Rolle, als man vielfach annimmt. Sie liefern ja nach ihrem Absterben einen bedeutenden Teil der Nahrung des tierischen Süßwasserlebens.

gleichen Tempo versinkenden[1]), also vorläufig naß bleibenden Oberfläche des Flachmoortorfes siedeln sich, sofern der Mensch nicht durch Entwässerung, Mahd, Viehtrift usw. hemmend eingreift, außer anderen Pflanzen auch Bäume und Sträucher an, die ein hohes Maß von Feuchtigkeit vertragen bzw. fordern, z. B. Erle und Birke. Hört dann, weil der Torf auf seiner Unterlage zum Stehen kommt, d. h. nicht mehr weiter versinkt (Standflachmoor), die Torfbldung mehr und mehr auf, so werden diese Baumarten allmählich von Nadelhölzern, wie z. B. durch die Kiefer verdrängt, dazu gesellen sich Zwergsträucher wie die Ericaceen usw. (Ledum). Auf dem Humus dieses „Waldes des toten Flachmoores“ („Zwischen-

Abb. 73. Profil in einem fast gänzlich verlandeten See; über einer mächtigen Faulschlammschicht (Sp und Sk) folgen Röhrichttorf (R), Flachmoortorf (schraffiert) und Hochmoortorf (H). Der Faulschlamm ist bei Sk u. a. durch den einsinkenden Torf zu Saprocoll geworden; erst als kein weiteres Einsinken mehr erfolgte, konnte bei H die Hochmoorbildung beginnen, die allmählich nach links fortschreitend den Wald „erstickt“. (Nach *Henry Potonié*.)

moor“), der wie jeder saure Waldhumus den Boden für Wasser undurchlässig macht und seine Nährstoffe auslaugt (Humussäuren, siehe S. 142) finden sich erst einzelne Polster von Torfmoos (Sphagnum) ein, die bald andere Gewächse zum Absterben bringen und allein für sich, evtl. gemeinsam mit wenigen anderen Pflanzen (Krüppelkiefern usw.) ein Hochmoor bilden, das infolge des fast unbeschränkten Wachstums des Torfmooses besonders in der Mitte oft weit über die Umgebung des Moores hinauswächst und daher seinen Namen trägt. Der eigentümlich schwammartige Bau der Torfmoose

---

[1]) Der breiige Faulschlamm, auf dem sich die erste Verlandervegetation ansamt, ist nicht nur nachgiebig, sondern unterliegt auch einer Volumreduktion (Saprocollbildung, siehe S. 57); noch leichter senkt sich der Flachmoortorf, wo er sich aus einer auf dem Wasser schwimmenden (Abb. 72), oft kaum von Faulschlamm unterstützten Decke von Verlandungspflanzen bildet (Schwingrasen).

bedingt, daß sich diese voll Wasser saugen und infolgedessen zumal die tieferen Schichten von der Luft abgeschnitten werden und nun nicht verwesen, sondern sich nur unvollständig zersetzen, „vertorfen". Hochmoortorf entsteht also im Gegensatz zum Flachmoortorf über dem Grundwasser, das ja beim Flachmoortorf die Verwesung verhinderte (Abb. 73).

Infolge der verschiedenartigen Entstehungsweise und Zusammensetzung lassen sich die verschiedenen Torfe deutlich voneinander unterscheiden.

Flachmoortorf ist aschereich, meistens schwarz, fast gleichmäßig schmierig, weil meist nur wenig „faserig";

Hochmoortorf hingegen ist heller, braun bis fast weiß (je nach dem Grade der Zersetzung, dem Pflanzeninhalt und dem Alter; man unterscheidet den sogenannten „älteren", dunklen, von dem „jüngeren", helleren Hochmoortorf); außerdem ist Hochmoortorf im allgemeinen stark faserig, leicht und locker und als Brennmaterial weniger wertvoll als der Flachmoortorf;

der Waldmoortorf (des toten Flachmoores) entspricht dem Rohhumus der Mineralbodenwälder (siehe S. 157) und ist krümelig bis pulverig (Trockentorf).

Rein petrographisch unterscheidet man den dunklen Pechtorf, den Fasertorf, der Reste von Gräsern usw. enthält, den lockeren, „jüngeren", rotbraunen Fuchstorf, den hellen, „weißen Torf" usw.

Je dunkler und gleichmäßiger ein Torf ist, um so heizkräftiger pflegt er zu sein; je lockerer und heller, desto besser ist er geeignet zur Verwendung als Streu, Verpackungs- und Verbandsstoff, da in ihm die wasseraufsaugende Kraft des lebenden Torfmooses zum größten Teil erhalten geblieben ist.

Das tertiäre Analogon der trockneren Waldmoore, z. kl. T. auch der feuchteren $\pm$ bewaldeten Flachmoore sind die **Braunkohlenlager** (es gibt aber auch ältere z. B. karbonische Braunkohle).

Karbonischen, z. T. auch jüngeren (z. B. kretazeischen) Alters ist die **Steinkohle**; noch älter oder auch nur stärker umgewandelt ist der **Anthrazit.**

Mit zunehmendem Alter bzw. mit Zunahme des Gebirgsdruckes oder der Temperatur werden die Kohlengesteine immer ärmer an Wasserstoff, Sauerstoff und Stickstoff (es entweicht Sumpfgas bzw. Grubengas und Kohlensäure), d. h. reicher an Kohlenstoff, also immer dunkler, fester nud heizkräftiger:

	C	H	O
Pflanzenfaser enthält durchschnittlich	50%	6%	44%
Torf „ „	55—60%	6%	25—40%
tertiäre Braunkohle enthält „	60—70%	5%	25—30%
Steinkohle „ „	80—90%	4—5%	5—15%
Anthrazit „ „	95%	3%	2%
Graphit „ „	100%	—	—

Während Torf und die älteren Kohlen im allgemeinen mehr oder weniger vollständig aus Resten höherer Pflanzen, bzw. aus deren Zersetzungsprodukten bestehen, treten bei den

Faulschlammbildungen neben mikroskopische Algen usw. einige tierische Stoffe (Leichen, Kot usw.), bei denen den Öl- und Fettsubstanzen der Algen eine Hauptrolle zukommt; der Name dieser Gesteine (auch Sapropelite [griechisch *sapropél* = Faulschlamm] genannt) drückt ihre Eigenschaften aus. Bei der Zersetzung unter Luftabschluß bildet sich aus Ölen und Fetten „Bitúmen" (lat. Erdpech), ein Sammelbegriff für feste und flüssige besonders H-reiche Kohlenwasserstoffverbindungen der Erdrinde (vgl. auch Anm. S. 112).

Gebirgsdruck, erhöhte Temperatur des Erdinnern und lange Zeiträume bewirken u. a. ganz entsprechend dem technischen Vorgange der Druckdestillation die Umwandlung öl- und fettreicher Substanzen in **Erdöl**, das sich — dem Grundwasser gleich — in der Erdrinde zwischen und innerhalb von Gesteinen sammelt. Da es aber leichter als das Grundwasser ist, kann es sich nicht mit ihm mischen, sondern schwimmt über ihm.

Durch Druck und Wärme wird das Petroleum weiter entgast[1]); es entsteht wiederum Grubengas, ein einfach zusammengesetzter Kohlenwasserstoff (Methan = CH_4). Die gasarmen Rückstände gehen durch Sauerstoffaufnahme (Oxydation) in weiches Erdwachs

---

[1]) Bei der Druckdestillation entstehen von vornherein nicht nur gasförmige (Grubengas) sondern auch flüssige (Erdöl) und feste Kohlenwasserstoffe (Erdpech), die je nach ihrer Beweglichkeit und Bewegungsmöglichkeit am Entstehungsort verbleiben oder sich an Punkte der Druckerleichterung begeben.

(Ozokerit)[1]) und in Erdpech (**Asphalt**)[2]) über, der z. B. auf Trinidad und in Venezuela Seen bildet.

Dem Reichtum aller Meere an pflanzlichem (fetthaltige Algen usw.) und tierischem Leben entsprechend, treten **bituminöse Sedimentgesteine in großer Verbreitung** auf; bituminöse Mergel sind z. B. der Mansfelder Kupferschiefer, die Stink- und Ölkalke und -schiefer im süddeutschen Jura, im Zechstein, asphaltführenden Sandmergel im Elsaß (Unteroligozän), im oberen Jura der Provinz Hannover u. s. f.

Auch **Petroleum** ist in **Deutschland** nicht selten. Es findet sich bisher im Holsteinischen, in Hannover, Braunschweig, im Elsaß, bei Landau, am Tegernsee usw.

Anmerkung zu den Kohlengesteinen:

1. Im **Torf** treten hier und da mineralische Beimengungen auf: Wiesenkalk (siehe oben S. 121 ff.); Blaueisenerz, eine Phosphoreisenverbindung, bei der Berührung mit Luft blau wird (Vivianit); Weißeisenerz = Eisenoxydulkarbonat in kolloider Form, das an der Luft braun wird; Raseneisenerz = rostbraunes Eisnoxydhydrat.

2. **Braunkohle.** Man unterscheidet u. a.: schwarze spröde glänzende Pechkohle; dunkelbraune feste Braunkohle (Duxer Typ); weniger harte stückige gemeine Braunkohle mit erdigem Bruch, die manchmal auch erdig zerfallen kann; Lignit: Massen, die die Holzstruktur noch gut erkennen lassen; Wachskohle = Pyropissit: eine hellgelbe bis fast weiße liptobiolithische, wachs- und harzreiche Kohle.

3. **Steinkohle:** a) Glanzkohle: meist Humuskohle; b) Mattkohle: meist Sapropelkohle; c) Streifenkohle: besteht aus abwechselnden Streifen von a und b; d) Rußkohle: durch „mineralische Holzkohle“ staubig abfärbend; e) Kännelkohle: als reine Sapropelbildung aufgefaßte Mattkohle.

Die Technik (Ruhr) unterscheidet zwischen bitumenreicher Fettkohle (Gaskohle, Gasflammkohle) und bitumenarmer Magerkohle.

4. Kaustobiolithe (vgl. S. 55) sind brennbare (griechisch *kaustós*), organische (*bios* = Leben) Gesteine (*lithos* = Stein): Kohlen, Bitumina usw.; Akaustobiolithe sind nicht brennbare organische Gesteine, z. B. Guano, Kalk u. a.

Liptobiolithe (vgl. S. 130) sind bei der Verwesung organischer Stoffe zurückbleibende Bestandteile (liptós = zurückgelassen).

Andere, rein organogene Gesteine sind die als Guano bezeichneten Anhäufungen von Vogel- und Seehundmist in regenarmen Gebieten, die durch ihren Gehalt an Kalziumphosphat und Ammonium

[1]) von griech. *ozein* = riechen und *kéros* = Wachs.
[2]) von griech. *asphaltos* = Erdpech.

einen wertvollen Dünger bilden; wo Guano auf Kalk lagert, wird dieser durch die phosphorhaltigen Sickerwässer in Phosphorit umgewandelt. Andere Phosphorite sind z. B. die als „Koprolithen" bezeichneten fossilen Tierexkremente. In allen Fällen stammt der Phosphorgehalt letzthin aus dem Apatit (siehe S. 94).

Weiter seien erwähnt die Liptobiolithe genannten, nicht oder nur wenig zersetzten Bestandteile von Pflanzen und Tieren: Korksubstanzen, Chitin, vor allem aber Wachse und Harze, darunter der oligozäne Bernstein und der Pyropissit (vgl. Anm. auf S. 129).

6. Anorganisch-chemische Gesteine.

Hierher gehören in erster Linie die als Salze bekannten chemischen Niederschläge:

Chloride	Sulfate
Steinsalz $NaCl$	Anhydrit $CaSO_4$ (Gips = desgl. + $2\,H_2O$).
Sylvin KCl	Kieserit $MgSO_4 \cdot H_2O$.
Carnallit $KCl \cdot MgCl_2 \cdot 6\,H_2O$	Polyhalit $2\,CaSO_4 \cdot MgSO_4 \cdot K_2SO_4 \cdot 2\,H_2O$.
Bischoffit $MgCl_2 \cdot 6\,H_2O$	Langbeinit $2\,MgSO_4 \cdot K_2SO_4$.

Kainit ist $KCl \cdot MgSO_4 \cdot 3\,H_2O$.

Diese Salze bzw. ihre natürlichen oder künstlichen Gemische sind die Rohstoffe der Düngerindustrie; einige werden unmittelbar verwandt: Sylvinit (KCl, $NaCl$), Kainit und Hartsalz (= Steinsalz + Sylvin + Kieserit).

Sie entstehen in abflußlosen Meeresbecken oder Wüstenseen. Besonders intensiv ist die Salzabscheidung in Wüstenseen; denn die diesen gelegentlich zufließenden Niederschläge enthalten meist diejenigen Stoffe in Lösung, die durch die Verwitterung des Bodens (siehe S. 158 [Verwitterung] und S. 121 [Wüstenrinden]) an die Oberfläche gewandert sind. Da die Verdunstung im ariden Klima ganz besonders stark ist, findet eine ständige Anreicherung (Eindampfung) der zugeführten Salze im Seebecken (in der Lauge) statt, bis schließlich Sättigung eintritt und daher Auskristallation erfolgt. So finden sich Salzausscheidungen im Toten Meer in Palästina, im Großen Salzsee im Utah; Steinsalz, Borax ($Na_2B_4O_7$), Natron (Na_2CO_3 = Soda) finden sich in australischen, afrikanischen, innerasiatischen und südamerikanischen Seen; Gips und Natriumsulfat ($Na_2 SO_4$ + $10 H_2O$ Glaubersalz) werden in der oft beschriebenen Adschidarjabucht (Karabugas) des Kaspischen Meeres ausgeschieden (der Karabugas ist der Hauptlieferant der Erde für natürliches Glaubersalz). Dieser Meerbusen steht, wie schon S. 31 erwähnt, nur durch einen engen Kanal mit dem offenen Meere in Verbindung und ist außerdem vom ariden Klima der transkaspischen Wüste umgeben. Das in ihm verdunstende Wasser wird immer wieder durch Zufluß vom Meere her ersetzt. Obwohl das zufließende Wasser nur 1,2 % Salz enthält, findet sich im Karagugasbusen ein Gehalt von rund 18 %.

Die Salze scheiden sich bei der Verdunstung des Wassers um so eher aus, je mehr Wasser sie zu ihrer Lösung brauchen. Es sind dies an erster Stelle Anhydrit ($Ca SO_4$), der durch Wasseraufnahme später in Gips übergehen kann (siehe S. 132), und an zweite Stelle Steinsalz ($Na Cl$). Zuletzt folgen die am leichtest löslichen Kalisalze. Als Beleg sei die Salzfolge von Staßfurt (Gegend von Magdeburg) angeführt:

6. Zu oberst als wasserdichte Decke 8 m Ton,
5. Kalisalze (42 m),
4. Steinsalz mit Kieserit (56 m),
3. Steinsalz mit Polyhalit (60 m),
2. Steinsalz mit „Jahresringen" von Anhydrit (mehr als 33 m),
1. Anhydritlager,
0. Als Liegendes Stinkschiefer des mittleren Zechsteins.

Diese Salze finden sich mit Ausnahme des Anhydrits in unseren Breiten nirgends an der Oberfläche, sondern nur in der Tiefe unter dem Schutze wasserundurchlässiger Tondecken. Der Anhydrit verwandelt sich über Tage durch Wasseraufnahme in Gips (Abb. 74). In dieser Form ist er verhältnismäßig beständig, neigt aber doch infolge seiner relativ großen Löslichkeit zur Bildung von Höhlen, Erdfällen usw. (siehe S. 11 u. 188). In Deutschland findet er sich oberflächlich besonders am Südrande des Harzes und des Kyffhäusers (Abb. 98, S. 174), wo er der Zechsteinformation angehört. Auch in anderen Formationen tritt er häufig auf, z. B. im Buntsandstein, Muschelkalk und Keuper.

Die anderen Salze sind im großen Ganzen auf den oberen Zech-

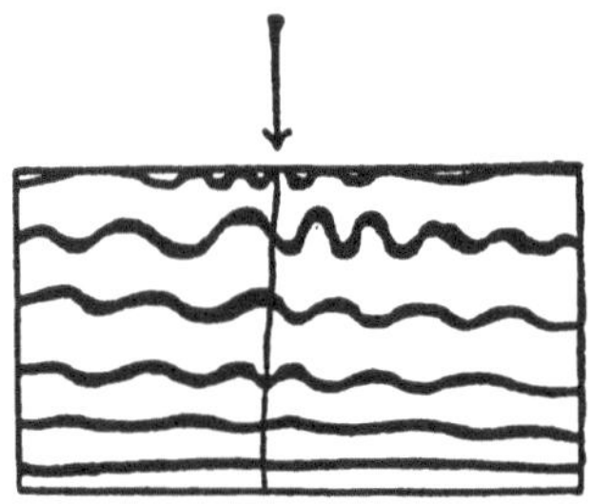

Abb. 74. Die sogenannten „Alabasterschnüre" des Anhydrites dehnen sich bei Wasseraufnahme (Umwandlung in Gips) aus und legen sich in Falten, deren Umbiegungsstellen verdickt sind und deren Intensität in der Nähe der wasserbringenden Spalte (↓) am größten ist (nach Angaben von *A. Ebert*).

stein beschränkt, wenn auch Steinsalz aus der Trias und anderen Formationen bekannt ist. Hannover, die Gegend von Magdeburg und Halberstadt, Nordthüringen und das Südharzgebiet, die Gegend von Werra und Fulda, Niederrheinland, das Elsaß (Tertiär) sind die wichtigsten deutschen Kalilieferanten.

Auch der Salpeter ($Na\,NO_3$) ist im regenlosen Wüstengebiet entstanden (Nordchile). Er bildet als Chilisalpeter ein wichtiges Stickstoffdüngemittel.

7. Anhang.

α) Vulkanische Tuffe.

Sie nehmen eine Mittelstellung zwischen den Erstarrungs- und den Sedimentgesteinen ein, indem ihr Material unmittelbar dem Erdinnern entstammt und durch vulkanische Kraft an die Oberfläche gelangt, hier aber zerstäubt, von Winden davongetragen, in Tälern angehäuft (Abb. 66) oder auch schichtweise im Wasser abgelagert wird: es sind also vulkanische Sedimente. Ihre Verbreitung ist auf die nähere Umgebung von Vulkangebieten beschränkt.

Im Großen und Ganzen bestehen sie aus Asche und Lapilli (siehe Kapitel B III c, S. 65), die durch irgendein Zement diagenetisch (siehe S. 135f.) verkittet sein können, wie z. B. der Bimssteintuff des Neuwieder Beckens in der Gegend von Koblenz oder der Traß der Eifel (vgl. Abb. 66). Hier und da finden sich größere Bomben darin, wie es z. B. am Laacher See zu beobachten ist.

Das Material der Tuffe wechselt natürlich ebenso wie das der eigentlichen Ergußgesteine, aus denen sie hervorgehen.

β) Erze.

Die Mineralogie bezeichnet als Erze eine Reihe von schwermetallhaltigen Mineralien, z. B. Bleiglanz.

Der Lagerstätteningenieur und der Bergmann nennen nur solche „metallhaltigen Massen (— also Mineralien und Gesteine —) Erze,

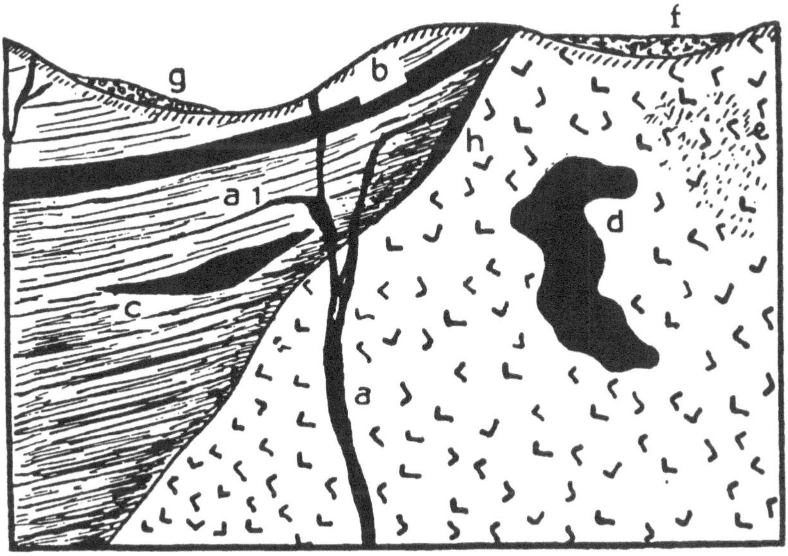

Abb. 75. Formen der Lagerstätten: links im Sedimentärgebirge bei b) ein Flöz (= konkordant gelagerte, nutzbare Schicht, z. B. Kohle), bei c) ein Lager (= konkordant gelagerte Linse), bei a1) ein (konkordant verlaufender) Lagergang; rechts im Erstarrungsgestein: bei a) ein echter Gang („Quergang", der nach oben hin die Sedimentschichten ohne Rücksicht auf deren Lagerung „durchsetzt"; er ist jünger als Flöz b)), bei d) ein unregelmäßig gestalteter „Stock", bei e) eine Erzimprägnation; an der Oberfläche bei f) eine Verwitterungslagerstätte (Restprodukte der Verwitterung [z. B. eisenreich] in einer Geländemulde angehäuft), links oben bei g) eine Seife (d. h. an Metallkörnchen [aus dem Gang links oben!] reicher Flußkies); bei h) in der Kontaktzone zwischen Erstarrungs- und Sedimentgestein eine Kontaktlagerstätte. (In Anlehnung an *Sachs* nach *Treptow*.)

aus welchen man im großen und mit Vorteil Schwer- oder gewisse andere Metalle oder Metallverbindungen herstellen kann" (*Krusch*).

Den Lagerstättenforscher, den Geologen hingegen interessieren auch solche Erze, die nicht („mit Vorteil") abbauwürdig sind. Auch durch sie werden wichtige Fingerzeige für die Entstehung der Lagerstätten gegeben.

Syngenetisch (= „gleichzeitig entstanden" mit dem umgebenden Gestein) sind der Erzgehalt vieler Sedimente (z. B. Minette in Lothringen und der Mansfelder Kupferschiefer) sowie Auskristallisationen aus dem Schmelzfluß.

Epigenetisch (= „später entstanden" als das umgebende Gestein) sind:

Kontaktbildungen (siehe S. 133 u. 136);

8. Übersicht über die Sedimente.

I. Mechanische (klastische) **Sedimente**	**II. Chemische Sedimente**	
	a) Anorganisch:	**b) Organisch:**
	1. Kalkgesteine.	
1. Pelite = Tongesteine. a) Schlamm usw. der Flüsse, Seen, Meere. b) Verwitterungslehm des Festlandes. c) Löß (Windsediment). d) Geschiebemergel (Eissediment)[1]. [Durch Diagenese entstehen: Schieferton, Tonschiefer, Mergelschiefer usw.]	Marine Kalke z. kl. T., Festlandskalke (Wüstenrinden), Süßwasserkalke z. T., Quellbildungen.	Marine Kalke z. gr. T., Süßwasserkalk z. gr. T. (Moormergel, Seekreide).
	2. Kieselgesteine.	
	Quellsinter z. T., Wüstenrinden.	Tiefseeschlamm (marin), Kieselgur (Süßwasser).
2. Psammite = Sandgesteine. a) Sand der Flüsse, Meere, Küsten usw. b) der Dünen und Wüsten. [Durch Diagenese entstehen: Sandsteine, Arkosen, Quarzite.]		**3. Kohlengesteine u. Verwandte.** Torf, Braunkohle, Steinkohle; Faulschlammgesteine (einschl. d. flüssigen u. festen Kohlenwasserstoffe); Liptobiolithe [evtl. Guano und Phosphorit].
2a. Psephite = Grobklastische Sedimente. a) Fluß-, Brandungsschotter u. ä. [Durch Diagenese entstehen: Konglomerate.] b) Verwitterungsschutt. [Durch Diagenese entstehen: Breccien (Bretschen), Grauwacken.]	**4. Anorganische Niederschläge aus Wasser.** (Meere u. Wüstenseen.) Chloride, Sulfate (Steinsalz, Kalisalze; Gips, Anhydrit). Salpeter.	

III. Vulkanische Sedimente: Tuffe.

IV. Kristalline Schiefer können aus Sedimenten durch Metamorphose entstehen.

---

[1]) Vergl. auch unter Kalkgesteine S. 123.

Erzgänge in anderen Gesteinen;

Erzlager, die durch chemische Verdrängung und Ausfällung entstehen („Metasomatose" besonders von Kalkstein);

Anreicherungen von Erzen durch Verwitterung[1]) usw.

Die große Mehrzahl aller Erzvorkommen verdankt ihre Entstehung der Ausscheidung aus wässeriger Lösung, seien es die Gänge, die aufsteigenden Thermalwassern entstammen, seien es die Erze mancher Sedimente oder die Verwitterungsbildungen alter Landoberflächen (Bohnerze [Eisen], Hunsrückerze [Eisen, Mangan]) usw. Da aber die Erzmineralien nie allein gelöst sind, so scheiden sich mit ihnen zugleich zahlreiche andere Mineralien — Quarz, Kalkspat usw. — aus (Gang- und Lagerarten), so daß Erzvorkommen nur in seltenen Fällen ganz rein sind.

D. Die Umwandlung der Gesteine.

(Diagenese, Metamorphose, Verwitterung und Bodenbildung.)

I. Diagenese und Metamorphose.

Diejenigen Vorgänge chemischer und physikalischer Art, die sich innerhalb der Sedimente abspielen und diese in feste Sedimentgesteine umwandeln, bezeichnet man als „Diagenese". Von ihnen war oben jeweils bei dem betreffenden Gestein die Rede.

Diese Alterserscheinungen der Sedimente, die ohne das Eingreifen besonderer Ereignisse vor sich gehen, umfassen u. a. folgende Gruppen von Vorgängen:

1. die Kristallisation kolloider Bestandteile; die wasserhaltige, amorphe[2]) Kieselsäure (= Opal) wird z. B. zu wasserfreiem, kristallisiertem Quarz; amorpher Kaolin kristallisiert zu Kaolinit u. a.;

---

[1]) Krusch in Salomon: „Da der Eisengehalt der Erze verhältnismäßig schwer transportiert wird, findet seine allmähliche Anreicherung in der Nähe der Tagesoberfläche statt, die übrigen Metalle, viele Gang- und Lagerarten usw. werden dagegen nach der Tiefe geführt. Man bezeichnet diese Erzanreicherungszone unseres Klimas als Eisernen Hut."

[2]) a-morph (griechisch) = „ohne Gestalt", Gegensatz zu „kristallisiert".

2. die Schaffung von irgendeinem Bindemittel oder Zement (z. B. Kalkspat, Kieselsäure u. a., die aus dem gleichen Gestein stammen können) durch die Sickerwasser oder durch die sogenannte „Bergfeuchtigkeit“[1];

3. chemische Umsetzungen zwischen dem Sediment und dem absetzenden Meerwasser (so kann beispielsweise Kalkschlamm in Mg-haltigem Meerwasser zu Dolomit werden);

4. Austrocknen;

5. Entsalzung;

6. Bildung von Konkretionen (siehe S. 113, 111 Anm. u. 120) und eine Reihe anderer Vorgänge.

Das Ergebnis diagenetischer Umwandlungen sind z. B. das Erhärten von Sandmassen; die Austrocknung von Schlamm zu Schlick, Ton, Schieferton; die Umkristallisation, die innerhalb der Kalisalzlager eine große Rolle spielt und eine ganze Reihe neuer Salze schafft; die Dolomitisierung (siehe S. 120); die Serpentinisierung (siehe S. 105, 141) usw.

Änderungen der Temperatur, des Druckes und der chemischen Verhältnisse sind die wichtigsten Faktoren der metamorphosierenden Vorgänge (*metamorphose* [griechisch] = Umgestaltung).

So werden Sedimentgesteine durch die Berührung (den Kontakt) mit Schmelzflüssen (Lava bzw. [wenn in noch nicht entgastem Zustande] in der Tiefe der Erdrinde Magma) durch deren Hitze gefrittet (d. h. oberflächlich geschmolzen), umgeschmolzen, verglast (d. h. in strukturlose Massen umgewandelt); überhitztes Wasser und flüchtige Bestandteile des Magmas imprägnieren die Kontaktzone und schaffen neue Mineralien wie Turmalin, Flußspat, Topas, Apatit und andere bor-, fluor- und chlorhaltige Mineralien.

Unter dem Einfluß der Kontaktmetamorphose wandeln sich

---

[1]) Sickerwasser bewegt sich auf Klüften; Bergfeuchtigkeit bewegt sich nicht; sie ist ein Zustand des Gesteins; in ihr können sich Substanzen lösen, durch Diffusion bewegen und wieder ausscheiden.

kieselige Gesteine in Quarzite, tonige in Hornfelse, Knotenschiefer[1]) usw., kalkige in Kalksilikathornfelse, reiner Kalk in körnigen Marmor, Kohlengesteine in natürlichen Koks, Anthrazit und Graphit um.

Im Gegensatz zur Kontaktmetamorphose (Abb. 23 u. 75), die immer nur räumlich beschränkt ist („Kontakthöfe" um Granit), arbeitet die sogenannte Regionalmetamorphose flächenhaft (*regio* [lat.] = Gegend), indem Sedimente und Erstarrungsgesteine durch Überlagerung mit jüngeren Schichten oder durch Senkungsvorgänge in den Tiefenbereich höherer Temperatur und höheren Druckes geraten. Die Gesteine werden umgeschmolzen und durch den Druck geschiefert, da die Teilchen sich rechtwinklig zum Druck einstellen; es entstehen die sogenannten

kristallinen Schiefer,

Gesteine, deren Namen schon ihre Mittelstellung zwischen Schicht- und Erstarrungsgesteinen kennzeichnet. In der Tat ist es oft unmöglich zu entscheiden, aus was für einem Gestein ein derartiges Umwandlungsprodukt hervorgegangen ist.

Je älter ein Gestein ist, desto größer ist die Zahl der Gelegenheiten für dasselbe, regionalmetamorph umgewandelt zu werden. Darum ist es nicht verwunderlich, daß die ältesten Gesteine nahezu ausnahmslos umgewandelt sind, und daß die Unterlage der höchstens 2400 m mächtigen Sedimentdecke der Erde ganz aus kristallinen Schiefern besteht (vgl. vorn S. 95).

Die kristallinen Schiefer nehmen infolgedessen am Aufbau der Erdrinde in ganz überwiegendem Maße teil, wenn sie auch an der Erdoberfläche zurücktreten. Immerhin setzen sie in den alten Massiven Fennoskandias, Ostsibiriens, Kanadas, Mittel- und Südamerikas, Zentralafrikas usw. weithin die Oberfläche zusammen.

Je nach der Gewalt des Druckes und der Höhe der Temperatur fallen diese Gesteine sowohl hinsichtlich ihrer Textur- und Strukturverhältnisse, als auch ihres Mineralbestandes verschieden aus. So können aus gleichen Ausgangsgesteinen verschiedene, aus verschiedenen gleiche Endprodukte entstehen.

---

[1]) d. s. feste Gesteine, in denen sich kohlige Bestandteile in Form von Knötchen zusammenfinden und neugebildete Mineralien auftreten, z. B. Cordierit, Granat u. a.

Deutlich schiefrige Gesteine von der mineralischen Zusammensetzung des Granites bezeichnet man als

Gneis und unterscheidet Orthogneise (griechisch *orthós* = richtig), die aus Eruptivgesteinen, und Paragneise (griechisch *pará* = daneben), die aus Sedimenten entstanden sind;

Glimmerschiefer ist ähnlich, nur fehlt der Feldspatgehalt;

Urtonschiefer oder Phyllite sind dünnschiefrig und seidenglänzend und leiten allmählich zu den versteinerungsführenden, unveränderten Schiefern der ältesten Formationen über. Sie sind im allgemeinen die jüngsten Gesteine in der Reihe der kristallinen Schiefer.

Es lassen sich innerhalb dieser Gruppen eine ganze Reihe feinerer Unterschiede machen.

Granite, Syenite, Diorite werden zu verschiedenen Gneisen;

Porphyr und Porphyrit zu Gneisen, Glimmerschiefern und Phylliten;

Gabbros zu Gneisen, Amphibolgesteinen (siehe S. 103, 93) und Serpentin (siehe S. 141).

Feldspatfreie Gesteine werden zu Serpentin, Hornblende-, Augit-, Olivin- und anderen Gesteinen.

Aber auch tonig-kieselige Sedimente werden zu Glimmerschiefer und Gneisen; die Umwandlungsprodukte der übrigen Sedimente entsprechen denen der Kontaktmetamorphose.

Die Ursachen der Diagenese liegen zum großen Teil in den Sedimentgesteinen selbst; die Metamorphose dagegen wird durch endogene Kräfte bewirkt, die von außen an das betreffende Gestein herantreten.

II. Verwitterung.

Aber auch exogene Kräfte arbeiten an der Umgestaltung der Gesteine. Das Enderzeugnis dieser Tätigkeit ist der

Boden, die äußerste, pflanzentragende Schicht der Erdrinde.

Die exogenen Kräfte der Bodenbildung faßt man unter der Bezeichnung

Verwitterung zusammen, zu der in untergeordnetem Maße einige andere Vorgänge treten können.

Drei große Gruppen von Vorgängen arbeiten an der Zerstörung der Gesteine der Erdoberfläche. Nach ihnen unterscheidet man eine mechanische, chemische und organische Verwitterung. Der Hauptträger aller drei Gruppen ist das Wasser, das, dem großen Kreislauf folgend (s. S. 6), in innige Beziehung zur Erdrinde tritt und in Pflanze und Tier auf den Untergrund einwirkt oder auch vom Untergrunde her auf das organische Leben Einfluß nimmt.

a) Mechanische Verwitterung.

Die Hauptagentien der mechanischen Verwitterung sind Temperaturwechsel und Sonnenstrahlung, Spaltenfrost, Wind und Regen.

Jeder Stoff dehnt sich bei Temperaturzunahme aus und zieht sich bei Abkühlung zusammen. Doch verhalten sich in dieser Beziehung alle Stoffe, also auch alle Mineralien, verschieden. Außerdem wird die Oberfläche der Gesteine stärker erwärmt, bzw. abgekühlt als die inneren Teile. Die Folge davon sind Spannungsunterschiede innerhalb des Gesteines, die um so größer sind, je plötzlicher der Temperaturwechsel eintritt und je mehr verschiedene Mineralien das Gestein zusammensetzen. Überschreiten diese Spannungsunterschiede ein gewisses Maß, so muß das Gestein zerspringen und zerbröckeln.

In gleicher Weise wirkt die strahlende Wärme der Sonne (Insolation), die besonders in Wüstengebieten mit ihren großen Unterschieden zwischen Tageshitze und Nachtkälte bedeutungsvoll ist, ja hier fast ausschließlich die Zerstörung bewirkt (S. 47 f).

In Gebieten hingegen, in denen die Lufttemperatur gelegentlich unter den Nullpunkt sinkt, spielt der Spaltenfrost die Hauptrolle; in allererster Linie und fast ausschließlich arbeitet er in den Polargegenden und im Hochgebirge. Doch auch in unseren Gegenden ist er wichtig. Es ist eine bekannte Erscheinung, daß ein mit Wasser gefülltes Gefäß gesprengt wird, wenn das Wasser zu Eis erstarrt. Die Raumvergrößerung des frierenden Wassers ist die Ursache der Frostverwitterung, die von den feinsten Rissen und Spalten des Gesteins aus arbeitet.

Im Rahmen der mechanischen Verwitterungsvorgänge spielen Wind und Regen, auch das fließende Wasser soweit eine Rolle, als sie die durch Verwitterung losgelösten Teilchen davonführen und so immer neue Flächen der Zerstörung aussetzen.

b) Chemische Verwitterung.

An erster Stelle steht die Wirkung des Wassers, und zwar sowohl der Niederschläge (Sickerwasser) als auch der im Gestein vorhandenen „Bergfeuchtigkeit“ (Anm. S. 136) und des Grundwassers (siehe dieses).

Reines Wasser ist schon für sich allein imstande, alle Mineralien aufzulösen, und das um so mehr, als in der Erdgeschichte nahezu unbeschränkte Zeiträume zur Verfügung stehen.

Am leichtesten löslich sind neben Soda, Alaun, Salpeter und anderen die Kalisalze und das Steinsalz, die sich deshalb nur in trockenen Gebieten an der Tagesoberfläche finden, während sie in humiden Zonen (z. B. Mitteleuropa) nur unter Tage im Schutze undurchlässiger Gesteine erhalten bleiben.

100 Teile Wasser können 36 Teile Steinsalz aufnehmen.

Bedeutend weniger, doch immerhin noch verhältnismäßig leicht löslich sind:

Gips ($CaSO_4 \cdot 2\,H_2O$): 25 Teile in 10000 T. Wasser,
Anhydrit ($CaSO_4$): 20 Teile in 10000 T. Wasser,
Kalkspat ($CaCO_3$): $^1/_{10}$ – 1 Teil in 10000 T. Wasser,
Dolomit ($CaMg\,(CO_3)_2$): $^1/_3$ Teil in 10000 T. Wasser;

andere Karbonte verhalten sich ähnlich.

Die wichtigsten Mineralien der Gesteine aber, die Silikate, sind sehr schwer löslich. In erster Linie wird ihr Gehalt an einwertigen und zweiwertigen Elementen (K und Na; Ca und Mg) abgespalten und in Form löslicher Verbindungen (Hydroxyde) fortgeführt.

Da nun in der Natur kaum irgendwo chemisch reines Wasser auftritt, sondern dieses immer durch andere Stoffe verunreinigt ist, die seine Lösungsfähigkeit u. U. wesentlich erhöhen können, so ist die chemische Wirkung der Sickerwasser tatsächlich bedeutend höher, als oben angegeben.

So erhöht beispielsweise Kohlendioxyd („Kohlensäure“ = CO_2) die lösende Kraft des Wassers besonders Karbonaten gegenüber bedeutend; es gehen anstatt des einen Teils $CaCO_3$ rund 10 Teile, von Dolomit 3 Teile in Lösung; in Kalkgesteinen bilden sich daher besonders leicht Höhlen; Dolomit wird porös, da sein Kalziumgehalt leichter aufgelöst wird als das Magnesium; kalkige Sandsteine verlieren ihr Bindemittel und zerfallen usf.

Auch die Silikate fallen CO_2-haltigem Wasser zum Opfer, indem die Alkali- und Erdalkalimetalle (K, Na und Ca, Mg) in Karbonate übergeführt und gelöst werden. Auch Kieselsäure geht z. T. in Lösung. Ist genügend Wasser zugegen (10000 Teile auf je 1 Teil SiO_2), so wird die Kieselsäure fortgeführt; ist weniger Wasser vorhanden, so verbleibt die Kieselsäure in Form von Quarzadern und -gängen oder von Opalüberzügen u. dgl. im Gestein zurück.

Als unlöslich hingegen bleiben übrig: wasserhaltige Tonerde-(Al_2O_3)silikate in kolloider Form, kolloides Eisenoxydhydrat (Rost) und gelegentlich wasserhaltige Mg-Silikate; d. h. das **Endergebnis** der chemischen (Kohlensäure-) Verwitterung von Silikatgesteinen sind wasserhaltige Tonerdesilikate (vgl. Kaolin, Ton, Lehm), Quarzkörner, Muskovitblättchen, wasserhaltige Mg-Silikate (z. B. Serpentin ($MgO \cdot SiO_2 \cdot H_2O + FeO$) und Speckstein ($3\,MgO \cdot 4\,SiO_2 \cdot H_2O$)).

Auch der Sauerstoff der Luft, der von den Niederschlägen aufgenommen wird, wirkt umwandelnd; Schwefelkies (FeS_2) wird in Eisensulfat ($Fe_2(SO_4)_3$) umgewandelt:

$$2\,FeS_2 + 15\,O + H_2O = Fe_2(SO_4)_3 + H_2SO_4$$

Schwefelkies + Sauerstoff + Wasser = Ferrisulfat + Schwefelsäure.

$Fe_2(SO_4)_3$ ist leicht löslich, wandert im Gestein umher und wird schließlich als Eisenoxyd (Fe_2O_3) oder Eisenoxydhydrat ($Fe(OH)_3$) ausgeschieden.

Die gebildete Schwefelsäure aber zerfrißt das Gestein und unterstützt so die chemische Verwitterung ganz erheblich.

Andere entsprechende Vorgänge sind z. B. die Oxydation des Kupfers zu Kupferoxydul Cu_2O, das dann weiter durch O, CO_2 und H_2O in wasserhaltiges Kupferkarbonat (Malachit) umgewandelt wird); des Eisenoxyduls (FeO), das fast nirgends fehlt, in wasserhaltige Oxyde (z. B. Brauneisen, Raseneisenerz u. a.); der Schwefelmetalle Bleiglanz (PbS), Kupferkies ($CuFeS_2$) u. a. in Vitriole usw.

Da Eisen in irgend einer Form nahezu in allen Gesteinen vorhanden ist, so ist die typische Farbe der verwitterten Gesteine das Rotbraun des Rostes.

Mit der Sauerstoffaufnahme geht häufig die Aufnahme von Wasser Hand in Hand; so ist ja Rost wasserhaltiges Eisenoxyd; Gips entsteht durch Wasseraufnahme aus Anhydrit ($CaSO_4 + 2\,H_2O = CaSO_4\ 2\,H_2O$); da Anhydrit rund ¼ seines Gewichtes an Wasser aufnimmt, Gips aber leichter ist als Anhydrit, so nimmt er auch einen viel größeren Raum ein als dieser (Abb. 74), er quillt. Dieses Quellen bewirkt, daß die Wände und Decken von Gipshöhlen oft merkwürdig gebläht und aufgeblättert erscheinen.

Auch organische Stoffe beteiligen sich an der Zersetzung der Gesteinsmineralien. Die bei der Humusbildung entstehenden sogenannten „Humussäuren“ (kolloide Humusstoffe, die z. B. in dunklem Moorwasser vorhanden sind) vermögen auf Grund verwickelter kolloidchemischer Vorgänge nicht nur die Alkalien und Erdalkalimetalle (siehe oben S. 141), sondern auch die sonst fast unlöslichen Mangan- und Eisenverbindungen und Tonerdehydrate zu lösen.

Bei der „Humusverwitterung“ entstehen also im Gegensatz zur reinen „Kohlensäureverwitterung“ eisen- und manganfreie, ausgebleichte Böden, die im wesentlichen aus Quarz und eventuell Tonerdesilikaten bestehen (vgl. unten Ortsteinbildung auf S. 161f).

Zum Teil beruht diese Wirkung sicher auf der Reduktion mancher Verbindungen durch organische Stoffe; z. B. werden die unlöslichen Eisenoxyde durch Reduktion (Sauerstoffentziehung) teilweise in lösliche Oxydule umgewandelt; auch Schwefelwasserstoff kann reduzierend wirken, ebenso manche Bakterien.

c) Organische Verwitterung.

Die Vorgänge der Humusverwittung leiten über zu denen der organischen Verwitterung.

Auch lebende Organismen tragen wesentlich zur Zerstörung der Gesteine bei. Oben wurde schon die Wirkung der Lithobionten (felsbewohnenden Spaltalgen) erwähnt, die der Ansiedlung größerer Pflanzen den Weg bereiten. Es folgen andere Algen, Flechten und Moose, die schließlich durch höhere Pflanzen abgelöst werden.

Pflanzen wirken in sinnfälligster Weise rein mechanisch auf das Gestein ein, indem eindringende Wurzeln vorhandene Spalten erweitern. Welche ungeheuren Kräfte die Pflanze hierbei entwickelt, läßt sich leicht im Mittelgebirge beobachten. Durch die Erweiterung der Risse und Spältchen im Gestein arbeitet die Pflanze dem Wasser und dem Frost vor.

Chemisch wirken in erster Linie die von den Wurzeln ausgeschiedenen Säuren, die die Salze des Bodens lösen und sie aufnahmefertig machen, sowie die von den unterirdischen Pflanzenteilen abgeschiedene Kohlensäure. Weiter entsteht bei der Zersetzung abgestorbener Pflanzenteile Kohlensäure. Auch gewisse Bakterien wirken unmittelbar, teils chemisch, teils rein mechanisch, auf das Gestein ein.

Über die Arbeit der Tiere an der Umwandlung der Gesteine soll weiter unten gesprochen werden.

d) Klima und Verwitterung.

Der Gesamtkomplex der Verwitterungserscheinungen ist eine Funktion des Klimas, was ja schon in der Bezeichnung Verwitterung zum Ausdruck kommt; denn Klima ist die Gesamtheit des sich an einem Orte im Laufe des Jahres mit gewisser Regelmäßigkeit abspielenden Wetters.

Am schroffsten in dieser Beziehung ist der Gegensatz zwischen den nahezu wasserlosen Wüsten unter den Wendekreisen und den überfeuchten tropischen Regenwaldgebieten der Äquatorialgegenden; dort fehlt das Hauptagenz der chemischen und organischen Verwitterung, das Wasser, fast ganz, hier ist es im reichsten Maße vorhanden. Dort überwiegt die Insolation und die schleifende Wirkung des sandbeladenen Windes, hier fehlen beide Kräfte so gut wie ganz. Humusbildung wäre in der Wüste unmöglich, auch wenn genug Pflanzen vorhanden wären; denn die dort gebildete Pflanzensubstanz verwest sofort. Im Regenwaldgebiet hingegen wird ungeheuer viel Pflanzensubstanz produziert und, trotz der hohen Temperatur und Feuchtigkeit, die die Tätigkeit der zellulosezersetzenden Bakterien begünstigen, häuft sich der Humus manchmal zu mächtigen Lagern.

Stark gegensätzlich sind beispielsweise auch die feuchtgemäßigten Striche Mitteleuropas und die kalten Teile Nordeuropas, noch mehr etwa Grönlands oder Spitzbergens; während hier die Tätigkeit des flüssigen Wassers durch die niedrigen Temperaturen oft für große Teile des Jahres ausgeschaltet ist (Eis äußert keine chemischen oder organischen Wirkungen), und die physikalische (Frost-) Verwitterung und die Humusbildung überwiegen (infolge der niedrigen

Temperatur wird der Humus nur sehr langsam zersetzt), spielt im feuchten Mitteleuropa die chemische Verwitterung eine sehr große Rolle; genügende Feuchtigkeit ermöglicht chemische Umsetzungen und reicheres pflanzliches Leben; mäßige Temperaturgrade sind der Humusanhäufung günstig, da sie einerseits die Pflanzenwelt nicht immer ausschalten und andererseits die zersetzende Tätigkeit der Bakterien mäßigen.

Äußerungen und Ausmaß der gesamten Verwitterung hängen vom Klima ab, und zwar von der Feuchtigkeit und der Temperatur. Infolgedessen hat jedes Klima seine ihm eigentümliche Form der Gesteinszerstörung.

In unserem Klima sind, wie wir sahen, die letzten unzerstörbaren Erzeugnisse der Verwitterung:

Quarz (auch Kaliglimmer ist nahezu unzersetzlich);
Tonerdesilikate, kolloid, wasserhaltig;
Eisenoxydhydrat, kolloid;
Magnesiumsilikat, wasserhaltig.

Darum sind tonige Verwitterungsböden — Ton, Lehm — so überaus häufig, bestehen sie doch im wesentlichen aus den genannten Endprodukten; Tonerdesilikat liefert die Grundmasse (im reinen Zustand: Kaolin), Eisenoxydhydrat die gelbe oder braune Verwitterungsfarbe, der Quarz den Sandgehalt des Lehmes (Ton + Sand = Lehm) Die Magnesiumsilikate finden sich in der Hauptsache im Serpentin, dem Enderzeugnis der Verwitterung basischer Gesteine.

Weitere bemerkenswerte Erzeugnisse der Verwitterung sind:

Die Zeolithe (Natrolith, Analzim und andere), wasserhaltige Tonerdesilikate mit Na und Ca. Besonders die Feldspatvertreter (Leuzit, Nephelin, Sodalith; siehe oben S. 93) verwittern zu Zeolithen, die dann zu Tonsubstanzen weiter verwittern. Die Zeolithe haben die Fähigkeit, ihr Ca und Na gegen Kalium und Ammonium einzutauschen und sich in Na- und Ca-haltigen Lösungen wieder zurückzubilden (vgl. unten „Absorbtion des Ackerbodens").

Biotit wird zu Muskowit gebleicht; ebenso entstehen aus ihm wasserhaltige Mg-Fe-Al_2O_3-Silikate (Chlorit), die weiter zu Brauneisen (Eisenoxydhydrat), Tonsubstanzen, Quarz und Karbonaten verwittern.

Serpentin (siehe diesen) entsteht aus Olivin, Hornblenden, Augiten; vorher bilden sich aus den gleichen Mineralien u. U. Chlorit und Epidot, dann Quarz, Brauneisen, Ton, Karbonate.

Granat verwandelt sich in Epidot, Chlorit, Serpentin, Brauneisen usw.

Kaolin entsteht aus allen feldspathaltigen Gesteinen, Erstarrungs- wie Sedimentgesteinen, unter Einwirkung der Kohlensäureverwitterung, der Moorwasser und auch vulkanischer Vorgänge. Umgelagerte, d. h. nicht mehr an ihrem Entstehungsort verbliebene und verunreinigte Kaoline sind die Tone, eventuell Lehme und auch Mergel.

e) Kleinformen der Verwitterung.

Die Zusammensetzung des Ausgangsgesteines ist für die Beschaffenheit des Verwitterungsproduktes weniger maßgebend, als man

Abb. 76. Erweiterung der Absonderungsklüfte durch Verwitterung. Klippe auf dem Mailaubenkopf; Granit des Rambergmassivs im Harz. (Orig. *R. Potonié.*)

oft denkt. Wo sich hingegen das Gestein noch nicht völlig mit einer Verwitterungskruste bedeckt hat, wo noch der blanke Fels zutage liegt, da zeigt fast jedes Gestein ihm eigentümliche Formen der Verwitterung. Das morphologische Verhalten der Gesteine gegen die Zerstörung ist sehr verschieden.

Am bekanntesten in dieser Hinsicht sind die Verwitterungsformen des Granites. Die Verwitterung folgt den ursprünglich unsichtbaren Klüften im Gestein (Abb. 76) und zerlegt es längs derselben in parallelepipedische Teile, deren gegenseitiger Halt immer lockerer wird (Abb. 77), bis sie schließlich unter Einwirkung des „Gekriechs" (siehe dieses) zu einem „Blockmeer" auseinandergleiten

Abb. 77. Durch fortgeschrittene Verwitterung erfolgte Rundung der Absonderungsquadern, die schließlich zum Einsturz der Klippen führt, daher im Vordergrund ein „Blockmeer". Klippen im Okertalgranit des Harzes. (Orig. *Horst Potonié.*)

(Abb. 77). Bei fortschreitender Verwitterung zerfallen die einzelnen Blöcke in sandigen Grus und schließlich in Sand und Staub.

Ähnlich dem Granit verhalten sich alle übrigen massigen Erstarrungsgesteine. Die Verwitterung dringt längs der Absonderungs- und Erstarrungsfugen (siehe Abb. 76—78) vor, deren Anordnung von der Oberfläche des ursprünglichen, erstarrenden Gesteinskörpers, sowie von der Richtung des Druckes abhängt, dem das Gestein während und nach dem Festwerden ausgesetzt war.

Bei den schiefrigen Gesteinen, die zu scharfen Grus zerfallen (Abb. 79), bei Schichtgesteinen, die sich in plattige Blöcke auflösen, bei Sandsteinen und Konglomeraten, die zu Sand

Abb. 78. „Wollsackverwitterung" des Granites: die Verwitterung dringt längs der ursprünglich unsichtbaren Abkühlungs- und Druckklüfte in das Gestein ein. (*A. Ebert* gez.)

Abb. 79. Schutthalde im Schiefer des Bodetals zwischen Thale und Treseburg. Die Stämme der Bäume stehen tief im Schutt. (Orig. *R. Potonié.*)

Abb. 80. Chemische Verwitterung und Neubildung von Alaun und Gips im Quadersandstein der Sächsischen Schweiz. Überhängende Felswand in den „Schwedenlöchern". (Orig. *R. Potonié.*)

bzw. zu Schutt zerfallen, sind die Schieferungsebenen, Schichtfugen, Porenräume usw. die Einfallstore der Zerstörung.

Letzthin hängt auch die Formung der Landschaft zum großen Teil von dem Verhalten der Gesteine gegen die Verwitterung ab. Da jedoch auch andere Faktoren hier bestimmend mitsprechen (Denudation, Erosion u. a.), sind die Landschaftsformen der Gesteine in anderem Zusammenhange behandelt worden (siehe S. 164ff).

Zu erwähnen sind hier noch einige weitere Kleinformen der Verwitterung und andere Äußerungen von örtlicher Bedeutung.

Während im allgemeinen die erste Folge der Verwitterung die ist, daß die Oberfläche des Gesteins durch Oxydation gebleicht oder gebräunt und die oberste Schicht weich und erdig wird, kurz, sich eine Verwitterungskruste bildet, die mürber ist als das frische Gestein, sind gelegentlich auch andere Fälle zu beobachten. Wenn wir von den festen Wüstenrinden (Wüstenlack) absehen, mit denen sich die Felsen des ariden Gebietes überziehen (vgl. S. 121), so bleiben in unseren Gegenden waben- und gitterförmige Verwitterungserscheinungen im Buntsandstein und dem Quadersandstein der Kreideformation zu erwähnen. So entstehen in der Sächsischen Schweiz unter dem Einfluß der sich bei der Zersetzung von Schwefelkies (vgl. S. 141, 158 u. Abb. 80) bildenden Schwefelsäure Alaun und Gips, von denen der letztere an den Austrittsstollen des Sickerwassers ausfällt. Auch die Anreicherung von Eisenverbindungen im verwitterten Gestein (Schiefer und Sandstein) gehört hierher.

Die feinsten Härteunterschiede innerhalb des Gesteines werden von der Verwitterung sichtbar herausmodelliert; an manchen Felswänden bieten frei herausgewitterte Feldspatkristalle dem Bergsteiger Halt, im leicht verwitternden Kalkstein treten die etwas widerstandsfähigeren Versteinerungen plastisch hervor; die in manchen Gesteinen häufigen Quarzadern und Gänge setzen der Verwitterung starken Widerstand entgegen, so daß sie schließlich erhabene Leisten bilden (Abb. 6). Im größten Maßstab findet sich diese Erscheinung an dem Quarzgang des Bayrischen Pfahles (siehe Abb. 81), der „Teufelsmauer“ am Nordrand des Harzes usw.

Abb. 81. Ein Teil des „Pfahles“ im Bayrischen Wald. Der Pfahl ist ein durch Verwitterung und Abtragung herausgearbeiteter Quarzgang. (N. d. Nat. gez. v. Dr. *Helm. Nietsch.*)

III. Bodenbildung.

Die Verwitterung ist der Hauptfaktor der Bodenbildung, läßt sich doch der Begriff „Boden“ als die pflanzentragende Verwitterungsdecke der Gesteine der Erdkruste definieren.

Sah man früher im Boden lediglich ein Erzeugnis, dessen Beschaffenheit ausschließlich vom Muttergestein abhängig sei, oder betrachtete man den Boden einzig vom Standpunkte des Pflanzenphysiologen bzw. des Landwirtes aus, so steht heute die klimatische Betrachtungsweise in der Bodenkunde im Vordergrund. Nach dem, was oben über die Abhängigkeit des Wesens der Verwitterung vom Klima gesagt wurde, erscheint diese Methode als die natürlichste und nächstliegende.

Wie sich auf der Erdoberfläche eine Reihe klimatischer Zonen vom Äquator bis zu den Polen hin unterscheiden läßt, so kann man ebenso klimatische Bodenzonen erkennen. Innerhalb dieser Zonen, deren jede ihre scharfumrissenen Eigenheiten hat, hängt dann die Ausbildung des Bodens zunächst von der Beschaffenheit des Ausgangsgesteines ab.

Unsere Aufgabe ist es also, zuerst allgemeine Gesichtspunkte über Bodeneinteilung, alsdann die klimatischen Bodenzonen der Erde im allgemeinen und endlich die uns besonders nahe angehenden deutschen Böden zu betrachten. Einiges über praktisch wichtige Bodeneigenschaften sowie die Abhängigkeit der Pflanze vom Boden soll eingefügt werden.

a) Allgemeines über Bodenbildung[1]).

Die Oberfläche der Gesteine der Erdrinde ist den Einflüssen der Atmosphäre und der Lebewesen ausgesetzt. Der Ackerboden ist darum ein Gemisch der Verwitterungsprodukte des Muttergesteins und organischer Reste. Die in ihm lebende zahllose Kleinwelt von Tieren und Pflanzen, die Zirkulation von Bodenluft und Bodenwasser, die Wanderung der Nährsalze, die Wurzeln höherer Gewächse und die fortschreitende Verwitterung bewirken, daß der Ackerboden einem steten Wechsel seiner Eigenschaften unterworfen ist, daß er gleichsam lebt. Diese Vorgänge im Boden zu verfolgen, ist Aufgabe der wissenschaftlichen Bodenkunde und der sie anwendenden Landwirtschaft.

Da für viele der genannten Vorgänge die Größe der Bestandteile des Bodens von Bedeutung ist, hat man die Korngröße als Einteilungsprinzip gewählt und unterscheidet Stein-, Sand-, Lehm- und Tonböden, dazu Kalk- und Humusböden. Da andererseits sowohl Wissenschaft wie Praxis den jeweiligen Zustand des Bodens, den Grad der Verwitterung berücksichtigen müssen, dieser aber eine Folge des Alters des Bodens und besonders des Klimas ist, so stellt man in neuerer Zeit —

[1]) Die Untersuchung der spez. physikalischen und chemischen Eigenschaften der Böden, der Rolle des Humus und der Kleinlebewelt im Boden u. a. ist Aufgabe der Bodenkunde: Puchner, Bodenkunde für Landwirte; Stuttgart 1923. — Nowacki, Praktische Bodenkunde; Berlin, Parey, 1920. — Vageler, Bodenkunde (Sammlung Göschen 455). — Stiny, Leitfaden der Bodenkunde für ausübende Landwirte; Wien und Leipzig 1923.

wie schon erwähnt — die klimatische Betrachtung in den Vordergrund und untersucht die Einwirkung des Klimas auf

Abb. 82. Bodenbildung: oben nur durch Verwitterung (Primärboden), unten durch Anhäufung des oben gebildeten Verwitterungsschuttes (Sekundärboden). (1. *Ebert*) gez.

Abb. 83. Typischer „Gekriechboden“: scharfkantiger Schutt in einer tonig-sandigen „Grundmasse“. (Orig. *A. Ebert.*)

den Boden, wie sie sich in der Aufeinanderfolge und Beschaffenheit der Hauptschichten des Bodenprofiles ausdrückt: Oberboden, Unterboden und Untergrund.

Dies bezieht sich in erster Linie auf die sogenannten **Primärböden**, d. h. die an Ort und Stelle verbliebenen Verwitterungsprodukte.

Umgelagerte Böden (Sekundärböden) (Abb. 82), die ihren Transport dem Wind, dem Wasser, der Schwerkraft (Gekriech [Abb. 83 u. 84] und Bodenfließen S. 8) verdanken, zeigen das typische Bodenprofil oft nicht, da sie ja u. U. stetig weiterwandern.

Abb. 84. Hakenbildung (Umbiegen der Schichtköpfe fast senkrecht stehender Schichten des Buntsandsteins nach rechts) durch Abwärtsbewegung des durch Verwitterung gelockerten obersten Gesteinsmaterials („Gekriech"). Bahneinschnitt bei Thale im Harz. (Orig. *R. Potonié*.)

Ohne Wasser ist eine Bodenbildung nicht denkbar. Die Menge des vorhandenen Wassers aber hängt einmal von der Höhe der Niederschläge des betreffenden Gebietes ab und andererseits von der jährlichen Lufttemperatur, d. h. von dem **Verhältnis der Niederschläge zu der Verdunstung**: Verdunstet alles, was auf den Boden gelangt (abflußlose aride Gebiete, Wüsten), so spielen sich die bodenbildenden Vorgänge wesentlich anders ab, als in humiden Gebieten, in denen mehr Niederschläge fallen als verdunsten. Zwischen beiden stehen die halbariden (semiariden) Steppengebiete. Vom sogenannten Regenfaktor, d. h. dem Verhältnis von Regenhöhe zu Temperatur, hängt auch die Stoffproduktion der Pflanzenwelt und die Humusbildung ab, andererseits aber auch die Zerstörung des Humus durch Bakterien — von dem Verhältnis beider zueinander also der Grad der Humusverwitterung und damit die Gesamterscheinung der Verwitterung und Bodenbildung.

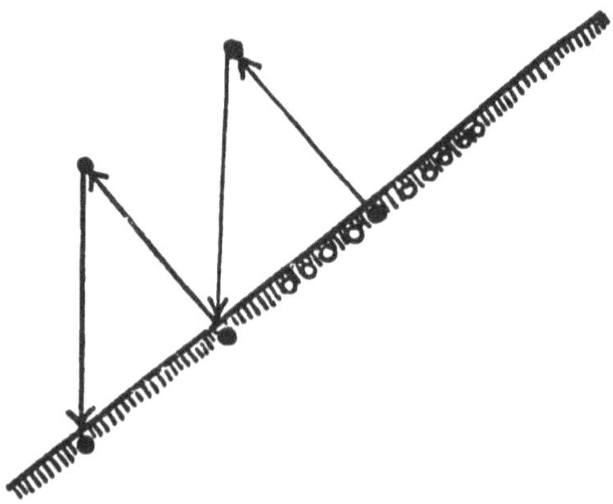

Abb. 85. Schema von Bodenbewegungen („Gekriech") durch Frost (nach *A. Ebert*). Die einzelnen Bodenteilchen „frieren infolge der Ausdehnung des Wassers unterhalb + 4 ° C. hoch" und sinken beim Tauen des Bodens senkrecht hinunter, d. h. sie beschreiben die durch die Pfeillinien angedeuteten Wege.

b) Einige wichtige Eigenschaften der Böden.

Die Durchlässigkeit für Wasser ist abhängig:

1. von der Korngröße der Bodenkomponenten: je gröber das Korn, desto größer die Durchlässigkeit;

2. von der Lagerung der Körner, die sogenannte Einzelkornstruktur, bei der ein Körnchen unverbunden neben dem anderen liegt, ist ungünstig; „Krümelstruktur" hingegen macht den Boden durchlässig; sie besteht darin, daß die einzelnen Bodenteilchen zu mehr oder weniger großen „Krümeln" zusammengeschlossen sind. Tier- und Pflanzenwelt des Bodens (das sogenannte „Edaphon"), Bodenbearbeitung und das Vorhandensein von löslichen Salzen beeinflussen die Krümelung;

3. von dem Vorhandensein kolloider, also quellbarer Stoffe: je weniger davon vorhanden sind, um so größer ist die Durchlässigkeit und umgekehrt.

Auch die Durchlässigkeit für Luft, die Durchlüftbarkeit, die für die Tätigkeit der Wurzeln und das Leben des Edaphons von der größten Bedeutung ist (Zufuhr von O, Abfuhr von CO_2), hängt von der Korngröße und der Lagerung der Bodenteilchen, der Bodenstruktur ab.

Umgekehrt verhält sich die wasserhaltende Kraft des Bodens: je kleiner die Bodenkörner, je größer die Menge der kolloiden Bestandteile, desto größer die Wasserkapazität des Bodens.

Die Faktoren, die die **Bodenkraft** und damit deren Beziehungen zum Pflanzenwachstum, zur Fruchtbarkeit bedingen, sind im einzelnen folgende:

1. Genügender Gehalt an löslichen Nährsalzen, in erster Linie an Kalium, Kalzium, Phosphorsäure und Ammonium (K, Ca, P_2O_5, HNO_3) — er hängt zum großen Teil vom Ausgangsgestein der Bodenbildung und von der durch die Regenhöhe bedingten Auswaschung ab. Diese wieder ist abhängig von der wasserhaltenden Kraft des Bodens sowie vom Vorhandensein kolloider Silikataluminiumverbindungen, Tonerdesilikaten und den als „Bodenzeolithe“ bezeichneten, im einzelnen bisher unbekannten Stoffen, die die Fähigkeit haben, ihr Na und Ca gegen Kalium und Ammonium einzutauschen, diesen gegen die Auswaschung festzuhalten und für die Pflanzenwurzeln bereitzustellen. Der Komplex dieser bisher erst wenig erforschten Vorgänge, die „Absorption des Bodens“, ist offenbar für den Nährsalzhaushalt des Bodens von der größten Bedeutung.

2. Die physikalischen Eigenschaften. Da man heute der Ansicht zuneigt, daß in nahezu allen Böden der zum Pflanzenwachstum nötige Nährsalzgehalt vorhanden ist, so schreibt man mit Recht den physikalischen Eigenschaften der Böden einen wichtigen Anteil an der Fruchtbarkeit zu; hierher gehören in allererster Linie Krümelung, Gründigkeit (= Dicke der Bodendecke) und eine gewisse Feuchtigkeit.

Die Krümelung hängt, wie gesagt, z. T. von dem chemischen Gehalt des Bodens und damit auch des Muttergesteins ab; die Gründigkeit ist ebenfalls z. T. eine Folge der Beschaffenheit des Ausgangsgesteines, dann der Intensität und der Dauer der Verwitterung, sowie schließlich aber auch abhängig vom Vorhandensein oder Fehlen abtragender Kräfte, die die Mächtigkeit der Bodendecke verringern können; die Feuchtigkeit hängt von der Durchlässigkeit und der wasserhaltenden Kraft ab, ein humides Klima vorausgesetzt. Auch die Kapillarität ist hier von Bedeutung: je feiner das Korn des Bodens, desto höher vermag die Feuchtigkeit der Tiefe in ihm kapillar emporzusteigen (vgl. bei Löß S. 112).

Die Bedeutung günstiger physikalischer Bodeneigenschaften beruht u. a. auf folgendem: Wasser und Nährsalzlösungen können ungehindert zirkulieren, der Luftsauerstoff hat Zutritt zu den Wurzeln, Übermengen von Kohlensäure können entweichen, die Wurzelfasern der Pflanzen dringen bis zu den feinsten, am leichtesten löslichen Teilchen des Bodens vor; am wichtigsten erscheint jedoch der Umstand, daß in gut gekrümeltem Boden das Edaphon die günstigsten Lebensbedingungen findet. Eine Folge der Lebenstätigkeit der Pflanzen- und Tierwelt des Bodens ist dann wieder innigste Durchmischung und Durchlüftung des Bodens und seine Reinigung von Fäulnisstoffen, weiter die Produktion von Sauerstoff und Kohlensäure, kurz höchste Steigerung der günstigen Bodeneigenschaften. So ist ein „garer" Boden die Vorbedingung für das Gedeihen des wichtigen Edaphons, das seinerseits wieder in dauernder Tätigkeit den Boden auf der Höhe seiner Leistungsfähigkeit erhält und ihm die Summe aller guten physikalischen und chemischen Eigenschaften verleiht, die der Landwirt als „Gare" bezeichnet.

3. Der Humusgehalt. — Für die Fruchtbarkeit des Bodens ist der Humusgehalt u. U. von ausschlaggebender Bedeutung. In leichten (Sand-) Böden beruht oft die gesamte Fruchtbarkeit auf dem Humus; die bei der Zersetzung des Humus freiwerdende Kohlensäure hilft etwa vorhandene Karbonate löslich machen; der bei der gleichen Gelegenheit entstehende Stickstoff dient unmittelbar als Pflanzennahrung; die Wasserkapazität, die im Sande oft fast gleich Null ist, wird bedeutend erhöht, da Humus einerseits selbst Wasser festhält (er ist kolloid), andererseits größere Porenräume ausfüllt. Die Bewegung des Wassers im Boden wird dadurch verlangsamt und somit die Auswaschung eingeschränkt. Der Sandboden wird bindiger, die gröberen Humusteilchen dienen Fadenpilzen zur Nahrung, die die Bodenteilchen verspinnen und dadurch Krümelstruktur erzeugen.

In schweren Böden wirkt Humusbeimengung ebenfalls vorteilhaft. Da Humus- und Tonteilchen sich gegenseitig ausfällen, so entsteht leicht Krümelstruktur, d. h. der oft sehr zähe, bindige Boden wird leichter und lockerer, erhält damit einen Teil der günstigen physikalischen Eigenschaften und wird leichter bearbeitbar. Wenn dazu der meist sehr hohe Gehalt der Tonböden an löslichen Bestandteilen tritt, so entsteht ein ganz vorzüglicher Boden erster Klasse.

Ist der Humus dem Mineralboden gleichmäßig beigemischt, so äußert er die günstigste Wirkung. Legt er sich aber in Form dicker, torfartiger Decken von Rohhumus auf den Mineralboden, so wirkt er schädlich; er schließt die Wurzeln von der Luft ab, führt zur Vernässung, Versäuerung und Ausbleichung (Entsalzung; vgl. „Bleicherde") des Oberbodens, zerstört das Edaphon und bringt höhere Pflanzen zum Absterben.

Rohhumus entsteht unter feuchtem, kühlem Klima auf mineralarmen Böden, da hier einerseits die Luftfeuchtigkeit die Anhäufung von Pflanzensubstanz gestattet, andererseits den Humus mit Wasser durchtränkt und von der Luft abschließt. Hinzu kommt, daß in ausgelaugten Böden die Zersetzungsorganismen nicht gedeihen, denn auch sie benötigen zum Leben einen gewissen optimalen Salzgehalt des Bodens, der weder unter ein bestimmtes Mindestmaß hinuntergehen noch auch ein gewisses Höchstmaß übersteigen darf.

4. Weitere Faktoren der Bodenkraft. — Zu den schon genannten Faktoren der Bodenfruchtbarkeit treten noch eine ganze Reihe anderer, so natürlich das Klima, z. B. Windverhältnisse (Austrocknung), Niederschlagsverteilung im Laufe des Jahres, geographische Breite, Seehöhe u. v. a. m.; ferner die Himmelsrichtung, Neigung und Erwärmbarkeit des Bodens, Verhalten des Grundwassers usw. usw.

„Die örtlichen Verhältnisse spielen eine um so größere Rolle, je ausgeprägter das Klima in irgend einer Beziehung wird (Windwirkung an den Seeküsten, Temperatur in den kalten, Wassergehalt in den heißen, Verdunstung in den niederschlagsarmen Gebieten). Lehmböden werden von diesen Einflüssen viel weniger berührt als solche von ausgesprochener Besonderheit, wie Sand-, Humus- und Tonböden" (*Kayser*).

c) Klimazonen der Bodenbildung.

1. Tropische Böden.

α) Böden tropisch-arider Gebiete (Wüstenböden).

Niederschläge fehlen oder treten hier doch nur in so geringem Umfang auf, daß sie den Feuchtigkeitsverlust durch Verdunstung bei weitem nicht decken. Chemische und organische Verwitterung fehlt deshalb fast völlig, mechanische durch Sonnenstrahlung und Temperaturwechsel überwiegt (tägliche Temperaturunterschiede des Bodens von 70° und mehr sind nicht selten). Scharfkantiger Grus und Sand bedeckt die Wüstenböden. Der Wind sortiert nach der Korngröße und wirkt auf blanken Fels wie ein Sandstrahlgebläse schleifend, polierend, nagend (siehe Abb. 19).

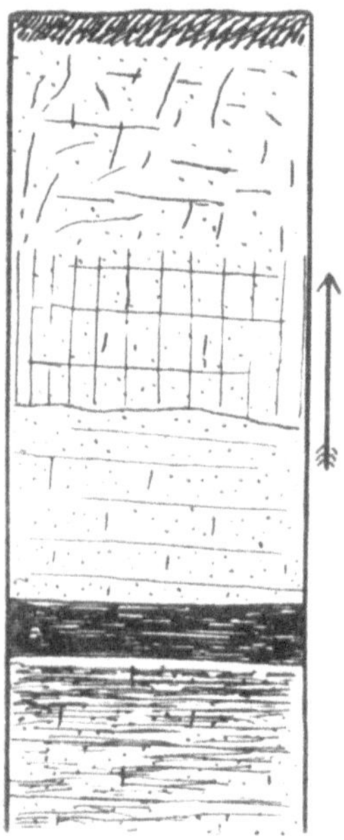

Abb. 86. Bodenprofil arider Gebiete (nach *R. Lang*). Von oben nach unten: Anreicherungs-(Zementations-)Zone (schraffiert); darunter Bereich der mechanischen und chemischen Einwirkungen (unregelmäßig gestrichelt); darunter Bereich der chemischen Einwirkungen allein [Oxydationszone] (rechtwinklig gekreuzte Striche); darunter unveränderter Untergrund ohne Grundwasser; schwarz: undurchlässige Gesteinsbank; darunter das Grundwasser. Der Pfeil gibt die vorherrschende Richtung der Bewegung des Wassers und der gelösten Stoffe an. [Vgl. dagegen Abb. 88.]

In der Tiefe etwa vorhandenes Wasser steigt kapillar an die austrocknende Oberfläche, verdunstet dort und läßt seinen Gehalt an gelösten Stoffen zurück, so daß die oberste Schicht „zementiert" oder auch bedeckt wird (siehe unter Wüstenrinden! Kalkeisensalz). Bis in gewisse, geringe Tiefe reicht die Einwirkung des Temperaturwechsels, etwas tiefer die Oxydation (Bleichung bzw. Rotfärbung) durch den Sauerstoff der Luft. Darunter liegt das „bergfrische", unverwitterte Gestein ohne Grundwasser. Erst unterhalb einer etwa vorhandenen undurchlässigen Tonbank oder dergleichen, die dem Wasser den Aufstieg nach oben verwehrt, liegt der Grundwasserspiegel (siehe Abb. 86).

β) Tropisch-humide Gebiete.

In niederschlagsreichen, heißen Strichen ist die chemische Verwitterung ganz besonders intensiv. Sie reicht u. U. bis 100 m und mehr in die Tiefe. Eisenoxydhydrat, Tonerdehydrat und Quarz, die widerstandsfähigsten Stoffe, bleiben allein zurück und bilden den nach seiner roten Farbe benannten Laterit (lat. *later* = Ziegelstein). Infolge der starken Auslaugung fehlen die löslichen Stoffe fast ganz, auch die Kieselsäure geht schließlich in Lösung. Der Laterit stellt also ein mehr oder weniger humusfreies, eisenschüssiges Tonerdehydrat dar. Er findet sich in Innerafrika, Madagaskar, Ostindien, Südostasien, Australien, Brasilien, Mexiko, Zentralamerika u. a. Gebieten.

Die Frage nach der Entstehung und dem Wesen des Laterites ist ein Problem, über das die Akten noch in keiner Weise geschlossen sind.

Ganz ähnlich verhält es sich mit den anderen Böden der Tropen, die zum besten Teil noch völlig unbekannt sind. Jedenfalls finden sich unter Humusdecken Bleicherden (siehe diese), auch Braunerden treten unter bestimmten Bedingungen auf.

Die Intensität der Verwitterungserscheinungen bewirkt, daß bei der Bodenbildung der Charakter des Ausgangsgesteines völlig zurücktritt. Infolgedessen kann Laterit aus nahezu allen Gesteinen entstehen.

Fossile Laterite sind z. B. der Beauxit des Westerwaldes (Lateritboden des Basaltes, entstanden in der tropischen Tertiärzeit) und der der Provence, wo er eine alte Verwitterungsrinde der Kreidezeit bildet.

2. Subtropische Böden.

Die Terra rossa (Roterde) Südeuropas geht aus der Verwitterung eisenhaltiger Kalk- und Dolomitgesteine hervor. Kohlensäureverwitterung überwiegt, die Auswaschung ist nicht sehr stark; es entstehen humusarme bis -freie, eisenreiche, rote Böden. Bei stärkeren Niederschlägen (subtropisch-humid im Gegensatz zum vorigen Fall: subtropisch-semihumid) entstehen Gelberden, die ebenfalls nahezu humusfrei sind.

Die Zone der Rot- und Gelberden deckt sich etwa mit der

der immergrünen Laubhölzer und umfaßt in Europa das gesamte Mittelmeergebiet (vgl. Abb. 90 S. 165).

3. Böden der gemäßigten Zone (Abb. 90).

1 a) Warm-gemäßigt-humiden Gebieten gehören die Braunerden an, zu denen z. B. nahezu alle deutschen Böden zu rechnen sind. Ihre Verbreitung deckt sich etwa mit der der sommergrünen Laubhölzer. CO_2-Verwitterung überwiegt, die Auswaschung ist nicht übermäßig stark; es entstehen humose Lehm- und Tonböden, deren Eisenoxydhydratfarbe infolge des Humusgehaltes unrein gelblich und bräunlich erscheint (Ton ist im Gegensatz zu Laterit, der ein Tonerdehydrat ist, ein Tonerdesilikat; die Kieselsäure wird eben im Braunerdeklima nicht mit ausgewaschen).

„In klimatisch-extremen Gebieten kann aus der Verwitterung der verschiedensten Gesteine ein einheitlicher Boden hervorgehen, der seinen Charakter aus der Summe der metereologischen Faktoren erhält. Im gemäßigten Klima oder in den Grenzbezirken einzelner Gebiete gewinnt jedoch die Zusammensetzung der vorkommenden Gesteine größeren Einfluß. Die Bodenarten tragen ähnlichen Charakter, weichen aber nach der Gesteinsart erheblich voneinander ab und die Veränderungen, die die Böden erleiden, werden stark durch ihre Struktur beziehentlich von ihrem Verhalten zum Wasser bedingt" (*Ramann*).

Infolgedessen sind wir in der Lage, auf deutschem Gebiet fast ebenso viele charakterisierbare Böden wie Gesteine zu unterscheiden. Den deutschen Böden ist ein besonderes Kapitel gewidmet (siehe S. 164).

Von den Böden der warm-gemäßigten Zone sind ferner zu nennen:

1 b) Im semihumiden Klima der Mittelmeerländer die Terra rossa (siehe oben);

1 c) im semiariden Klima des südlichen und südöstlichen europäischen Rußlands finden sich Böden von scharf umrissener Eigenart: die Schwarzerdeböden der Steppen. Ihr Verbreitungsgebiet erstreckt sich weit nach Osten bis nach Sibirien

hinein und im Westen über Galizien, Ungarn, die Walachei, die Moldau, über Mähren und Böhmen bis nach Mittelschlesien und — inselartig — bis in die Gegend von Magedburg und Braunschweig.

Das Wesen der Schwarzerden (Tschjernosjem) besteht in der innigen Mischung mineralkräftiger Erde mit reichem Humusgehalt (je nach dem Humusgehalt, der mit dem Trocknerwerden des Klimas abnimmt, unterscheidet man Schwarzerde, „schokoladenfarbene" und „kastanienbraune" Böden), in ausgezeichneter Krümelung und hoher Wasserkapazität. Die Winterfeuchtigkeit steht der Vegetation vollständig zur Verfügung, da sie in geringer Tiefe festgehalten wird. Infolge der geringen Sommerniederschläge ist die Auswaschung gering, die ausgelaugten Stoffe (Humus, Kalk und Gips) werden in 1—2 m Tiefe — an der unteren Grenze der Niederschläge — ausgeschieden. Der im Sommer aufsteigende Wasserstrom scheidet ebenfalls — in der Nähe der Oberfläche — Gips und Kalk in Knollen aus. Winterfrost und Sommertrockenheit halten die Zerstörung des Humus hintan (vgl. auch S. 53 f. u. 143/4).

„Die Schwarzerden können als echte „klimatische" Böden aus den verschiedensten Gesteinen und Ablagerungen entstehen; wir kennen Schwarzerden aus Löß, Ton, Kalkstein, Gneis usw." (*Ramann*) (s. Abb. 90, S. 165).

Unter Wald wandelt sich Schwarzerde in „grauen Waldboden" um.

2. Kalt-gemäßigte Gebiete. Im Bereich der nordischen Nadelhölzer (atlantische Gebiete Westeuropas, deutsche Nordsee- und östliche Ostseeküste, Skandinavien, Nordrußland) bilden sich im feuchtkühlen Klima unter kräftiger Humusbildung humusreiche, ausgelaugte, eisenfreie Bleicherden (Podsolböden [russisch *Podsol* = Asche]) von grauer bis fast weißer Farbe (vgl. Humusverwitterung S. 142).

Bleicherde- und Ortsteinbildung hängen aufs engste zusammen; die durch die Humussäuren des auflagernden Rohhumus [1])

[1]) Unter Rohhumus (Trockentorf) versteht man die auf ausgelaugten, mineral- und deshalb bakterienarmen Böden sich unter feuchtem Klima bildenden Humusmassen, deren Säuregehalt infolge der Kalk- usw. Armut des Liegenden nicht abgestumpft ist. Der Rohhumus ist ungesättigt und wirkt sauer. Aus dem sauren Rohhumus gehen u. U. durch Verwitterung milde Humusformen hervor (vergl. S. 157.)

ausgelaugten Mineralstoffe (einschließlich der Eisenverbindungen und der Tonerde) werden unter verwickelten kolloidchemischen Umsetzungen in gewisser Tiefe — unterhalb der Grenze des eindringenden Frostes — wieder ausgeschieden und zu einer dunkelbraunen, auch roten bis schwarzen humus-eisen-reichen Ortsteinschicht (Abb. 87) an-

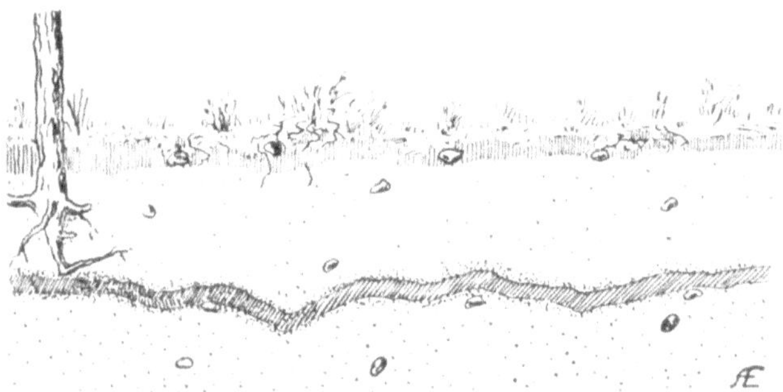

Abb. 87. Ortsteinprofil: d unveränderter Untergrund (Sand); c Humus-eisenreicher Ortstein; b ausgelaugter Bleichsand; a Rohhumusdecke. (*A. Ebert* gez.)

gereichert (Branderde, Fuchs, Ort, Ur usw.). Ortsteinböden sind in den genannten Teilen Norddeutschlands überaus häufig, besonders treten sie in den leicht auswaschbaren Sandböden der Heide- und Sandgebiete auf, doch auch in den obersten sandigen Verwitterungsschichten des Geschiebemergels (siehe unten S. 175), des Buntsandsteins usw.

Haben wir oben (S. 158) ein allgemeines Profil der Böden arider Gebiete gegeben, so können wir nun eines für die humiden Zonen aufstellen (Abb. 88); wir halten uns wie auch oben an *Lang*.

Das Ortsteinprofil ist — mutatis mutandis — das Musterbeispiel humider Bodenbildung: die oberste Schicht (Ackerkrume, Oberboden) ist aus Mineralstoffen und Humus gemischt;

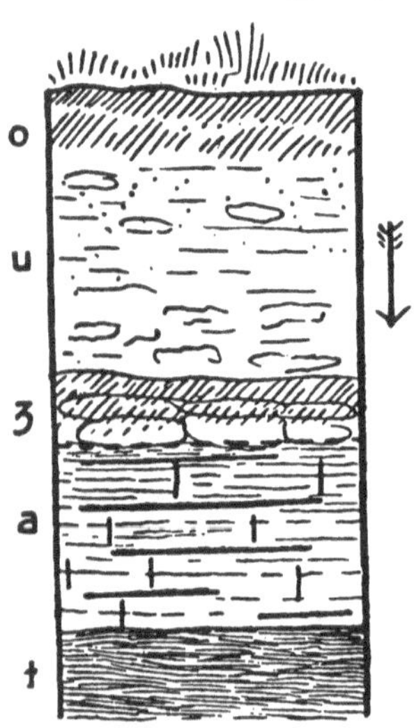

Abb. 88. Bodenprofil humider Gebiete (z. gr. T. nach *R. Lang*): o = Oberboden, humusreich; u = Unterboden: Bereich mechanischer und chemischer Einwirkungen; z = Anreicherungs-(Zementations-) Zone; a = unveränderter Untergrund mit Grundwasser; t = Grundwasserstauer (z. B. Ton). Der Pfeil gibt die vorherrschende Richtung der Bewegung des Wassers und der gelösten Stoffe an. [Vgl. Abb. 86 und 87.]

darunter liegt eine Zone, die der chemischen und physikalischen Verwitterung ausgesetzt ist;

weiter folgt die Oxydationszone, in der mechanische Wirkungen fehlen;

in der Zone der Zementation schließlich (Ortstein) reichern sich die oben ausgewaschenen Stoffe an;

zu unterst liegt der unveränderte, bergfrische Untergrund.

4. Böden der kalten Zone.

Im niederschlagsreichen aber verdunstungsarmen Klima der Polargebiete und der Hochgebirge oberhalb der Schneegrenze tritt

Abb. 89. Unmittelbar am Fuße der Steilwand der „Großen Schneegrube" (im Riesengebirge) häuft sich der mechanisch gelockerte (Frost!) Gesteinsschutt zu mächtigen Kegeln und Halden an. (Man beachte die schroffen Formen der Frostverwitterung!) (*Fritz Thiem* gez.)

die chemische Verwitterung ganz zurück. Die mechanische Verwitterung durch Frost spielt die Hauptrolle; am Fuße der Hänge häufen sich Schuttkegel und Schuttmassen an, die im wesentlichen aus tonfreiem, humosen Sand und Schutt bestehen (siehe Abb. 89).

Der Transport des Schuttes in die Tiefe ist eine Wirkung der Solifluktion (lat. = Bodenfließen, vgl. S. 153) und des Gekrieches (siehe Abb. 83 und S. 153); Durchfeuchtung und Forst unterstützen die Schwerkraft (Abb. 85).

Damit sind wir bei jenen Vorgängen angelangt, die die Böden umlagern, die aus Primärböden Sekundär- oder Derivatböden schaffen. Diese Transportkräfte sind die allgemein geologischen exogenen Kräfte: Wasser, Eis, Schwerkraft und nicht in letzter Linie der Wind. Sie wurden im Abschnitt B II behandelt.

Was über klimatische Böden gesagt wurde, gilt nicht nur für primäre Böden. Bei sekundären Böden ist meist eine Abhängigkeit vom Ausgangsgestein unmittelbar nicht mehr festzustellen; an ihnen sind die Einwirkungen der klimatischen Faktoren besonders deutlich zu beobachten.

Eine gewisse Abweichung zeigt die Ausbildung des Bodenprofiles der Sekundärböden. Fassen wir die Böden umgelagerter Gesteinsmassen, z. B. diluvialer Schotter oder des Lößes als Sekundärböden auf, so lassen sich keine Unterschiede vom Schema feststellen. Bei Böden hingegen, die noch in der Bewegung begriffen sind (Gekriechböden, Fließerden, Dünensand usw.) ist bei genügender Schnelligkeit dieser Bewegung keine Profilbildung möglich; bei geringer Bewegung kann es zur andeutungsweisen Ausbildung von verschiedenen Bodenschichten kommen.

d) Die deutschen Böden.

Deutschland gehört zum Gebiet der Braunerden. Von Osten reicht bis Magdeburg-Braunschweig die Schwarzerde herein, von Norden und Nordwesten die Zone der Bleichböden.

1. Böden der Erstarrungssteine.

(Einschließlich einiger kristalliner Schiefer.)

Granit, Gneis, Porphyr und Liparit sind chemisch gleichartig beschaffen. Infolge ihrer verschiedenen Strukturen aber verwittern sie ganz verschieden schnell und intensiv und liefern infolgedessen verschiedene Böden.

Je grobkörniger der Granit, desto leichter verwittert er. Bei den Gneïsen folgt die Verwitterung den Flächen der Schieferung. Beide liefern alkalireiche, phosphorarme und fast kalkfreie Böden, die je nach dem Alter der Verwitterung grusig, sandig oder lehmig sind (kulturelle „Mittelböden").

Abb. 90. Boden-Karte Mittel- und Nordeuropas (aus Stiny, Leitfaden der Bodenkunde).

Abb. 91. Die Verbreitung der kristallinen Gesteine: Granit, Gneis, Glimmerschiefer u. ä. in Deutschland; man ergänze Bayrischen- u. Frankenwald.

Porphyr liefert einen scharfkantigen Grus und späterhin einen flachen steinigen Boden. Der Verwitterungsschutt läßt das Wasser leicht durch, der Boden ist deshalb ungünstig und trägt meist Wald. Die quarzfreien Porphyrite liefern meist bessere, tiefgründigere Böden. Auch Porphyrtuffe liefern infolge ihrer leichten Verwitterbarkeit guten, tiefgründigen Boden.

Der Granit bildet dort, wo er größere Gebiete zusammensetzt, weich-gerundete, bewaldete Kuppen und Dome, die nur hier und da von seltsamen Verwitterungsgruppen überragt werden (siehe S. 146/7, Abb. 77/8); in anderen Gegenden indessen tritt er morphologisch kaum mehr hervor, wie z. B. in Nordostsachsen (vgl. Denudation).

Ganz entsprechend verhält sich der Gneis. Der Porphyr aber setzt — wenigstens auf deutschem Boden — nirgends große Flächen zusammen, sondern findet sich in Form von alten Vulkanschloten oder Decken und Strömen, die infolge ihrer großen Widerstandsfähigkeit meist mehr oder weniger über die leichter verwitternde Umgebung hervorragen, man denke z. B. an die Kuppen

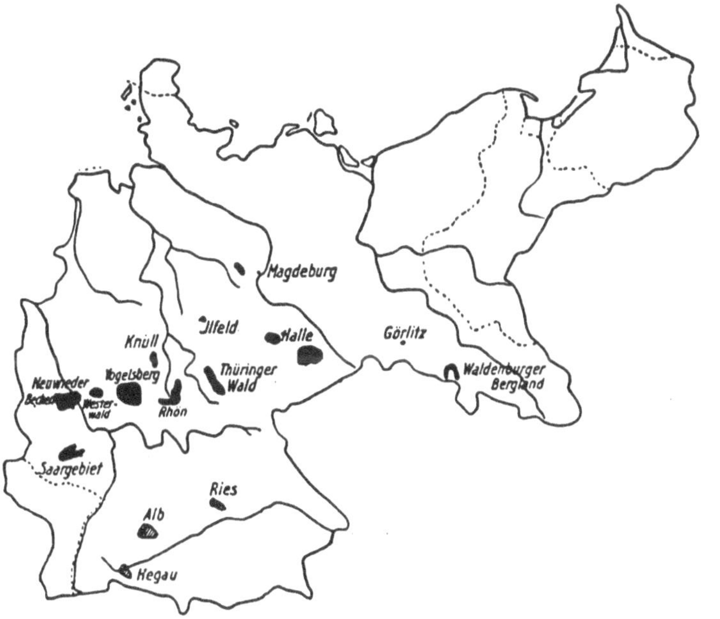

Abb. 92. Verbreitung vulkanischer Perm- und Tertiär-Gesteine in Deutschland (Porphyr, Basalt usw.).

des Waldenburger Berglandes in Mittelschlesien, die aus Porphyr und ähnlichen Gesteinen bestehen.

Wie sich der Syenit vom Granit durch das Fehlen von Quarz unterscheidet, so fehlt auch den aus ihm hervorgegangenen Verwitterungsböden das sandige Element; es entstehen alkalireiche, nahrhafte Lehm- und Tonböden. Natürlich können diese Böden je nach der besonderen Beschaffenheit des Ausgangsgesteines besonders modifiziert sein (Nephelin-, Leuzit-[1]) usw. Syenit).

Entsprechend ist das Verhalten der zugehörigen Ergußgesteine. Feldspatporphyr liefert einen steinigen, aber doch an feinerdigen Bestandteilen nicht armen Boden; seine Tuffe ergeben tiefgründige Böden. Trachytgesteine verwittern mechanisch leicht, zersetzen sich aber schwer, so daß erdarme, trockene, magere Tonböden entstehen. Der hell verwitternde, plattig zerfallende Klingstein verwittert zu steinigen, erdreichen, phosphorsäurehaltigen Böden.

[1]) Kaligehalt!

Die Dioritreihe zeichnet sich durch das Vorherrschen von Kalknatronfeldspäten und dunklen Gemengteilen aus.

Je nach der Korngröße verwittert der Diorit zu eisenreichen, fruchtbaren oder aber — bei feinem Korn — zu steinreichen, erdarmen Böden.

Betreffs der Ergußgesteine vergleiche die vorige (Syenit-) Reihe.

Gabbro liefert eine fruchtbare, nährstoffreiche Krume. Zu ihm gehören folgende Gesteine.

Diabas liefert guten, tiefgründigen Boden, der edlere Holzarten trägt.

Melaphyr und Basalt liefern bei genügender Dauer der Verwitterung tiefgründige, steinige, salzreiche (Eisen, Kalk, Phosphorsäure), gute Laubwaldböden.

Der Boden des Serpentins ist überaus mager, steinig, flachgründig.

Ähnlich steht es mit den kieselsäurearmen, Mg-reichen Böden der Peridotite und Pikrite, die aber nirgends in größerer Ausdehnung auftreten.

Der morphologische Wert der Erstarrungsgesteine, d. h. die Formbildung der Landschaft, beruht nicht so sehr auf der absoluten, als vielmehr auf der relativen Widerstandsfähigkeit gegen die Einflüsse der Verwitterung; das härtere Gestein wird länger widerstehen und dadurch aus seiner Umgebung herausgearbeitet.

Massige Gesteine in größeren Flächen bilden meist gleichmäßig gewellte, ruhige Gebirge; Schlote, Gänge, Ströme usw. werden als Kuppen, Kämme usw. herausgearbeitet. So kann ein tiefliegender Lavastrom allmählich zum Bergrücken werden, indem seine Umgebung abgetragen wird (vgl. hierzu Abb. 81).

Zu Verwitterbarkeit und Lagerungsform tritt als dritter Faktor die Zeit hinzu; durch geologische Zeiträume hindurch der Verwitterung ausgesetzte Massive usw. können morphologisch verschwinden (siehe Denudation). Auch Pflanzendecke, Klima, Wasserdurchlässigkeit usw. spielen eine Rolle.

Der landschaftsbildende Wert der Gesteine ist für den Land- und Forstwirt ebenso wichtig wie der bodenbildende. Noch so guter Boden wird wertlos, wenn er wegen der Steilheit des Geländes nicht beackert werden kann; andererseits kann flaches Gelände mit

Abb. 93. Diabas verwittert zu tiefgründigen Böden, in denen kugelige Gesteinsblöcke zurückbleiben. (In dem größten Block sind tiefe Frostrisse zu bemerken.) (Bild aus dem Frankenwald. *A. Ebert* phot.)

schlechtem Boden in den meisten Fällen noch wirtschaftlich genutzt werden.

2. Böden der Sedimentgesteine.

Da Sedimente und Sedimentgesteine meist umgelagerte Zerstörungsprodukte sind, die schon durch die Mühle der Verwitterung gegangen sind, so fehlen vielen von ihnen die leicht zersetzlichen Bestandteile, die die Böden der Erstarrungsgesteine fruchtbar machen. Am meisten Nährstoffe liefern noch die Tongesteine und die Psephite

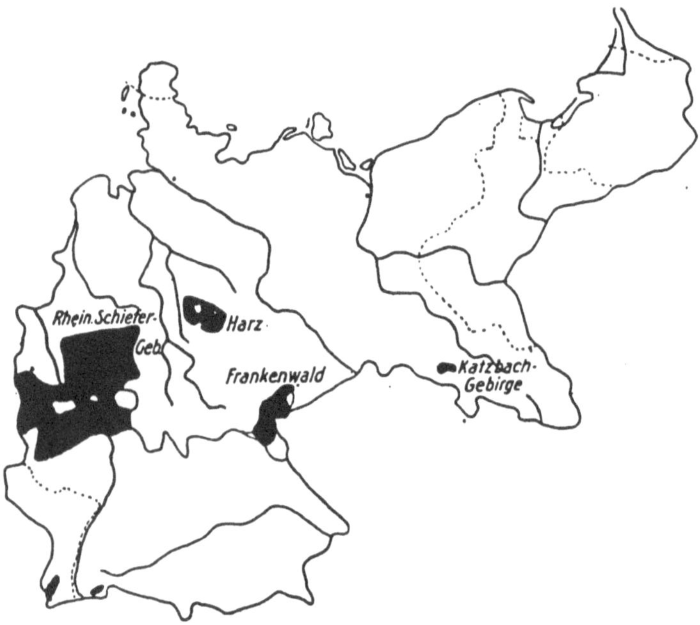

Abb. 94. Verbreitung von Schieferböden in Deutschland. (Hauptsächlich paläozoische Tonschiefer.)

und Psammite mit tonigem Bindemittel. Andere klastische Gesteine hingegen, z. B. Kieselsandstein, sind nahezu unfruchtbar. Kohlengesteine treten im allgemeinen nicht oberflächenbildend auf (Ausnahme: Torf), ebenso fehlen in unseren Breiten die leichtlöslichen chemischen Sedimente an der Oberfläche, auch Kieselgesteine treten zurück. Nur Gips und Kalk bilden auch bei uns Böden.

Kaolin und Ton werden durch die Verwitterung nur wenig verändert (insbesondere Krümelung durch Humus) und liefern schwere Tonböden, u. U. erster Klasse.

Letten, d. h. kolloidarme Tonböden, hinterlassen „seifigen bis zähen, steifen Tonboden“ (*Puchner*).

Lehm (siehe unter Geschiebemergel).

Schieferton und Tonschiefer zerfallen zu feinerdearmen, tiefgründigen Böden, die allmählich bindig und reich an aufgeschlossenen Nährstoffen werden.

Urtonschiefer werden zu steinigen, mehr oder weniger kieselsäurereichen (= mageren), lehmigen Böden.

Hier mögen auch die verwandten Glimmerschiefer Erwähnung finden. Sie liefern entweder — bei Kaliglimmergehalt — arme, bindungslose oder — bei Magnesiumglimmergehalt — rotbraune Lehmböden.

Im allgemeinen sind die Schiefergesteine arm an Kalk, aber verhältnismäßig reich an Kali.

Die Landschaftsformen der Ton- und Schiefergesteine fallen je nach der Härte des Gesteines verschieden aus.

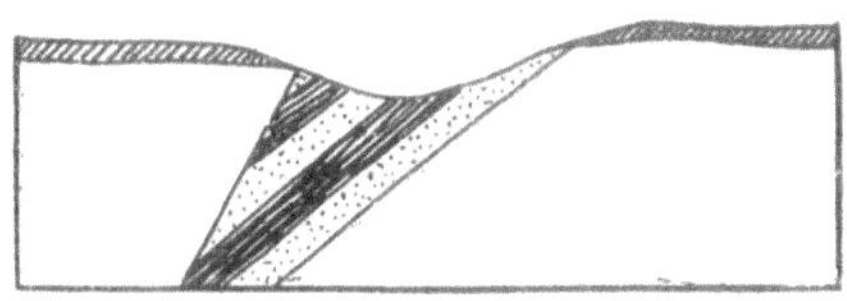

Abb. 95. Die in die Kreide des Rügener Steilufers (nördl. Saßnitz) eingelassenen Schollen weicher diluvialer Gesteine (Mergel und Sand) kennzeichnen sich u. a. durch tiefeingesenkte Täler. Die Kreide (links) ist auf das Diluvium (Mitte) überschoben, das seinerseits konkordant auf der Kreide (rechts) lagert.

Weiche Tone usw. fallen der Abspülung leicht anheim und bilden deshalb inmitten anderer, härterer Gesteine Vertiefungen. Tonschiefer bilden Gebirge mit weichen Formen und tiefeingeschnittenen steilen Tälern (z. B. Rheinisches Schiefergebirge). Glimmerschiefer ist recht widerstandsfähig. Aus ihm besteht beispielsweise der höchste Berg Norddeutschlands, die Schneekoppe im Riesengebirge, die aus ihrer granitenen Umgebung herausmodelliert worden ist.

Die Bodenbildung aus den Sandgesteinen hängt von dem Charakter des Bindemittels ab. Zementarme Psammite verwittern leichter als zementreiche; solche mit tonigem oder kalkigem Bindemittel leichter als kieselige Gesteine. Der Gehalt an zer-

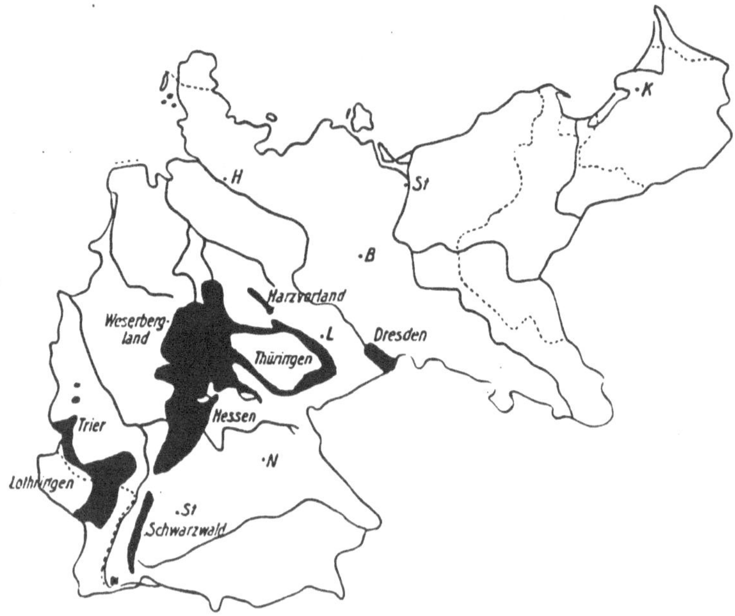

Abb. 96. Deutschlands Sandsteinböden. (Hauptsächlich Buntsandstein- und Kreidegesteine; die kleinen Kreidemulden der Heuscheuer (Grafschaft Glatz) und bei Löwenberg i. Schl. fehlen in der Skizze).

setzlichen Stoffen, besonders Feldspäten oder Ton bedingt die Güte der Ackerkrume. So liefern:

Grauwacken und Arkosen mehr oder weniger sandreiche Lehmböden, je nach dem Gehalt an Feldspäten, Schieferbröckchen u.a.;

Quarzite ganz minderwertige, flache, arme Böden;

die Gesteine der Buntsandstein- und Keuperformation sandige bis nahezu rein tonige Böden;

Konglomerat- und Breccienböden verhalten sich entsprechend der Form der Bruchstücke und dem Bindemittel der Ausgangsgesteine.

Gips- und Kalkböden hängen weniger vom Charakter des Gesteins ab (Ausnahme: rein mechanisch verwitterte oder angehäufte Schuttmassen), als von der Art der Verunreinigungen, denn die Hauptmasse der Gesteine [Gips bzw. Anhydrit und Kalkspat ($CaSO_4$ und $CaCO_3$)] fällt im wesentlichen der chemischen Ver-

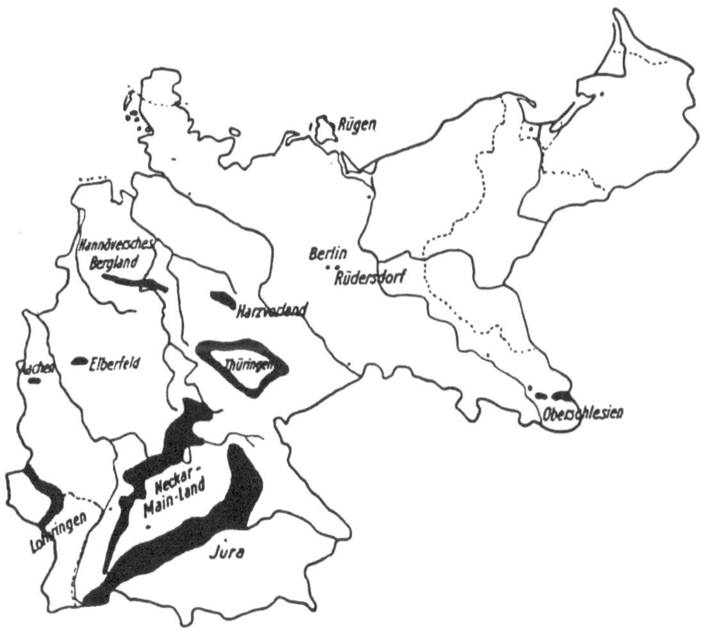

Abb. 97. Verbreitung von Kalkgesteinen in Deutschland (besonders Trias-, Jura- und Kreide-, sowie Devonkalke).

witterung zum Opfer und die nicht verwitternden Beimengungen — meistens Ton oder auch Sand, Eisen und andere — werden angereichert.

Es liefern:

Reiner Kalk sehr arme, trockene, flachgründige Waldböden;

Kreide ebenfalls dürftigen Boden, auf dem aber die Buche gedeiht, wie denn überhaupt kalkreicher, im übrigen jedoch dürftiger Untergrund eher Laubholz als Nadelwald ernährt;

Unreine Kalke liefern je nach ihrem Gehalt an Ton, Eisen oder Kieselsäure Mittelböden, die zwischen denen reinen Kalkes und reinen Tones stehen.

Ganz entsprechend verhalten sich die Böden von Dolomitgesteinen: Dolomit, Dolomitkalk, Dolomitmergel usw. Besonders die letzteren ergeben gelegentlich lehmähnliche „Dolomitsandböden" von hoher Fruchtbarkeit.

Abb. 98. Die Gipshöhen am Südrand des Harzes und Kyffhäusers, sowie in andern Gebieten zeichnen sich durch ganze besondere Dürftigkeit aus. Vielfach tritt das nackte Gestein zutage (s. S. 131) (Bild aus der Gegend von Frankenhausen am Kyffhäuser). (*Fritz Thiem* gez.)

3. Böden diluvialer und alluvialer Gesteine.

Diese Gruppe soll wegen ihrer ungeheuren Verbreitung zumal in Norddeutschland für sich behandelt werden.

1. Der Geschiebemergel[1]) und seine Verwitterung nimmt eine besondere Stellung ein, da er große Räume Deutschlands bedeckt.

Abb. 99 zeigt, wie der von Haus aus blaugraue Geschiebemergel durch Sickerwasser entkalkt, durch Oxydation der Eisensalze (Silikate und Oxydule) gebräunt und durch mechanische Vorgänge (Tiere, Sickerwasser, Abblasung, Abspülung u. a.) seines Tongehaltes beraubt wird, so daß schließlich ein mehr oder weniger lehmiger, gelbbrauner Sandboden resultiert. Vor anderen Sedimentgesteinen hat der Geschiebemergel den Gehalt

[1]) Abkürzung für Geschiebemergel (= diluvialer Mergel) auf geologischen Karten: dm; entsprechend ds für diluvialen Sand, dg für Grand usw. (vgl. Schlußkapitel).

an unverwitterten Bestandteilen voraus, da er durch den Eistransport im wesentlichen mechanisch beeinflußt wurde, während chemische Vorgänge bei den niedrigen Temperaturen der Eiszeit zurücktraten. Dieser Gehalt an noch nicht zersetzten Nährstoffen wird im Laufe der Verwitterung allmählich für die Pflanzen verfügbar.

2. Aus der Umlagerung des Geschiebemergels gehen im allgemeinen sehr arme Sande hervor, die meistens Wald tragen: Sander, Urstromtalsande, Terrassensande usw.

3. Günstiger sind die sogenannten Geschiebesandbildungen, das sind sandige Ausbildungsformen der Grundmoräne, die im besten Falle der lehmig-sandigen Verwitterungsdecke des Geschiebemergels ähneln oder auch gleichen können. Zumal in Nordwestdeutschland ist der dm sehr tiefgründig zu Sand verwittert.

4. Moorboden. Während Humus als Gemengteil mineralischer Böden von der

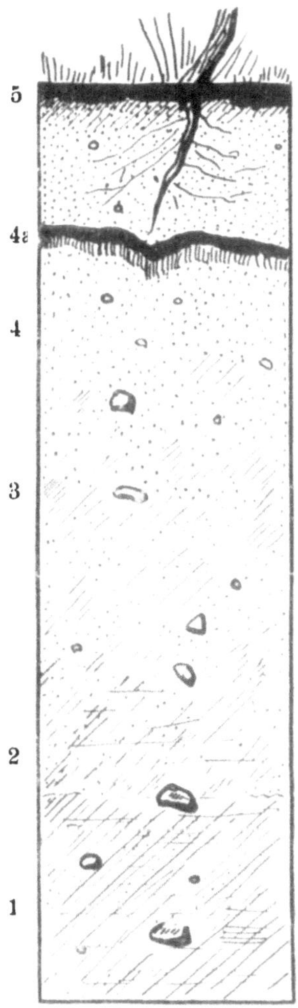

Abb. 99. Der blaugraue, unverwitterte Geschiebemergel (1) wird durch die Verwitterung auf dem Wege über sandigen Lehm (2) und lehmigen Sand (3) in schwachlehmigen bis reinen Sand (4) umgewandelt, der wiederum von Humus (5) überlagert wird. Dieser ist u. U. der Anlaß zur Bildung von Ortstein (4a) (s. Abb. 87).

günstigsten Wirkung ist (siehe S. 156 f), ist der Torf unberührter Moore völlig unbrauchbar für den Ackerbau, ganz gleich, ob es sich um saure Flachmoorwiesen, nasse Waldmoore oder um die schwammartig vollgesogenen Moospolster der Hochmoore handelt. Erst Entwässerung, Bearbeitung, Düngung (Kalkung[1])!) schaffen

[1]) Die Wirkung des Kalkes beruht hier wie auch in anderen Böden auf Folgendem: Kalk ist unmittelbar Pflanzennährstoff, verringert die Bindigkeit,

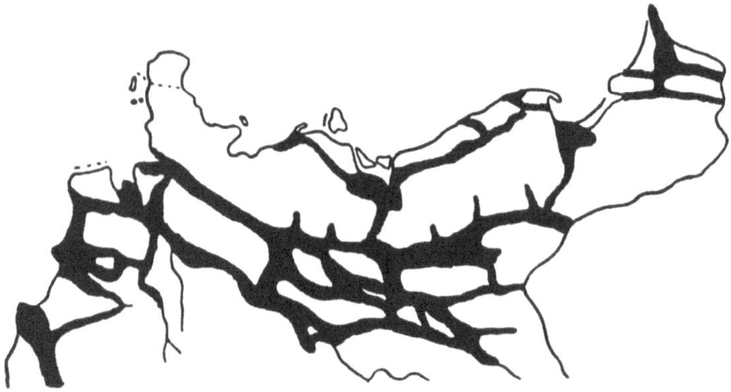

Abb. 100. Die Urstromtäler Norddeutschlands (vgl. S. 42); den Boden der Urstromtäler nehmen hauptsächlich Tal- und Terrassensande, sowie Moore ein.

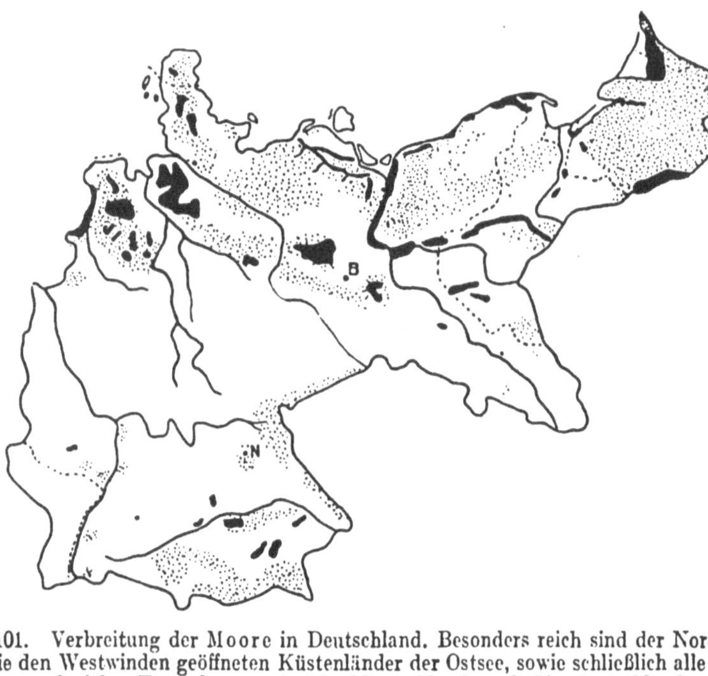

Abb. 101. Verbreitung der Moore in Deutschland. Besonders reich sind der Nordwesten und die den Westwinden geöffneten Küstenländer der Ostsee, sowie schließlich alle Gebiete glazialer Entstehung, wie Norddeutschland und Oberdeutschland.

erhöht die Durchlässigkeit, befördert die Humuszersetzung (Freiwerden von Stickstoff!), neutralisiert die Säuren des Bodens, schließt die übrigen Nährstoffe des Bodens auf — kurz, wirkt im günstigen Sinne auf die chemische und physikalische Beschaffenheit des Bodens ein.

die nötigen physikalischen und chemischen Voraussetzungen für das Gedeihen von Kulturpflanzen. Sind doch Moorböden im Urzustand naß, kalt, sauer, undurchlüftet und nährstoffarm. Ein gewisser bedeutungsvoller Unterschied zwischen Hoch- und Flachmoor liegt darin, daß Hochmoore nahezu frei von Nährstoffen sind, Flachmoore aber nennenswerte Mengen von Eisen, Phosphor und Kalk enthalten können; ihre Entwässerung jedoch ist oft schwieriger als die der Hochmoore.

5. Der Marschboden Nordwestdeutschlands besteht aus Ton, Feinsand, Glimmer, Humus und anderen Stoffen in wechselndem Mengenverhältnis. Dazu kommt ein gewisser Kalkgehalt. Chemische Verwitterung äußert sich ebenso, wie z. B. bei Geschiebemergel in Entkalkung, Oxydation usw. Schwefeleisengehalt führt gelegentlich zur Bildung schädlicher Schwefelsäure.

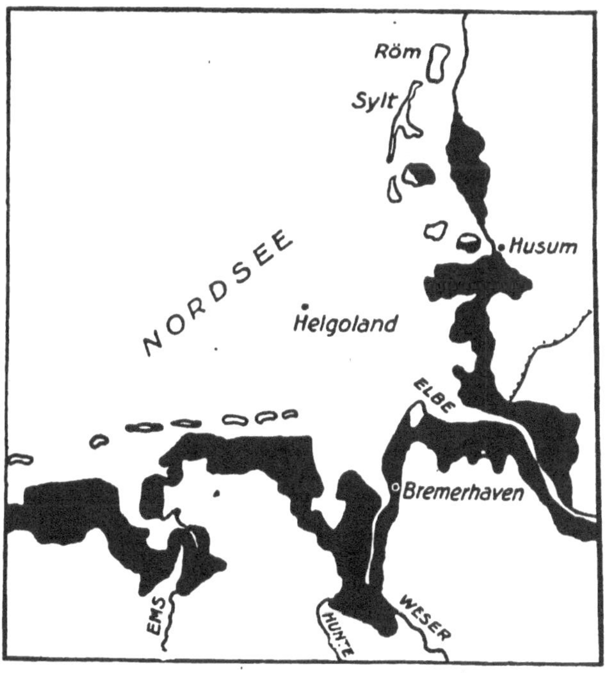

Abb. 102. Verbreitung der Marschböden der deutschen Nordseeküste (vgl. auch S. 29).

Sandbeimengungen leiten zum sogenannten Schlicksand über.

6. Dünensand gibt einen der sterilsten Böden ab. Ortsteinbildung verringert seine Eignungsmöglichkeiten und beschränkt sie auf Strandhaferanpflanzung und mühsame Aufforstung.

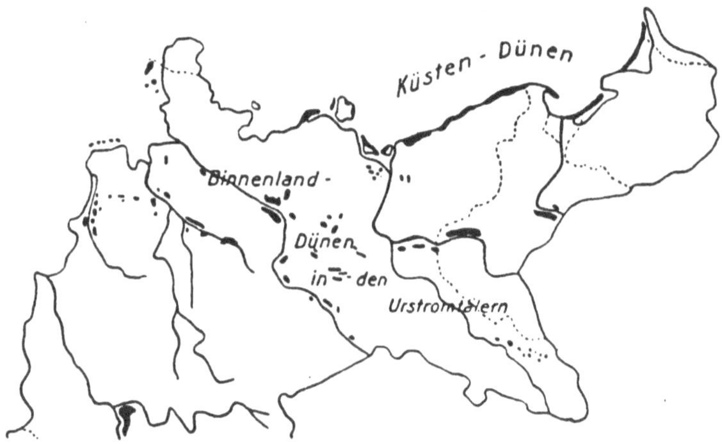

Abb. 103. Verbreitung der Dünen. Während die Küstendünen heutigen Winden ihre Entstehung verdanken, entstanden die Binnendünen vor der nachglazialen Bewaldung Deutschlands (vgl. S. 49).

Der Wert eines Verwitterungsbodens, soweit er vom Ausgangsgestein abhängt, wird also nach allem Gesagten durch dessen Verwitterbarkeit bedingt, sowie durch dessen Gehalt an zersetzlichen und verfügbaren Pflanzennährstoffen und durch das Fehlen schädlicher Beimengungen. Die physikalischen Eigenschaften sind zum großen Teil — abgesehen von der Wirkung des Humusgehaltes — eine Folge dieser Voraussetzung.

Wenn die Böden innerhalb des Braunerdegebietes je nach dem Muttergestein wechseln — die Eigenschaften umgelagerter Sekundärböden sind natürlich nur von ihrem Muttergestein und der Art des Transportes, nur selten dagegen (siehe Grundwasser!) vom unterliegenden Gestein abhängig —, so müssen auch die Pflanzenvereine wechseln, soweit ihre Verbreitung von der Beschaffenheit des Bodens abhängig ist.

e) Die Pflanzen der verschiedenen Bodenarten.

Wie jedes lebende Wesen ist auch die Pflanze von ihrer Umgebung abhängig. Eine ganze Reihe von Faktoren beeinflußt die Pflanzen in ihrer Verbreitung, Vergesellschaftung, Häufigkeit, Form usw.: Temperatur, Feuchtig-

Abb. 101. Ein Beispiel für die Abhängigkeit der Pflanzen vom geologischen Bau. An der Plakalniza-Verwerfung im westl. Balkan stoßen Kalke des Oberen Jura (*jo*) gegen Buntsandstein (*s*): Die Verwerfung (*v*), die morphologisch in keiner Weise hervortritt, wird durch einen krassen Wechsel in der Vegetation gekennzeichnet (*a* = alluviale Schuttmassen, „Abschlämmassen"). (Zur Verfügung gestellt unter Vorbehalt aller weiteren Rechte von Herrn *Christo Popoff-Varna*.)

keit, Licht, Wind, Bodenbeschaffenheit, Organismen usw. — kurz die Summe jener Faktoren, die das „Milieu", die Umwelt ausmachen.

In ihrer Wirkung können u. U. verschiedene Einflüsse einander vertreten; so kann Trockenheit die gleichen Erscheinungen hervorrufen wie Kochsalzgehalt des Bodens, Niederschläge können durch Luftfeuchtigkeit, Wärme vermag durch Licht, Trockenheit durch Kälte, Kalkgehalt durch Lockerheit des Bodens vertreten zu werden usf.

Darum ist es schwer, den Einfluß des Bodens auf die Pflanzen eindeutig zu erkennen. Noch schwerer ist es, zu entscheiden, ob in einem besonderen

Fall chemische oder physikalische Eigenschaften des Bodens den Ausschlag geben, ob es beispielsweise in kalkreichen Böden der Gehalt an Kalziumkarbonat oder aber die Lockerheit des Kalkbodens ist, die das Vorhandensein einer sogenannten „Kalkpflanze" bedingt. Oft werden beide Eigenschaften teilhaben. Sei dem, wie ihm wolle, die Erfahrung lehrt, daß gewisse Pflanzen bzw. Pflanzenvereine $\pm$ an bestimmte Böden gebunden sind; sei es, daß sie einen bestimmten Boden bevorzugen, doch auch auf anderem fortzukommen vermögen, sei es, daß sie diesen bestimmten Boden unbedingt fordern und ausbleiben, wo er fehlt.

In diesem Sinne kann man Pflanzen, die einen bestimmten Boden verlangen, bodenstete Pflanzen, von solchen unterscheiden, die ihn bevorzugen (bodenholde Pflanzen) und schließlich von solchen, die keine bestimmte Abhängigkeit erkennen lassen: bodenvage Pflanzen.

---

1. **Grundwasseranzeigende Pflanzen.**

Gemeines Schilfrohr (*Phragmites communis*) findet sich z. B. in Flach- und Hochmooren, in flachem Süß-, See- und Brackwasser, in Talgründen, in Dünentälern, gelegentlich im Laubwald auf Sand oder sogar in Äckern auf Sandstein usw. — kurz, an den verschiedensten Örtlichkeiten, die nur das eine gemeinsam haben, daß aus irgend einem Grunde (siehe unten: Kapitel „Grundwasser") das Grundwasser nahe der Oberfläche steht. Entsprechend verhalten sich

die Weidenarten (*Salix*),

die Erle (*Alnus glutinosa*, *A. incana*) u. a.

Diese Pflanzen können wegweisend werden bei der Anlage von Brunnen, beim Aufsuchen von Trinkwasser in Dünen, bei Entwässerungsanlagen, bei der Ermittlung von Wassertiefen in Seen usw. (Schilf geht kaum tiefer als 2—2½ m) usf.

2. Feuchten tonigen Boden (kalt, schwer, zäh) zeigen Binsen (*Juncus*) an.

3. Feuchte Stellen schlechthin werden gelegentlich verraten durch:

Sumpfheide (Edelheide, Glockenheide usw. = *Erica tetralix*),

Sumpf-(Lungen-)enzian (*Gentiana pneumonanthe*),

Sumpfschachtelhalm (*Equisetum palustre*) usw. usw.

4. **Kalkanzeigende Pflanzen.**

α) Auf **reinem Kalkboden** gedeihen beispielsweise:

verschiedene Orchideen (Frauenschuh = *Cypripedilum calceolus*),

Kornelkirsche (*Cornus mas*),

wolliger Schneeball (*Vibúrnum lantána*),
verschiedene Enzianarten (Fransen-E. = *Gentiana ciliata*),
Bergflockenblume (*Centauréa montána*),
Habichtskräuter z. T.,
echte Kuhschelle (*Pulsatílla vulgáris*),
großes Windröschen (*Anemone silvestris*),
Wundklee (*Anthýllis vulnerária*),
Gauchheil (*Anagallis coerulea*),
Würgerarten (*Orobanche*),
Edelweiß u. v. a. m.;

β) Einen **gewissen Kalkgehalt** des Bodens verraten:

Buche (zeigt gleichzeitig Grundwasser an, das Kalkbedürfnis wird neuerdings angezweifelt), Weißdorn, Schwarzdorn.

Luzerne, Rotklee u. a. Schmetterlingsblüter gedeihen auf kalkigem Boden besonders gut. Gelbe Lupine hingegen bevorzugt kalkärmeren Boden; ebenso Kohl, Kohlrüben (?), Kartoffel, Buchweizen, Lein, Hanf — offenbar Gewächse, die einen gewissen Säuregrad des Bodens verlangen. Ähnlich verhalten sich Hafer und Roggen, während Weizen und Gerste Kalk schätzen.

Eschen kommen auf humosem Kalkboden vortrefflich fort. Kiefer, Lärche, Esparsette, Wundklee nehmen u. U. mit sandigem Kalkboden vorlieb.

Huflattich (*Tussilago farfara*) deutet auf kalkigen, zähen Boden (Tonmergel).

5. Auf **kalkarmem Boden** (meist sauer) finden sich:

Sauerampfer, kleiner Ampfer (*Rumex acetosella*),
Frühlingshungerblümchen (*Eróphila vérna*),
Pippau (*Crépis biénnis*),
Ackerschachtelhalm (*Equisétum arvénse*),
Wucherblume (*Chrysántemum ségetum*).

6. **Stickstoffanzeiger** („Ruderalpflanzen", Ammoniak-, Jaucheanzeiger) sind u. a.:

Kälberkropf (*Chaerophýllum hirsútum*),
Brennessel (*Urtica dioïca* und *u. urens*),
das klebrige Labkraut (*Gálium aparíne*),
Vogelmiere? (*Stellária média*),
weißer Gänsefuß (*Chenopódium album*),

guter Heinrich (*Chenopódium bonus Henrícus*),
Bärenklau (*Heracléum sphondýlium*).

7. **Stickstoffmangel?** zeigen an die oben erwähnten:
Hungerblümchen (*Eróphila* oder *Drapa*), Sauerampfer u. a., die schlechthin auf Armut deuten, sowie
das Mäuseschwänzchen (*Myosúrus*), das auf feuchten Äckern nicht selten ist.

8. Auch sichere **Kalianzeiger** sind nicht bekannt, u. U. kann man hierher rechnen:
rote Miere (Ackergauchheil = *Anagállis arvénsis*),
schwarzer Nachtschatten (*Solánum nigrum*),
Rapünzchen (*Valerianélla alitária*),
weißer Gänsefuß (*Chenopódium album*).

9. Die **Gipspflanzen** (besonders *Gipsophila*-Arten) sind landwirtschaftlich ohne Bedeutung, da sich Gipsboden schon an sich durch ganz besondere Kümmerlichkeit auszeichnet (Abb. 98).

10. **Salzpflanzen** finden sich am Meeresstrand sowie in der Nähe von Salzquellen, Salinen usw.:
Milchkraut (*Glaux marítima*),
Salzkraut (*Sálsola kali*),
Glasschmelz (*Salicórnia herbácea*),
Strandgänsefüßchen (*Suaeda marítima*),
Salzaster (*Aster tripólium*),
Sellerie (*Ápium gravéolens*).

11 α′) Von **Sand- und Kiespflanzen** deuten auf große Mächtigkeit (> 2 m) des Sand- und Kiesbodens z. B.
Besenginster (*Sarothámnus scopárius*),
Königskerze (*Verbáscum thapsifórme*),
u. U. Heidekraut (*Callúna vulgáris*),
Katzenpfötchen (*Gnaphálium dióica*).

11 α″) Auf **naßkaltem Sand** wächst die
Vogelmiere.

11 α‴) Auf **losem Dünensand**
Strandgräser (Strandhafer, -weizen usw.).

11 α⁗) Auf **Braundünen** (siehe S. 53)
Seedorn (*Hippóphaës rhamnoídes*, der jedoch auch im Binnenland auf reinem Kalk vorkommt),
Kiefer,

Bibernellrose (*Rosa pimpinellifólia*);
schmalblättriges Weidenröschen (*Epilóbium angustifólium*) und
Wachholder (*Juníperus commúnis*) zeigen schlechthin unfruchtbaren, leichten Boden an: Heidesand, Kalkschutt, reinen Sandsteinboden, verwitterten Torfboden usw.

11 β') Auf lehmigem Sandboden wachsen:
Kornblume (*Centauréa Cýanus*),
Kornrade (*Agrostémma Githágo*),
Hederich (*Raphanus raphanistrum*),
Knöterich (*Scleranthus annuus*),
Frühlingsehrenpreis (*Verónica vérna*),
Stiefmütterchen (*Víola trícolor*).

11 β'') Mergliger Sandboden trägt gelegentlich
Brombeere (*Rubus*),
Gelbklee (*Medicágo lupulína*).

11 β''') Die Quecke (*Tríticum repens*), kommt besonders auf humosem Sand vor.

12. **Lehmboden:**

α) Auf humosem, leichtem Lehm:
Erdrauch (*Fumária officinális*),
gemeines Kreuzkraut (*Senécio vulgáris*).

β) Für gemeinen Lehmboden ist
die Ackerdistel (*Cirsium arvénse*) und
die Süßkirsche ein untrugliches Kennzeichen;
in Sandgebieten deutet die
Stechpalme (*Ilex aquifólium*) auf Lehm im Untergrund.

Andere Unkräuter des Ackers und der Wiese gedeihen ebenfalls auf Lehmboden, sind jedoch nicht bezeichnend.

Von Bäumen sind zu nennen: Eiche, Buche, Esche, Ulme, Ahorn, Tanne, Lärche;

Eiche und Buche auf Sand deuten auf Lehm bzw. Mergel im nahen Untergrund.

γ) Auf schwerem Lehm finden sich eine Reihe von Hahnenfußarten.

δ) Auf kaltem, nassem Lehm:
Herbstzeitlose (*Cólchicum autumnále*),
gewisse Sauergräser u. a.

13. **Humusböden:**

α) Flachmoortorf (meist kalk- und stickstoffreich, also keine Kalk- und Jauchedüngung nötig):

Schilf, Gräser (namentlich saure), Sumpfpflanzen, Erlen, später Brennesseln, weiterhin Birkenwälder usw.;

β) Hochmoortorf (nährstoffarm, Kalkung und Düngung nötig):

Torfmoos (Heidekraut, wenn entwässert), Krüppelkiefern usw. (siehe oben S. 126);

γ) Rohhumusdecken:

Ericaceen (weniger Torfmoos) u. a. anspruchslose Pflanzen; kümmerliches, doch bedeutend reicheres Wachstum als auf den Hochmooren.

14. **Ortstein** im Boden kennzeichnet sich u. U. durch Niedrigbleiben und Schirmwuchs der Kiefer und im übrigen dürftige Vegetation (meist Heide).

15. **Wasserpflanzen:**

Armleuchteralgen (*Chara*-Arten) u. a. kalkumkrustete Unterwassergewächse (Laichkräuter [Potamogeten, S. . . .], Tausendblatt, Hornblatt, Wasserpest u. a.) deuten auf große Härte des Wassers (ungeeignet für Kesselspeisung, Wäschereien usw.); wo Torfmoos (*Sphagnum*) im offenen Wasser vorkommt, spricht es für Kalk- und Salzarmut des Wassers (sehr weiches Wasser).

16. Von Interesse sind ferner eine ganze Reihe besonderer Beobachtungen:

α) Serpentinanzeiger sind zwei kleine Farnkräuter (*Asplénium adulterínum*) und *serpentini*);

β) Erzanzeiger usw. sind bekannt für Zink, Eisen, Phosphorit, Silber, Blei, Bleiglanz, Kupferschiefer usw.;

γ) Brandstellen in Äckern deuten fast immer auf Änderungen im Boden hin, ebenso Streifen besonders üppigen Wachstums (z. B. auf Gänge anderer Gesteine);

δ) aus dem Rheinhardswald sind besondere Vegetationsvereine bzw. einzelne Arten bekannt, die für Basalt typisch sind, aus Thüringen für Oligocän und mittleren Buntsandstein, aus dem Weserbergland für Röt, aus dem Osning für untere Kreide usw.

Die betreffenden Verhältnisse wechseln von Ort zu Ort. Es muß der Tätigkeit des einzelnen überlassen bleiben, das für seine

Heimat bzw. sein Arbeitsgebiet Bezeichnende herauszufinden. Ist dies aber geschehen, so vermag die Pflanze dem Geologen, Techniker und Landwirt manchen wertvollen Fingerzeig zu geben.

E. Grundwasser und Quellen.

Alles in den Boden eingedrungene, ihn bis zu einer gewissen, wechselnden Entfernung von der Erdoberfläche erfüllende Wasser bezeichnet man als Grundwasser. U. U. unterscheidet man ferner Ober- und Untergrundwasser, Schicht-, Poren-, Spalten-, Kluftwasser usw.

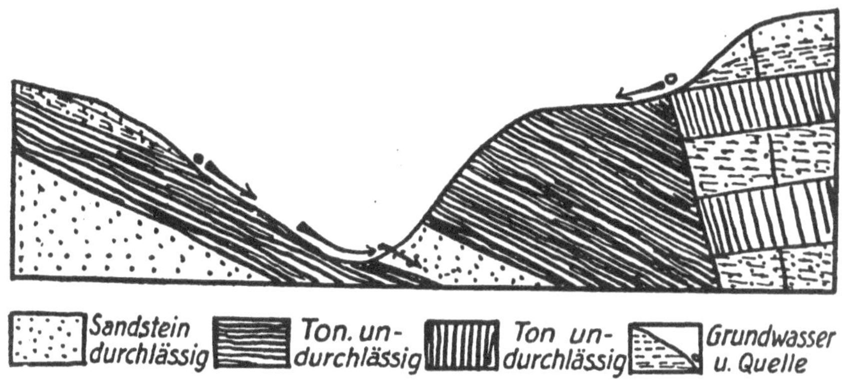

Abb. 105. Beispiel für die Grundwasserverhältnisse eines verwickelt gebauten Gebietes; links eine Schichtquelle, in der Mitte eine Versickerungsstelle, rechts Grundwasserhorizonte und eine Schichtquelle an der Verwerfung.

Grundwasser entsteht aus dem Teil der Niederschläge, der in den Boden einsickert und soweit in die Tiefe sinkt, bis er sich auf einer für Wasser undurchlässigen Schicht staut. Die wassergetränkte Schicht heißt im Gegensatz zum „Grundwasserstauer" „Grundwasserträger" (vgl. Abb. 105 bis 118).

Die Höhe des Grundwasserspiegels hängt infolgedessen von den jährlichen Niederschlägen ab und steigt und fällt im Anschluß an deren Steigen und Fallen.

Das gesamte Verhalten des Grundwassers hängt von der Beschaffenheit und Aufeinanderfolge der Gesteine im Boden ab: Undurchlässige Schichten stauen, durchlässige tragen; die Neigung der Schicht bedingt das Gefälle des Grundwassers; dieses und die Durchlässigkeit des betreffenden Gesteines sind ausschlaggebend für die Geschwindigkeit der Be-

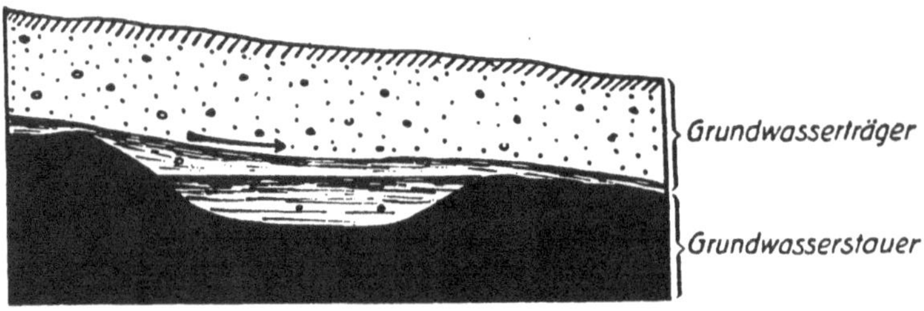

Abb. 106. Über dem ruhenden Grundwasserstau mit Grundwassersee befindet sich der bewegte Grundwasserstrom.

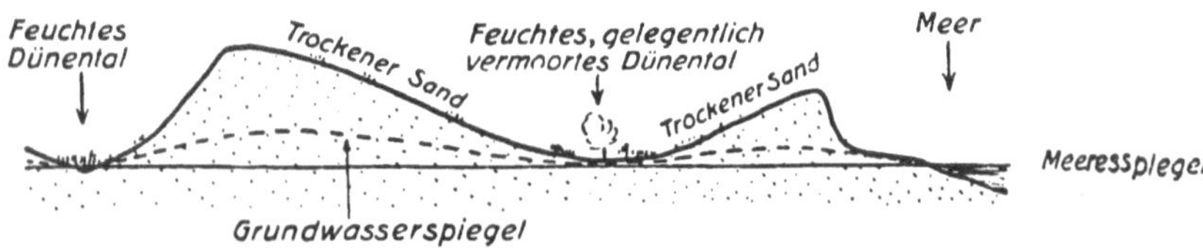

Abb. 107. Der Grundwasserstand in Dünengebieten kennzeichnet sich in der Zusammensetzung der Vegetation und wiederholt in gemilderter Form die Form des Geländes. Rechts Strandleiste und Steilufer (vgl. S. 25), links Düne mit flacher Luv- und steiler Leeseite (vgl. S. 49f.).

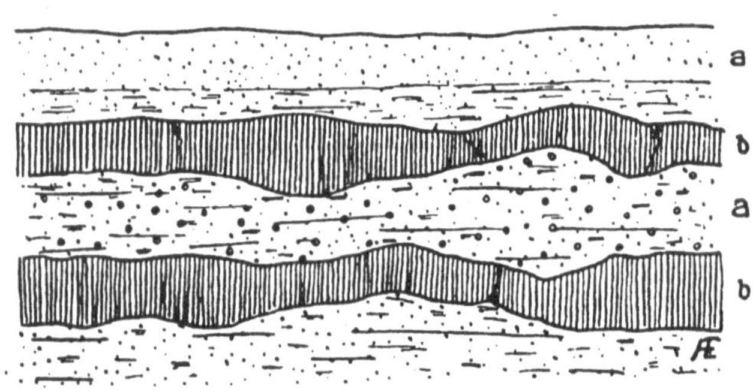

Abb. 108. Die undurchlässigen Geschiebemergelbänke Norddeutschlands (b) werden durch wassergefüllte Sandschichten (a) voneinander getrennt (Grundwasserstockwerke). (*A. Ebert* gez.)

wegung des Grundwassers, die natürlich um vieles langsamer ist, als die des Oberflächenwassers: 2—3 m und mehr in der Stunde ist schon viel; die Porosität bzw. Kapillarität, die jedem Boden in mehr oder weniger starkem Maße eignet, bedingt, daß die Formen des Grundwasserspiegels die Formen des Geländes in gemilderter Form wiedergeben (siehe Abb. 107); der Wechsel verschiedenartiger Gesteinsschichten erzeugt übereinanderliegende Grundwasserstockwerke oder -horizonte; die langsame Bewegung des Wassers im Boden macht es möglich, daß das Grundwasser eine beträchtliche Menge mineralischer Stoffe löst und mit sich führt. Wasser aus Kalk- und Gipsgebieten ist hart, Schiefer-, Sandstein-, Granit-, Gneis- usw. wasser sind weich.

Während das Grundwasser in Gebieten lockerer Gesteine, wie Norddeutschland, und in Gegenden mit ruhigem, gleichmäßigem Schichtenbau flächenhaft ausgebreitet ganze Schichten erfüllt — also niemals sogenannte „Wasseradern" bildet —, finden sich solche im Bereich klüftiger Gesteine, u. U. z. B. im Kalk, sowie in Tiefengesteinen, als Kluftausfüllungen.

Abb. 109. **Karstgebiet** im westlichen Balkan. (Unter Vorbehalt aller Rechte zur Verfügung gestellt von Herrn *Christo Popoff*-Varna.)

In Kalkgebieten ist auch das Karstphänomen zu Haus, dessen Hauptkennzeichen eben die „Vertikalentwässerung“ ist. Alles Wasser versickert längs der Spalten und Klüfte in die Tiefe; die Oberfläche ist infolgedessen trocken und pflanzenarm (Abb. 109). In der Tiefe aber bewegt sich das Wasser auf irgend einer, meist vorhandenen, undurchlässigen Schicht und wirkt hier besonders stark auflösend und später, wenn sich erst Hohlräume gebildet haben, ganz wie das Oberflächenwasser, sogar erodierend. Klüfte werden vom teils mechanisch-erodierenden, teils chemisch-lösenden Wasser zu Höhlen erweitert. Höhlen in der Nähe der Erdoberfläche stürzen gelegentlich ein und bilden Erdfälle (Dolinen). Wasserschwinden, Hungerbrunnen, Vauclusequellen usw. sind weitere Eigentümlichkeiten der Karstgebiete. Abb. 4, S. 11 erläutert einige wichtige Begriffe aus der Höhlenkunde.

Höhlen entstehen in der Mehrzahl der Fälle (ausgenommen sind von vornherein im Gestein vorhandene Riff- und Lavahöhlen) durch die chemische Tätigkeit des Spaltenwassers (Abb. 4 links oben) in leicht löslichen Gesteinen, z. B. in Kalk und Gips. Die gelösten Stoffe werden als Tropfsteine (Abb. 4 links) wieder ausgeschieden. In alten Alaunbergwerken bilden sich farbige Eisenphosphor- usw. Verbindungen (z. B. Feengrotten bei Saalfeld i. Thür.). Längs der Gesteinsklüfte bricht die Höhlendecke in die Tiefe; der Höhlenraum wird so nach oben erweitert, unten aber durch den Schutt der Decke geschlossen; die Höhle wandert daher aufwärts, bis ihre Decke einstürzt; es entsteht ein Erdfall (eine Doline, Abb. 4 rechts; vgl. auch Text S. 11 f.). Im Laufe der Zeit bedeckt sich der Boden der Höhle mit einer Schicht phosphorsäurereichen, roten Höhlenlehms, der aus den (eisen- usw. reichen) Verwitterungsrückständen des Kalkes, sowie den Resten tierischer Höhlenbewohner (Phosphor aus Knochen und Mist) entsteht und gelegentlich als Dünger abgebaut wird. Tritt das Kluftwasser mit nennenswerter Strömung in Höhlen auf, so bildet es einen Höhlenfluß (Abb. 4 unten). Zutagetretende Höhlenflüsse bilden sogenannte wasserreiche „Vaclusequellen“, versickerndes Oberflächenwasser dagegen sogenannte Wasserschwinden.

In Deutschland finden sich Karst- und Höhlenerscheinungen in Kalk- und Gipsgebieten.

Flüsse stehen mit dem Grundwasser meistens nicht in Verbindung, da ihr Bett durch Schlamm wasserdicht ausgekleidet ist. Wo dies nicht der Fall ist, bildet sich ein Gleichgewichtszustand zwischen Fluß- und Grundwasserspiegel heraus. Steigt der Fluß, so wird das Grundwasser aufgestaut, fällt er, so fließt es in den Fluß ab. Nie jedoch speist der Fluß das Grundwasser unmittelbar, so daß auch verhältnismäßig flußnahe Brunnen reines Grundwasser haben, sofern sie nicht unmittelbar in der Flußaue oder im Flußschotter des Ufers stehen.

Durch anhaltende Wasserentnahme an ein und derselben Stelle wird der Grundwasserspiegel stark beeinflußt. Es bildet sich ein Senktrichter heraus, dessen Halbmesser von der Durchlässigkeit des Grundwasserträgers, der Intensität der Wasserentnahme u. a. Faktoren abhängt (Abb. 110).

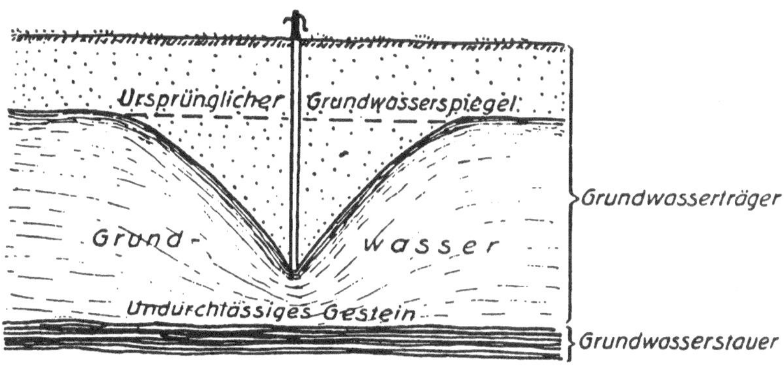

Abb. 110. Durch stete Wasserentnahme bildet sich ein Grundwasser- oder Senk-(Pump-) Trichter heraus.

Quellen sind zutagetretendes Grundwasser.

Quellaustritte können durch die verschiedensten Umstände hervorgerufen werden (vgl. Abb. 111 bis Abb. 118).

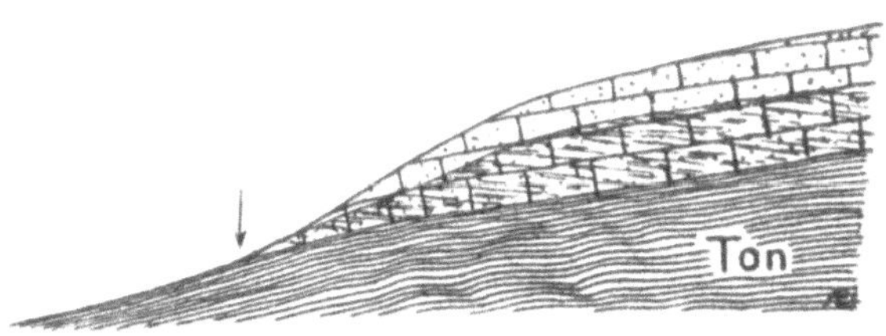

Abb. 111. Einfache Schichtquelle (*A. Ebert* gez.)

Die einfachste Form ist die der sog. Grundwasserquellen, die dort entstehen, wo die Geländeoberfläche den Grundwasserspiegel schneidet (Küsten, Taleinschnitte usw. [„Erosionsquellen"]).

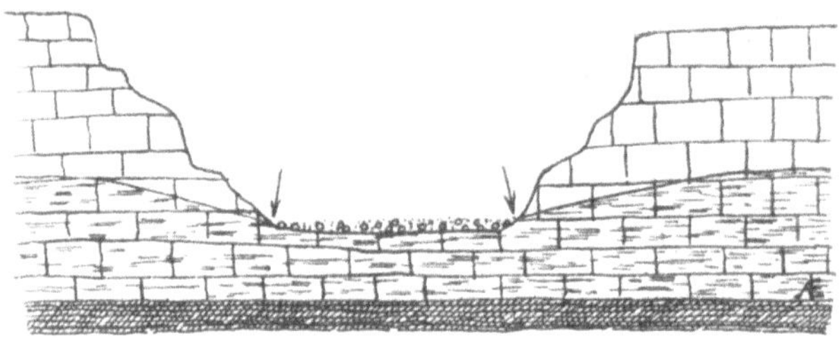

Abb. 112. Erosionsquelle in festem Gebirge; das Erosionstal reicht bis ins Grundwasser hinab. (*A. Ebert* gez.).

Abb. 113. Erosionsquelle (Grundwasserstauer = b, -träger = a) in lockeren Gesteinen (*A. Ebert* gez.).

„Überfallquellen" entstehen, wo ein Grundwasserstau die Oberfläche erreicht (Abb. 114).

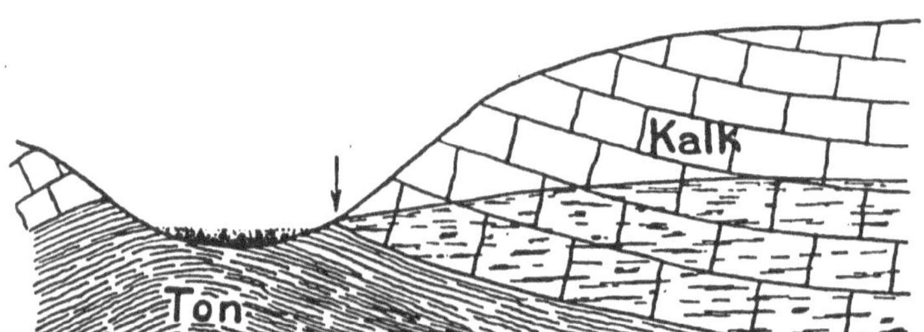

Abb. 114. Sogenannte „Überfallquelle" (*A. Ebert* gez.).

„Stauquellen" bilden sich durch den Aufstau des Grundwassers an einer zutagetretenden wasserundurchlässigen Schicht (hierher die Verwerfungsquellen, siehe Abb. 115 u. 118).

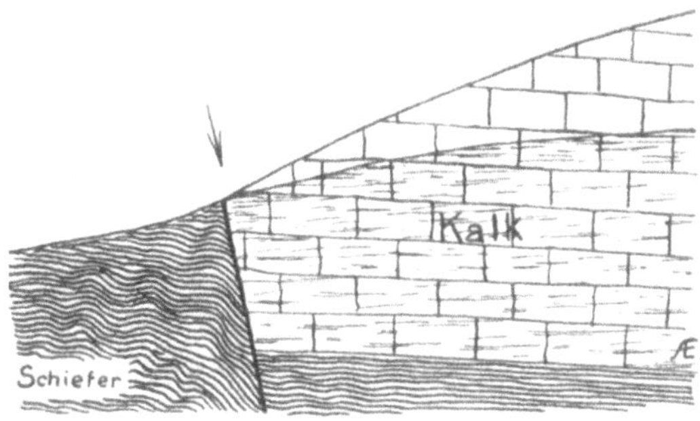

Abb. 115. Stau- oder Verwerfungsquelle: Gradlinige Reihen von Quellen verraten gelegentlich den Verlauf von Verwerfungen. (*A. Ebert* gez.).

Artesische Brunnen (Abb. 116) entstehen, wo unter Druck stehendes Wasser angebohrt oder durch Erosion angeschnitten wird (der erste Artesische Brunnen wurde in der französischen Grafschaft Artois erbohrt).

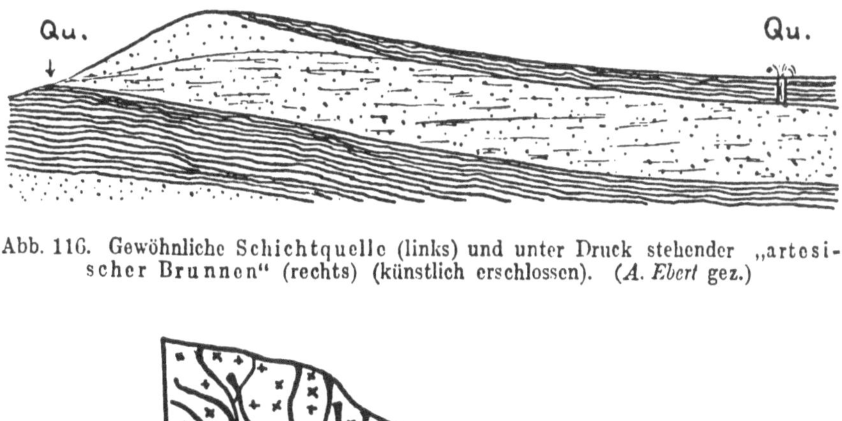

Abb. 116. Gewöhnliche Schichtquelle (links) und unter Druck stehender „artesischer Brunnen“ (rechts) (künstlich erschlossen). (*A. Ebert* gez.)

Abb. 117. Felsen- oder Kluftquellen in kristallinen Gebieten fördern das auf den Klüften des Gesteines zirkulierende Wasser.

Warme Quellen (Thermen) fördern Wasser, das aus großer Tiefe stammt (vgl. geothermische Tiefenstufe S. 85, Anm. 1) oder in vulkanischen Gebieten zutage tritt.

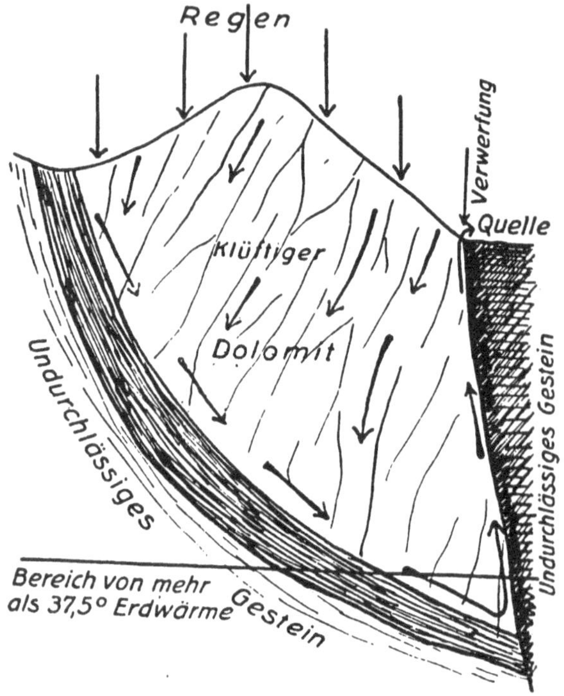

Abb. 118. Beispiel für die Entstehung von Thermen (Tüffen in Steiermark; nach *Höfer-Heimhalt*); das Wasser sinkt bis in den Bereich von mehr als 32,5° C Erdwärme, um dann nach dem Gesetz der verbundenen Gefäße („kommunizierenden Röhren") wieder emporzusteigen.

Geysire sind periodisch sprudelnde Quellen, deren Wesen Abb. 119 zu erklären versucht. Sie finden sich z. B. in Nordamerika (Yellowstonepark, Kalifornien), in Neuseeland und auf Island.

Im übrigen hängt die Temperatur der Quellen von der Tiefe unter Tage ab, in der sich das Grundwasser bewegt. Unterhalb einer gewissen Tiefe fehlen die täglichen und jahreszeitlichen Schwankungen der Wärme. Das Grundwasser hat etwa die an der Oberfläche herrschende durchschnittliche Jahreswärme. Mit Zunahme der Tiefe wird die Temperatur höher. Von den oberflächlichen Wärmeschwankungen wird nur die Temperatur solcher Quellen beeinflußt, deren Zufuhrwasser sich nahe der Oberfläche bewegt (Obergrundwasser).

Die Ergiebigkeit der Quellen, ausgedrückt in Sekundenlitern, ist abhängig von der Menge und Verteilung der Niederschläge, der Durchlässigkeit des Grundwasserträgers (Wasserkapazität und Geschwindigkeit des Grundwassers!), vom geologischen Bau (Schichtneigung!) der Umgebung, von der Größe des „Einzugsgebietes“

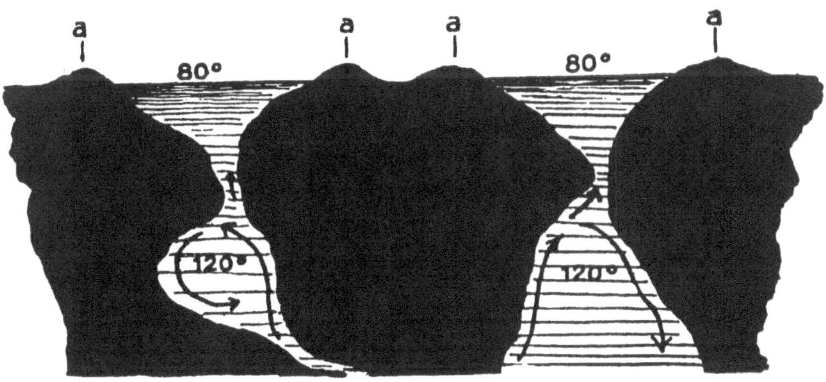

Abb. 119. Formen von Geysirbecken. Infolge des engen Halses der Becken vermag das von unten erwärmte Wasser nur zum kleinsten Teil emporzusteigen. Läßt die Wärmezufuhr nicht nach, so macht es sich schließlich — d. h. sobald es trotz des auflastenden Druckes zum Kochen kommt — explosionsartig Luft und schleudert das auf ihm liegende kühlere Wasser empor. Das Spiel wiederholt sich in regelmäßigen Abständen. (Bei a Sinterbildungen am Rande der Becken (nach *E. Kayser* verändert).

(d. h. jener Fläche, deren Grundwasser in der betreffenden Quelle zutage tritt) sowie von der Zahl der Quellen, die aus diesem Gebiet gespeist werden.

Der Salzgehalt des Grundwassers tritt natürlich mit den Quellen zutage. Überschreitet er ein gewisses Normalmaß, so spricht man von **Mineralquellen.** So enthalten

Solquellen Kochsalz und u. U. Jod und Brom;

Sulfatquellen enthalten Glaubersalz ($Na_2SO_4 \cdot 10\,H_2O$), Bittersalz ($MgSO_4 \cdot 7\,H_2O$), Gips ($CaSO_4 \cdot 2\,H_2O$), Alaun ($K_2SO_4 \cdot Al_2(SO_4)_3 \cdot 24\,H_2O$) oder Vitriol (= Metallsalze der Schwefelsäure: Bleisulfat, Kupfersulfat u. a.) oder mehrere von diesen Stoffen;

Säuerlinge (Karbonatquellen) führen kohlensäurehaltiges

Wasser (in alten Vulkangebieten, u. U. auch in Kalkgebieten), das außerdem andere Stoffe gelöst enthalten kann; man kennt:

alkalireiche Säuerlinge,
alkalikochsalzhaltige Säuerlinge,
erdige Säuerlinge mit Ca- und Mg-Bikarbonat,
„Stahl“quellen (mit Eisenbikarbonat),
Schwefelquellen mit Schwefelwasserstoff und den Sulfiden der Alkali- und Erdalkalimetalle,

Abb. 120. Sinterterrassen der warmen Mammutquellen im Yellowstone-Nationalpark (vgl. hierzu auch Abb. 119). (*A Ebert* gez.)

Kieselsäurequellen (siehe oben S. 124),
Salzsäurequellen (gelegentlich in Vulkangebieten),
Borquellen mit Borsäure (H_3BO_3, vulkanischen Ursprungs),
Radioaktive Quellen.

Fast jedes Quellwasser enthält radioaktive Stoffe (Radium- und Thoremanation), die aus der Zersetzung radium- und thorhaltiger Mineralien und Gesteine stammen. Fast jedes Gestein und jeder Boden haben eine gewisse Radioaktivität.

Thermalquellen sind infolge der mit der Temperatur zunehmenden Lösungskraft des Wassers oft besonders mineralreich (vgl. Kieselsinter, Kalktuff usw. S. 121 ff. und S. 124).

F. Der Kreislauf der Gesteine.

Jedes Gestein entsteht und vergeht. Aus der Zerstörung des einen geht ein neues hervor.

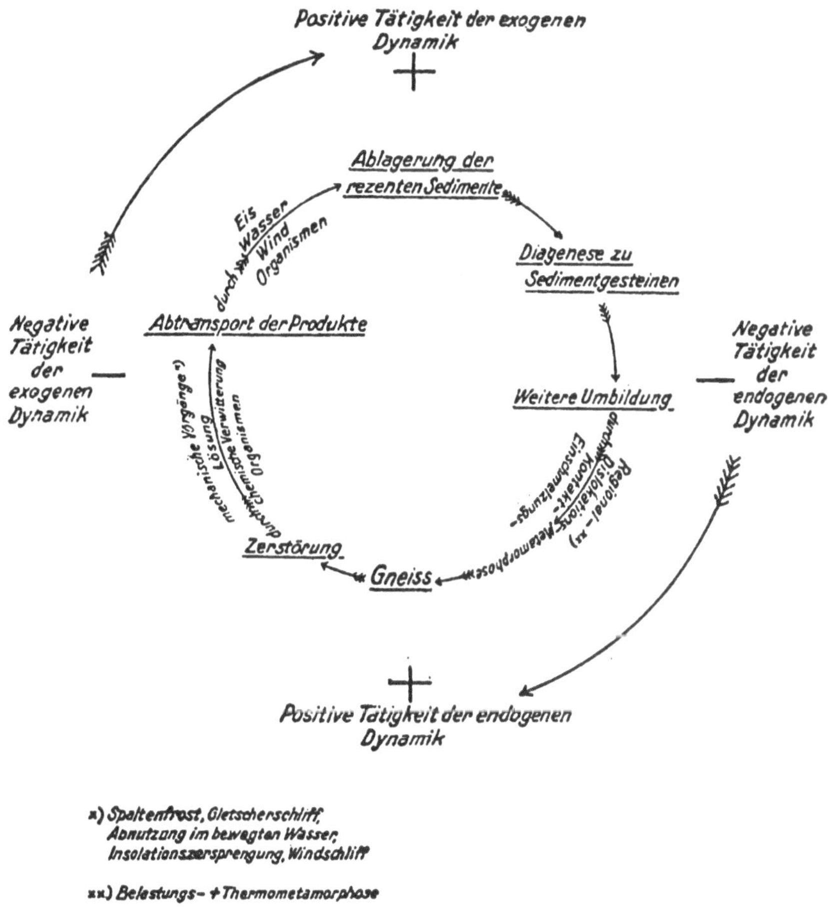

Abb. 121. Der Kreislauf der Gesteine, dargestellt am Gneis (nach *Andrée*).

Wenn auch neben dem Wasser noch andere Zerstörungskräfte und Beförderungsmittel auf die Bildungen der Erdrinde einwirken, so treten sie doch gegenüber dem Wasser in den Hintergrund.

Der große Kreislauf des Wassers wird zum Kreislauf der Mineralstoffe, der Gesteine.

Verfolgen wir einmal den Werdegang eines **Gneises**, wie ihn *Andrée* darstellt (Abb. 121).

Gneis ist ein schon von Haus aus metamorphes Gestein, das aus Erstarrungs- wie Sedimentgesteinen entstehen kann (S. 137f.). Den Einflüssen der Verwitterung ausgesetzt, verwandelt es sich in einen kalireichen, kalkarmen Boden. Dieser wird durch Wasser, Wind und Schwerkraft ins Tal verfrachtet und wandert mit dem Flusse ins Meer, sofern er nicht schon vorher in einer stillen Bucht, in einem Seebecken als Tonschlamm abgesetzt wird. Im Meere häufen sich die Verwitterungsprodukte zu Schlamm- und Schlickschichten an. Bei dem dauernden Auf und Ab in der Erdrinde kann es nicht ausbleiben, daß diese Sedimente einmal trockengelegt werden und sich nun durch diagenetische Vorgänge in festes Tongestein umwandeln, um von neuem der Verwitterung anheimzufallen. Oder aber das Sediment erhärtet schon unter Wasser zu festem Gestein, es gerät durch Senkung in immer tiefere Teile der Erdrinde, in den Bereich der hohen Erdtemperatur und wird von immer neuen Schichten überdeckt. Durch Druck und Wärme wird es umgebildet und wird zu einem kristallinkörnigen, schiefrigen, metamorphen Gestein, zu Gneis. Der Kreis ist geschlossen.

Ein anderes Beispiel.

Das wie alle anderen Elemente im Magma vorhandene **Kalzium** verbindet sich bei der Erstarrung mit anderen Stoffen zu irgendeinem kalkreichen Silikatmineral (z. B. zu Feldspat), dieses mit anderen Mineralien zu einem kalkhaltigen Erstarrungsgestein, beispielsweise einem Diorit oder einem Granit. Der Gesteinsstock wird durch Abtragung bloßgelegt und durch die Kräfte der Verwitterung allmählich zerstört. Die Verwitterungsprodukte wandern durch die Flüsse ins Meer und bilden ein Tonsediment; die gröberen Bestandteile werden von der Brandung zu Sand zerrieben und bleiben in der Strandzone zurück, um später diagenetisch zu Sandstein zu erhärten. Oder aber der Wüstenwind ergreift die Erzeugnisse der Verwitterung und trägt den feinen Sand als Dünen davon, während er die gröberen Blöcke am Boden der Wüste zurückläßt.

Im ersten Fall wird der Kalkgehalt jener Reste des Granites in den Flüssen von Wasserpflanzen aus dem Wasser ausgefällt (sofern er nicht schon vorher als Kalktuff aus dem Grundwasser ausgeschieden worden ist), im Meere von der Tierwelt zum Aufbau ihrer Schalen und Knochen aufgenommen. Korallen bauen ihre Riffe, Austern häufen ihre Schalen zu mächtigen Bänken. Später aber werden diese Massen in der Tiefe der Erdrinde in körnigen Marmor umgewandelt oder aber sie werden — emporgehoben durch Krustenbewegungen — von neuem der Verwitterung anheimgegeben, um von neuem ins Meer zu wandern.

Im zweiten Falle gelangt der Kalkgehalt aus der Tiefe des Wüstensandes an die Oberfläche oder wird von gelegentlichen Regengüssen in kurzlebige Wüstenseen hineingespült. Hier scheidet er sich als Kalk (Karbonat) oder als Anhydrit (Sulfat) aus, wird von Salz und Wüstenstaub bedeckt (der Anhydrit durch Wasseraufnahme in Gips verwandelt), später durch die Abtragung wieder entblößt und wandert mit dem fließenden Wasser ins Weltmeer. Es lassen sich zahlreiche Möglichkeiten ausmalen, ohne die Vielseitigkeit der Natur zu erschöpfen. Oft wird der Kreis immer wieder unterbrochen, ehe er sich schließt. Oft wird er sich nie schließen.

Noch ein letztes Beispiel.

Die Urgesteinsmassen des skandinavischen Schildes hatten sich unter dem warmen Klima der Tertiärzeit mit einer mächtigen Hülle von Verwitterungsprodukten bedeckt. Dann kam das Eis der Diluvialzeit und schleppte alles Lockere in seinen Moränen davon, um es als Geschiebemergel über großen Teilen von Nordrußland und Norddeutschland auszubreiten.

Sogleich aber begannen die Schmelzwasser des Eises das abgesetzte Material nach der Korngröße zu sondern; die gröbsten Blöcke ließen sie in den Endmoränen liegen, Kies und Sand trugen sie hinaus in die Schotterfelder, den Ton führten sie in ruhige Seen oder ins Meer. Die Blöcke der Endmoränen verwittern allmählich, Kies und Sand werden langsam bergab transportiert, der Ton wird durch die Pflanzenwelt Atom um Atom gelockert und den Winden preisgegeben. Was die Schmelzwasser trennten, findet sich schließlich, wenn auch in anderer Form, im Meere wieder zusammen, sofern nicht andere Ereignisse diesen Gang unterbrechen und neue Möglichkeiten schaffen.

Jedes Gestein entstammt letzthin dem Magma — sei es Erstarrungsgestein oder Schichtabsatz. Und jedes Gestein kann, wenn auch oft erst nach tausend Umwegen, im Meere enden und von dort aus von neuem in den großen Kreislauf eintreten, sei es, daß es von neuem emporgehoben wird, um wiederum zu verwittern, sei es, daß es sich in der Tiefe in kristallinen Schiefer umwandelt oder, eingeschmolzen, an seinen Ausgangspunkt, in das Magma, zurückkehrt.

G. Geologie und Landwirtschaft.

Unter der Voraussetzung, daß das Klima dem Anbau von Nutzpflanzen günstig ist, kann man ohne Übertreibung behaupten, daß einzig und allein geologische Gegebenheiten den landwirtschaftlichen Charakter eines Landstriches bestimmen.

Von der erdgeschichtlichen Entwicklung des Landes hängen die Beschaffenheit seiner Gesteine und ihre Lagerung ab. Geologische Kräfte wandeln die Gesteinsrinde in fruchttragenden Boden um und modellieren die Formen der Landschaft. Beides ist abhängig vom Aufbau der Erdrinde und vom Wirken der umgestaltenden Kräfte in dem betreffenden Gebiet.

Landschaftsform und Bodenbeschaffenheit sind also eine Folge der erdgeschichtlichen Entwicklung des Gebietes. Man denke an die steilen Kuppen unserer vulkanischen Mittelgebirge, deren Böden ganz wohl zum Anbau geeignet wären, verböte ihn nicht die Form des Geländes. Ganz ebenso liegt der Fall bei den Endmoränen des Norddeutschen Flachlandes. Oder man denke an die unfruchtbaren Sandberge der Dünen, an das schwierige Gelände der Moore, die Fruchtbarkeit der Marschen, an die dürren Hochflächen der süddeutschen Kalkgebirge, die endlosen Waldungen der kristallinen Mittelgebirge. Nirgends verleugnet die Art der Bodennutzung ihre Abhängigkeit vom Untergrund.

Diese Beziehungen gehen weiter ins Einzelne; das gleiche Gestein liefert verschiedene Böden, je nach dem Stande des Grundwassers, der durch die Art der unterlagernden Schichten bedingt wird, je nach der Neigung des Geländes, die vom Verlauf der Störungen, von der Arbeit des fließenden Wassers abhängt. Ähnliche Gesteine liefern ähnliche Böden. Geringe Unterschiede in der Zusammensetzung des Muttergesteins üben ihren Einfluß auf den Nährstoffgehalt der Ackerkrume.

Bodenbearbeitung und Düngung sind nichts als eine Korrektur der natürlichen Verhältnisse, eine Abänderung der geologisch bedingten Faktoren.

Schon bei der Gewinnung der sogenannten „künstlichen" Düngestoffe ist die Hilfe der Geologie nicht zu umgehen: Kalisalze, Phosphate, Kalklager, Salpeter sind als Glieder der Erdrinde geologischen Gesetzen unterworfen. Das Grundwasser, der wichtigste Bodenschatz, folgt in seinem Verhalten den Regeln, die ihm Schichtfolge und Schichtbeschaffenheit vorschreiben.

Kurzum, es gibt kein Teilgebiet der land- und forstwirtschaftlichen Bodennutzung, das nicht mit tausend Fäden an die großen erdgestaltenden Vorgänge gebunden wäre, die zu erforschen Aufgabe der Geologie ist.

Dieser Umstand hat — neben anderen — alle Kulturstaaten veranlaßt, Geologische Landesanstalten ins Leben zu rufen, deren Aufgabe es ist, das Gesamtgebiet des betreffenden Staates geologisch zu kartieren. Ausgehend von wissenschaftlichen Grundsätzen und eingehend auf die Bedürfnisse des praktischen Lebens, sind diese Karten berufen, ein wichtiges Hilfsmittel bei der Nutzbarmachung der Natur und ihrer Kräfte zu sein.

Das preußische Beispiel sei etwas näher ausgeführt, denn Preußen kann sich rühmen, in der Organisation der staatlichen geologischen Landesaufnahme mustergültig und bahnbrechend vorgegangen zu sein. Da das Gebiet des Staates Preußen zum guten Teil reines Agrarland ist, stand bei Beginn der staatlichen Aufnahmearbeiten das Interesse der Landwirtschaft ausgesprochenermaßen im Vordergrund und ist im Bereiche des norddeutschen Flachlandes bis heute tonbestimmend geblieben. Die Geologische Karte von Preußen und benachbarten deutschen Ländern stellt im Maßstabe 1 : 25000 (1 km in der Natur = 4 cm auf der Karte) die Ergebnisse der geologischen Durchforschung des Landes der Öffentlichkeit zur Verfügung. Die bisher schon in den ersten fünfzig Jahren des Bestehens der Anstalt geleistete Arbeit ist ungeheuer (obwohl noch für weit mehr als ein halbes Jahrhundert Arbeit vorhanden ist!), gibt doch jedes der bisher veröffentlichten mehr als 1300 Kartenblätter für jeden einzelnen Fleck folgende für den Landwirt wichtige Daten:

1. Zutageliegende Schichten nach Alter und petrographischer Beschaffenheit (Flächenfarben für das Alter, farbige Signaturen für die Beschaffenheit und schwarze Buchstabensymbole zur näheren Charakteristik);

2. Schichtprofil für die obersten 2 m (durch Signaturen und Buchstabensymbole; so bedeutet z. B. der Bruch $\frac{\text{as}}{\text{dm}}$ alluvialer Sand liegt über diluvialem Geschiebemergel);

3. sogenannte „agronomische Einschreibungen“ in roter Farbe mit Mächtigkeitsangaben in dm; z. B. bedeutet das Profil: $\frac{\text{HSL } 2-3}{\frac{\text{SL } 5}{\text{KM}}}$

2—3 dm humoser, sandiger Lehm liegt über
5 dm sandigem Lehm und dieser über
13 dm Kalk-Mergel (das Gesamtprofil umfaßt normalerweise 20 dm = 2 m).

Erläuterungshefte zu jedem Kartenblatt geben eingehende Notizen über das geologische, chemische und physikalische Verhalten der verschiedenen Böden und Gesteine, über chemische und mechanische Analysen, Kultur- und Meliorationsmethoden u. v. a. m.

Endlich ist aus der Karte selbst das Vorhandensein und die Ausdehnung etwaiger Bodenschätze und Meliorationsmittel, das Verhalten des Grundwassers u. a. zu ersehen.

Kurz: die geologisch-agronomische Karte liefert dem Landwirt die Grundlagen für eine rationelle und neuzeitliche Bodenkultur.

Reicht die geologische Spezialkarte nicht aus, so kommen die staatlichen Anstalten Sonderwünschen nach, die sich auf einschlägige Fragen erstrecken; in den Bereich geologischer Untersuchungen fallen z. B.:

Guts- und Gemeindeaufnahmen in größeren Maßstäben als 1 : 25000,

spezielle Aufnahmen von Mooren, Kalklagern usw.,

Säurebestimmungen des Bodens,

Aufsuchen von Meliorations-, Bau-, Ziegel- u. a. Rohstoffen des Bodens,

Begutachtung von Bodenschätzen (Kohle usw.),

Wasserversorgungen,

Untergrundsuntersuchungen für Fundamentierungen und alle anderen Tiefbauten usw. usw.

Die deutschen geologischen Landesanstalten sind:

Preußen (einschließlich Thüringen und Braunschweig sowie noch andere): Geolog. Landesanstalt, Berlin N 4, Invalidenstr. 44.

Sachsen: Geolog. Landesuntersuchung, Leipzig, Thalstr. 35.

Bayern: Geolog. Landesuntersuchung, Geognostische Abteilung des Bayr. Oberbergamtes, München, Ludwigstr. 16.

Württemberg: Geolog. Abteilung des statistischen Landesamtes, Stuttgart, Büchsenstr. 56 I.

Baden: Badische Geolog. Landesanstalt, Freiburg i. Br., Bismarkstr. 7 u. 9.

Hessen: Hessische Geolog. Landesanstalt, Darmstadt, Paradeplatz 3.

Mecklenburg: Mecklenburgische Geolog. Landesanstalt, Rostock, Neues Museumsgebäude.

Oldenburg: Die geologische Landesaufnahme wurde bisher von der Versuchs- und Kontrollstation der Oldenburgischen Landwirtschaftskammer bewirkt.

Deutsch-Österreich: Geologische Staatsanstalt, Wien III/2, Rasumoffskygasse 23.

H. Einiges aus der historischen Geologie.

I. Allgemeines.

Die historische Geologie wird auch Formationskunde oder Stratigraphie genannt. Sie hat die Aufgabe, die Entwicklung des Erdballs und seines Lebens darzustellen, und benutzt zur Erfüllung dieser Aufgabe im wesentlichen die Untersuchung der Erdrinde, ihrer Gesteine und ihres Fossilieninhalts. Nach alledem erscheint es einleuchtend, daß sich auch der Landwirt für die Stratigraphie interessieren muß, wenn auch sein Interesse gerade für dieses Gebiet stets ein mehr oder minder begrenztes bleiben wird. Noch am meisten mag es ihm naheliegen, erfahren zu wollen, zu welchen Zeiten die ihm wertvollen Bodenarten und Ausgangsprodukte der Bodenarten entstanden sind, und ebenso wann sich die Kalisalzlager und ähnliches gebildet haben.

Es erscheint auf den ersten Blick nicht leicht, die Gesteine, die die Erdrinde zusammensetzen, nach der Zeit ihrer Entstehung zu gliedern. Und diese Gliederung wäre in der Tat nicht möglich, wenn es keine Schichtgesteine gäbe. Die Tatsache der Schichtung ist das erste Hilfsmittel der relativen Altersbestimmung einer geologischen Bildung. (Das absolute Alter [nach Jahren] ist fast niemals feststellbar.)

Als zweites Hilfsmittel kommt dann der Fossilieninhalt der betreffenden Schicht in Frage. Man geht hierbei von der Tatsache aus, daß die Lebewesen sich entwickelt haben, daß also primitiven komplizierte Formen gefolgt sind, so daß gerade hierdurch bestimmten Schichten auch ganz bestimmte Fossilien zufallen. Man spricht demzufolge von Leitfossilien.

Dieser Begriff ist ein ziemlich willkürlicher. Wir können ihn etwa folgendermaßen definieren: Als Leitfossilien bezeichnet man solche Formen, die in horizontaler Richtung möglichst weit verbreitet sind, in vertikaler Richtung aber möglichst wenig. Die möglichst weltweite horizontale Verbreitung eines Leitfossils ermöglicht es dem Geologen, eine bestimmte Schicht an der Hand dieses ganz bestimmten Fossils auch in weit voneinander entfernten Gebieten der Erdkugel immer wieder zu erkennen; allerdings lediglich dann, wenn die vertikale Verbreitung des Fossils wirklich nur gering ist.

Früher war man der Meinung, daß die petrographische Ausbildung eines Gesteins für dessen Altersbestimmung ohne weiteres verwendbar sei. Dies ist jedoch nur mit Einschränkung der Fall. Im Prinzip kann zu jeder Zeit ein jedes Gestein entstehen. So findet sich Kalk in den allerverschiedensten Formationen, und Steinkohle keineswegs ausschließlich in der Steinkohlenformation, sondern z. B. auch im Jura und in der Kreide; ja sogar die Braunkohle lagert nicht nur im Tertiär (dessen einen Abschnitt, das Miozän man ja häufig als Braunkohlenformation im engeren Sinne bezeichnet), sondern sie ist in typischer Beschaffenheit auch in der unteren Steinkohlenformation, nämlich im Kulm des Moskauer Beckens, gefunden worden.

Die Gesteinsschichten umgeben den Erdball ähnlich „wie die Blumenblätter das Innere einer Rosenknospe". Nirgends läßt sich feststellen, daß eine bestimmte Schicht den Erdball völlig lückenlos umhüllt.

Man teilt die Schichtenfolgen in 5 Gruppen, jede Gruppe in mehrere Systeme oder Formationen, jede Formation in Abteilungen oder Stockwerke, jedes Stockwerk endlich in Stufen.

Spricht man nicht von der Gesteinsfolge, sondern von der Zeit, in der sie entstanden ist, so sagt man:

die Gruppe hat sich während einer Ära gebildet,
das System oder die Formation in einer Periode,
die Abteilung oder das Stockwerk in einer Epoche,
die Stufe endlich in einem Alter.

Als kleinsten stratigraphischen Abschnitt kennt der Geologe die Zone. Als eine Zone wäre eine Einheit zu betrachten, die eine ganz bestimmte Fauna bezw. Flora oder auch nur ein einziges bezeichnendes Leitfossil enthält.

Man vergleiche die Tabelle am Schluß des Buches.

II. Ursprung und frühester Zustand der Erde.

Bei der Betrachtung der Erdentwicklung wird meist davon ausgegangen, daß die Erde einst ein Gasball gewesen sei, der sich mehr und mehr verdichtet habe, um schließlich zu einer heißflüssigen leuchtenden Kugel zu werden. Auf dieser Kugel sollen sich durch immer weitergehende Abkühlung als erste feste Bestandteile der Erde schwimmende Schlackeninseln gebildet haben. Diese Schlackeninseln — so sagt die Theorie — vereinigten sich schließlich zu einer zusammenhängenden Erstarrungskruste, die von außen nach innen immer mächtiger wurde. Zunächst aber war sie noch nicht mächtig genug, um die im Innern befindlichen glutflüssigen Massen an mächtigen Durchbrüchen und Überschwemmungen der Erstarrungskruste zu verhindern. So bildete sich über der ersten Erstarrungskruste noch ein weiteres, freilich ebenfalls nur hypothetisches Glied der Erdrinde, die Panzerdecke.

Wir erkennen also als ältesten Abschnitt der Entwicklungsgeschichte der Erde die Sternära. Dieser folgt als zweite Ära das Archaikum, das mit der Bildung der ersten Erstarrungskruste beginnt.

III. Urgebirge (Archaische Formationsgruppe).

Vom Urgebirge ist auszusagen, daß als sein unterstes Glied die hypothetische Erstarrungskruste betrachtet wird und daß man es als die mächtigste Schichtenfolge der Erdrinde von dort nach oben bis unter jene Schichten reichen läßt, in denen wir zum ersten Male Lebensformen auftreten sehen. Somit definiert man das Archaikum als die Zeit von der Entstehung der ersten Erstarrungskruste bis zum Auftreten der ersten, einfachsten Lebewesen.

Nachdem sich auch die Panzerdecke gebildet hatte, mag die Erde zunächst immer noch so heiß gewesen sein, daß alles Wasser in gasförmigem Zustande vorhanden war. Man spricht von einer anhydrischen (d. h. wasserlosen) Periode. Als sich dann die ersten „heißen Urmeere" bildeten, waren diese zwar noch nicht dazu geeignet, Lebensformen zu bergen, wohl aber vermochten die diesen Meeren zuströmenden heißen Wasser die Erstarrungsgesteine der Panzerdecke aufs stärkste anzugreifen und umzusetzen. So entstanden die ersten Schichtgesteine, in denen naturgemäß keine Fossilien vorhanden sind. Man spricht deshalb von einem abiotischen oder azoischen (d. h. lebewesenlosen) Zeitalter.

Die ältesten Sedimentärgesteine sind hochgradig kristallin, weil sie u. a. durch starke Krustenbewegungen, sowie durch die Berührung mit glutflüssigen Massen metamorphosiert, d. h. umgewandelt worden sind. Wir finden in diesen Gesteinen viel Quarz und viele Silikate (Feldspäte und Glimmer), wodurch sie große Ähnlichkeit mit den Eruptivgesteinen haben. Zur Kristallinität tritt aber bei ihnen noch eine Schieferung, weshalb man sie als kristalline Schiefer bezeichnet (siehe S. 137). Auch die Schieferung ist hier eine Folge der starken Krustenbewegungen. Man bezeichnet derartiges als Dynamometamorphosen, d. h. als durch Bewegung verursachte Veränderungen. Wir finden unter den kristallinen Schiefern Gneise, Glimmerschiefer und Phyllite (letzteres sind feinblättrige kristalline Schiefer), die freilich z. T. als auf eruptivem Wege entstanden gedacht werden. Daneben erblicken wir einwandfreie Eruptivgesteine in Stöcken und Lagern. So Granit, Granitit usw. Endlich ist Marmorkalk zu finden (der sogenannte Urkalk) und weiter Dolomit. Aus diesen beiden zuletzt genannten Gesteinsarten hat man (wohl mit Unrecht) geschlossen, daß auch schon während des Archaikums das Leben vorhanden gewesen ist:

man meinte, daß doch in der Gegenwart und der jüngeren Vergangenheit größere Kalklager sich meist durch die Tätigkeit des Lebens bilden (S. 118). Auch der sich in ältesten Sedimenten vorfindende Graphit wird von manchen Gelehrten als aus dem Kohlenstoff von Lebewesen hervorgegangen gedacht.

Aber selbst dann, wenn im Archaikum (entgegen der Definition S. 204 o.) wirklich schon Lebewesen vorhanden gewesen sein sollten, dürfte es doch wohl kaum möglich sein, Versteinerungen zu finden; alle Sedimente dieser Zeit sind in kristalline Schiefer umgewandelt worden. Es wäre jedoch verkehrt, wenn man nun alle versteinerungsleeren kristallinen Schiefer der ältesten Formationsgruppe zurechnen wollte; vielmehr können wir diese Schiefer in gewissen Gebieten bestimmten jüngeren Formationen, nämlich solchen des Algonkiums oder gar des Paläozoikums zuweisen. In vielen Fällen muß die Einordnung zweifelhaft bleiben oder aber sie ist völlig unmöglich.

In Deutschland finden wir kristalline Schiefer (neben anderen Gesteinen) z.B. in den Sudeten, im Erzgebirge, im Schwarzwald, in den Vogesen, im Spessart und im Thüringer Wald; aber auch alle diese Schiefer könnten jüngerer Entstehung sein.

IV. Algonkium (Proterozoische Formationsgruppe).

Der Name Algonkium ist indianischen Ursprungs. In Amerika nämlich, im Gebiete des Colorado cañon, ist die Schichtenfolge dieser Gruppe besonders großartig entwickelt.

Auch noch im Algonkium finden wir Gneise und glimmerschieferartige Gesteine, daneben aber auch schon solche, die aufs deutlichste zu erkennen geben, daß sie durch die exogenen Kräfte des Erdballs aus anderen Gesteinen (namentlich wohl aus Eruptivgesteinen) hervorgegangen sind. Man bezeichnet solche Gesteine als klastische. Wir finden unter diesen Quarzite, Sandsteine, Grauwacken, Tonschiefer, Kalksteine und Dolomite.

Zum erstenmal sind in diesen Gesteinen die Reste von Lebewesen vorzufinden. Sie sind indessen noch selten, was wegen der starken Metamorphose, die auch diese Gesteine erfahren haben, nicht erstaunlich ist.

Unter den Pflanzen erblicken wir ausschließlich Algen; also entsprechend der Entwicklungslehre die einfachsten der uns heute bekannten Pflanzenformen. Es handelt sich um Kalkalgen, die allerdings nicht über jeden Zweifel erhaben sind, die aber im nordamerikanischen Felsengebirge z. T. in sehr großen Mengen, ja manchmal direkt riffbildend aufzutreten scheinen.

Auch unter den Tieren sehen wir einfachste Formen, so jene von *Häckel* in den „Kunstformen der Natur“ abgebildeten Strahlinge (Radiolarien; vgl. S. 124 Anm.) und weiter die (den meisten wohl aus der Rügener Schreibkreide bekannten) Foraminiferen (vgl. S. 119). Neben solchen einfache Formen sind aber auch schon sehr komplizierte vorhanden, unter ihnen sogar Arthropoden (Gliedertiere). Zur Hervorbringung derartig hochstehender Geschöpfe muß eine lange Zeit der Entwicklung notwendig gewesen sein. Sicherlich sind diesen Formen andere vorangegangen, die wir jedoch wegen der erwähnten starken Metamorphose ältester Schichten nicht in fossiler Form aufzufinden vermögen.

Das Algonkium muß also ebenso wie das Archaikum von sehr großer Dauer gewesen sein; vielleicht ebenso lang oder noch länger wie die Zeit vom Paläozoikum bis zum Ende des Känozoikums.

Am Ende des Algonkiums fanden mächtige Krustenbewegungen statt, die die ursprünglichen Meeresabsätze usw. in stark gefaltete Festlandsoberflächen verwandelten. So folgte eine Zeit der Festlandsabtragung, deren Enderfolg die Entstehung ausgedehnter Peneplains war (siehe S. 5). Diese sind im Verlauf der weiteren Entwicklung wiederum unter den Meeresspiegel gesunken, so daß sich horizontal über die stark gefalteten Schichten der Peneplains neue Meeressedimente lagern konnten (Abb. 61, S. 107). Hiermit beginnt die Entstehung der dritten großen Gruppe, der des Palaeozoikums.

Dieser ganze Sachverhalt ist an dieser Stelle ausnahmsweise etwas ausführlicher geschildert worden, um einmal an einem Beispiel klarzumachen, was u. a. den Geologen dazu berechtigt, die Gesteinshülle der Erdrinde in Gruppen, Formationen usw. einzuteilen.

In Deutschland vermutet man die algonkischen Schichten in einem Teil der Phyllite des Fichtelgebirges, Ostthüringens und Schlesiens. Ebenso in gewissen Bildungen am Taunus und Hunsrück. Bestimmt nachgewiesen sind sie in Mittelböhmen.

V. Paläozoikum (Paläozoische Formationsgruppe).

Das Paläozoikum oder Altertum der Erde teilt man in die Formationen (oder Perioden) Kambrium, Silur, Devon, Karbon und Perm.

Auch die Pflanzenwelt des Paläozoikums zeigt uns zunächst ausschließlich Algen, und zwar bis zum Unterdevon. Hier treten in Form der Psilophyten die ersten Landpflanzen auf. Das sind primitive Vertreter der ja zu den Kryptogamen (Verborgenehigen) gehörenden, farnartigen Gewächse (Pteridophyten); sie sind systematisch noch tiefer als die Farne, Schachtelhalme und Bärlappgewächse zu stellen. In ihren einfachsten Formen besitzen sie überhaupt noch keine Blätter, und wo solche vorhanden sind, zeigen sie nur eine einzige Ader und sind außerordentlich klein. Am Ende der Devonzeit erblicken wir dann zum erstenmal großblättrige Pflanzen. ·Aber immer sind es noch wesentlich Kryptogamen. Die Herrschaft dieser Gewächse währt bis fast zum Ende des Paläozoikums, nämlich bis zum Schlusse der ersten Hälfte der Permzeit. Außer vielen Farnen finden wir die mit den heutigen Bärlapparten verwandten Lepidophyten und die mit den heutigen Schachtelhalmen verwandten Calamarien. Daneben aber sehen wir bald nacktsamige Pflanzen (Gymnospermen), so außer den Cordaiten des Steinkohlenwaldes jene formenreichen Gewächse, die man früher für typische Farne hielt, die sich dann aber als Gymnospermen, also als samentragende Gewächse, herausgestellt haben; es sind das die Cycadofilices, die man wohl auch als „Samenfarne" bezeichnet (Abb. 129, S. 216). Noch vor Schluß des Paläozoikums, nämlich im Zechstein, ist die Zahl der Nacktsamer bereits eine überwiegende. Ja, es gibt sogar schon verhältnismäßig viele typische Nadelhölzer.

Von der Tierwelt des Paläozoikums ist unter anderem zu erwähnen, daß sich unter den Korallen noch nicht die Formen finden, die in Mittelalter, Neuzeit und Jetztzeit der Erde herrschend sind; wir bemerken vielmehr die einfacheren rugosen und tabulaten Korallen. Die Muscheln — obwohl in vielen Formen vorhanden — sind noch weit davon entfernt, als herrschend bezeichnet werden zu können. An ihrer Stelle stehen die mit den Würmern verwandten, zunächst hornschaligen, dann sehr bald kalkschaligen Armfüßer oder Brachiopoden (Abb. 125 u. 130). Unter den Kopffüßern, zu denen unsere heutigen Tintenfische gehören, erblicken wir die Nautiloiden (Abb. 123) und Goniatiten (Abb. 127). Als besonders charakteristisch für das Paläozoikum haben die Dreilappkrebse oder Trilobiten (Abb.122), sowie die Riesenkrebse oder Eurypteriden zu gelten; sie sind nur im Paläozoikum vorgekommen. Sehr bald, nämlich bereits im Silur, treten die ersten Wirbeltiere in Form von Ganoidfischen auf. Die ersten luftatmenden Wirbeltiere sind die molchartigen Stegocephalen des Karbon (Abb. 131). Die Stegocephalen stellen die Wurzel der Amphibien und Reptilien dar. Von den Reptilien finden wir gegen Schluß des Paläozoikums bereits einige Vertreter. Warmblüter, wie die Vögel und die Säuger, fehlen noch vollständig.

a) Kambrium.

Das Kambrium, die älteste Formation des Altertums der Erde, trägt seinen Namen nach einer alten Bezeichnung für die englische Landschaft Wales.

In Deutschland ist das Kambrium nur an wenigen Stellen sicher festgestellt. Man vermutet es in größerer Verbreitung in Phylliten und Quarziten des Fichtelgebirges und des Hohen Venns; im Frankenwald, in Thüringen und in Niederschlesien hat man es einwandfrei nachgewiesen.

Die Flora des Kambriums ist, soweit bekannt, eine Algenflora.

Von der Tierwelt ist zu sagen, daß bereits alle großen Stämme des Tierreiches außer den Wirbeltieren vorhanden sind. Es muß also dem Kambrium schon eine lange Zeit der Entwicklung des Lebens vorausgegangen sein. Zu dieser Annahme werden wir umso eher gedrängt, als wir unter den Wirbellosen auch schon Krebstiere (Crustaceen), nämlich die Trilobiten oder Dreilappkrebse, vorfinden (Abb.122). Sie tragen ihren Namen wegen ihrer Dreiteilung in Kopfschild, Mittelstück und Schwanzschild (bzw. in zwei seitliche und einen mittleren Teil) und sind von asselartiger Gestalt. Sie sind wichtige Leitfossilien des Kambriums, nach denen die kambrischen Schichten gegliedert werden. Neben den Trilobiten waren die Brachiopoden von großer Bedeutung; besonders charakter-

Abb. 122. Ein kambrischer Trilobit (Dreilappkrebs), der Paradoxides bohemicus (Nach J. Walther.)

istisch für das Kambrium sind solche mit Hornschalen, wie z. B. Lingulella und Obolus.

b) Silur.

Der Name Silur stammt von einem alten Völkerstamm in Wales, den Siluren.

Die Formation findet sich bei uns in Thüringen, Franken, im Fichtelgebirge, im Harz und am Ostrand des Rheinischen Schiefergebirges. Weiter haben wir einige kleine Schollen in Sachsen und in Schlesien.

Die Gesteine, aus denen sich die silurischen Schichten aufbauen, sind Tonschiefer, Kalke, Grauwacken, Quarzite usw.

Von der Flora sind wieder vor allem die Kalkalgen zu erwähnen[1]). Vollkommen widerlegt worden ist die zur Lehrmeinung gewordene Ansicht, daß es zur Silurzeit bereits eine reiche Landflora gegeben habe, die in ihren Formen der der Steinkohlenzeit nahegestanden haben soll.

---

[1]) Unter diesen sind es die Siphoneen (Schlauchalgen), und zwar die verticillaten, die — zuerst im Obersilur auftretend — als Gesteinsbildner von Bedeutung sind. Auch noch in heutigen Meeren gibt es verticillate Siphoneen; sie stehen aber als geologischer Faktor sehr hinter den fossilen zurück. — Man kann derartig langlebige Primitivformen auch in der Tierwelt finden (Lingula).

Unter den Tieren des Silurs stehen die Trilobiten auf der Höhe ihrer Entwicklung. Sie haben seit dem Cambrium gewaltig zugenommen und sind daher auch im Silur wichtigste Leitfossilien. Ähnliches gilt von den Brachiopoden. Aufzublühen beginnen

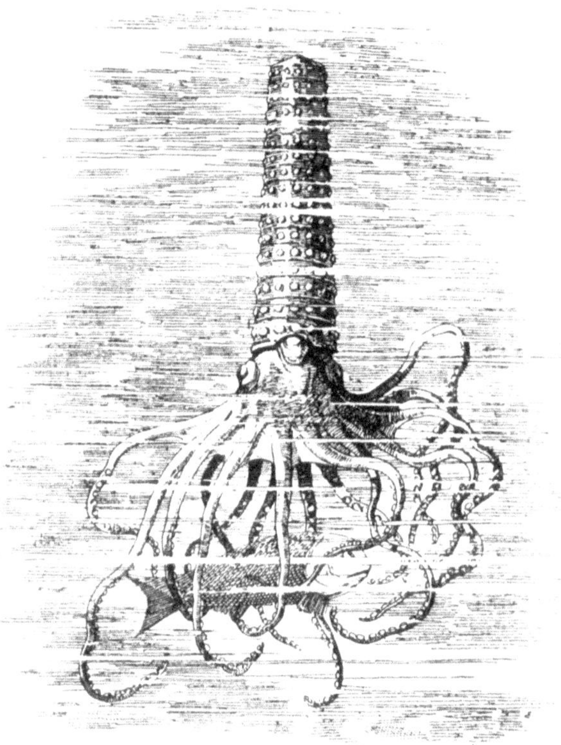

Abb. 123. *Orthoceras nodulosum*, eine mitteldevonische, durch Knotenreihen verzierte Art. In der Kalkröhre befinden sich (wie bei allen Nautiliden und Ammoniten) Luftkammern, die bedingt haben sollen, daß die geradgestreckten Formen mit dem Kopf nach unten schwammen. (Nach J. Walther.)

die Vorfahren unserer Tintenfische, die Kopffüßer oder Cephalopoden. So finden sich die großen gradgestreckten Kalkröhren der als Orthoceren bezeichneten Nautiloiden (Abb. 123). Die Korallen spielen bereits eine nennenswerte Rolle. Sehr wichtig als Leitfossilien sind auch die zu den Hydrozoen gehörenden Graptolithen (= „Schriftsteine") (Abb. 124). Ihr Name bezieht sich darauf, daß ihre chitinösen Reste auf den dunklen Schieferplatten Schrittzügen nicht unähnlich sehen (graphein [griech.] = schreiben; lithos = Stein). Als entwicklungsgeschichtlich wichtigste Ereignisse sind das erste Auftreten von Wirbeltieren, nämlich von Fischen und das Erscheinen der ersten Landtiere in Gestalt von Skorpionen zu melden. Außerdem treten die Riesenkrebse (Eurypteriden) auf.

Abb. 124. Rekonstruktion einer Graptolithen- (*Diplograptus*-) Kolonie. Eine Schwimmblase ist der Träger des im Wasser schwebenden Gebildes; unter ihr sind vier Eikapseln sichtbar. (Nach Ruedemann.)

Die Obersilurischen Kalklager sind von Moostierchen (Bryozoen) aufgebaut worden (aber auch Kalkalgen haben sich lebhaft daran beteiligt [siehe S. 209 Anm.]).

c) Devon.

Das Devon ist nach der englischen Grafschaft Devonshire benannt.

Das berühmteste deutsche Devongebiet ist das Rheinische Schiefergebirge, aber auch im Harz, in Schlesien und in Ostthüringen sind devonische Schichten zu finden.

Unter den Gesteinen der Formation haben wir Konglomerate, Arkosen und charakteristische Schiefer, letztere im Hunsrück sowie im Dill- und oberen Lahngebiet; sodann Quarzite in Taunus und Hunsrück, Sandsteine und kalkig-sandige Gesteine in der Eifel, und endlich kalkige Grauwacken und Kalke, welche letzteren ja aus der Gerolsteiner (vgl. Abb. 71, S. 119) und Prümer Mulde der Eifel wegen ihres Fossilienreichtums zu besonderer Berühmtheit gelangt sind.

Diabase und deren Tuffe sowie Schalsteine usw. geben uns

Kunde von der eruptiven Tätigkeit jener Periode und sind rechtsrheinisch an Lahn und Dill zu finden.

Im Unterdevon treten die ersten Landpflanzen auf, so besonders die kleinen, unscheinbaren Psilophyten (S. 207)[1].

Im Oberdevon stellt sich die erste großblättrige Pteridophytenflora ein, die uns in ihrem Habitus bereits deutlich zur Steinkohlenflora hinweist. Die Gattungen Archaeopteris (Urfarn) und Cyclostigma liefern die wichtigsten Vertreter. Die etwa rhombischen Fiedern der Urfarnwedel zeigen stets die primitive Fächeraderung. In Cyclostigma handelt es sich um eine primitive Gattung der Bärlappgewächse (Lycopodiales). Anscheinend gibt es also im Devon noch gar keine Samen erzeugenden Pflanzen.

Unter den Tieren sind die für das Silur so bezeichnenden Graptolithen kaum noch vorhanden. Die Brachiopoden indessen haben für die Gliederung der devonischen Schichten die gleiche Bedeutung wie für das Silur. Besonders bekannt ist unter diesen der Eulen-

Abb. 125. *Stringocephalus Burtini* (Eulenkopf), ein devonischer Armfüßer mit stark vorspringender Ventralschale. (Aus Wagner.)

---

[1]) Diese Pflanzen sind mit Moosen (Bryophyten) verglichen worden, die ja nach dem botanischen System über die Thallophyten (deren wichtigste Vertreter die Algen sind) und unter die Pteridophyten (= farnartige Gewächse = Gefäßkryptogamen) gestellt werden. Das Erscheinen von Bryophyten nach dem Algenzeitalter und vor dem am Ende des Devon beginnenden Zeitalter der Pteridophyten würde sich also sehr gut mit der botanischen Systematik decken. Indessen hat man sich davon überzeugen müssen, daß die Psilophyten keine Moose sind. Wenn sich auch die Sporen der Psilophyten in mooskapselartigen Gebilden befinden, so sind doch die Leitbündel dieser Gewächse komplizierter gebaut als die der Moose. Darum handelt es sich in den Psilophyten bereits um einfachste Pteridophyten, denen man aber wegen der recht geringen Differenzierung des Körpers usw. noch keine lange Bekanntschaft mit den Verhältnissen des Festlandes zusprechen darf.

kopf (Stringocephalus, Abb. 125), wichtig sind die Gattungen Uncites und Productus. Die Producten treten erst im späteren Devon auf. Von ihren Kalkschalen gehen Kalkstacheln aus, mit denen sie am Meeresgrund festzuwachsen vermochten. Die Muscheln

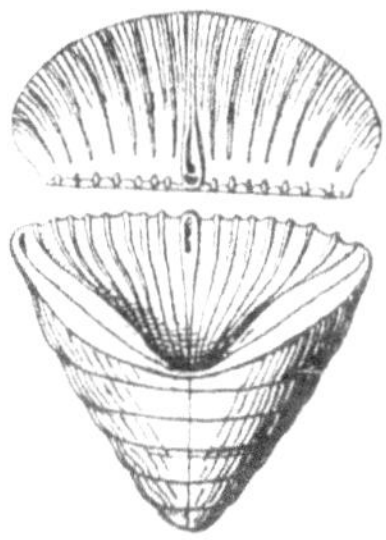

Abb. 126. Pantoffelkoralle (*Calceola sandalina*), eine devonische Einzelkoralle mit Deckel (Nach Toula.)

(Lamellibranchiaten), obgleich für das ganze Paläozoikum von weit geringerer Bedeutung als die Brachiopoden, sind doch schon im Aufblühen begriffen. Die Korallen treten im Devon zum ersten Male stärker in den Vordergrund; Einzelkorallen werden mehr und mehr von kolonie- und somit gesteinsbildenden Formen abgelöst (Abb. 71, S. 119). Aber auch sehr charakteristische Einzelkorallen sind zu nennen; so die Calceola sandalina (Pantoffelkoralle, Abb. 126).

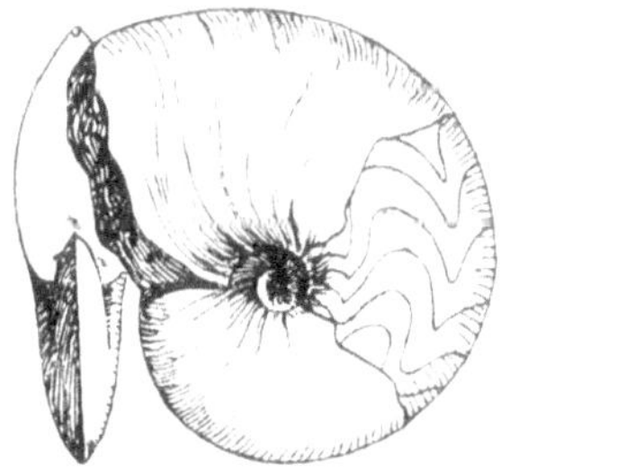

Abb. 127. Ein devonischer Goniatit, als solcher gekennzeichnet durch die charakteristischen Lobenlinien, die auf dem abgeschälten Teil des Fossils (rechts) sichtbar sind; es handelt sich in diesen Lobenlinien um die Linien, in denen die Luftkammerscheidewände die Gehäusewand berühren (vgl. auch Abb. 134, S. 225 und die Unterschrift von Abb. 123, S. 210). (Nach Toula.)

Das Bemerkenswerteste an dieser Form ist der Deckel, eine Konvergenzerscheinung, die das Tier rein äußerlich den Zweischalern nähert. Unter den Echinodermen (Stachelhäutern) blühen die Seelilien (Crinoiden) auf. Sie spielen im Paläozoikum etwa dieselbe Rolle wie die Seeigel im Mesozoikum. Unter den Kopffüßern finden wir neben den Nautiloidea (wie dem in Abb. 123 wiedergegebenen Orthoceras und dem hörnchenförmig gekrümmten Cyrtoceras) bereits eine beträchtliche Anzahl von Ammonoideen („Ammonshörnern"), so daß wir auch von deren Aufblühen sprechen können. Es sind die Goniatiten (Abb. 127), die eine beträchtliche stratigraphische Bedeutung erlangen. Die Trilobiten (Dreilappkrebse) haben nicht mehr entfernt die Bedeutung wie im Silur. Sie sind bereits auf dem absteigenden Aste. Unter den Wirbeltieren finden wir auch hier lediglich Fische, diese aber sind zum Teil recht eigenartig. Es finden sich Panzerfische, wie der Pterichthys (mit seinen merkwürdigen, fälschlich für ruderartige Fortbewegungsorgane gehaltenen Fangarmen [Abb. 128]) und

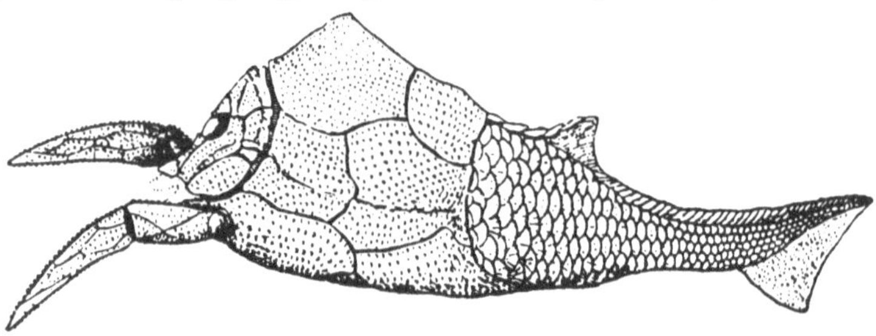

Abb. 128. *Pterichthys Milleri*, ein Panzerfisch aus dem schottischen Mitteldevon (Old Red Sandstone). Rekonstruiert von Abel in ½ nat. Größe. Bezeichnend sind außer der Panzerung die Fangarme und die primitive Ausbildung des Schwanzes und Mundes.

der Coccosteus, der im Gegensatz zur vorigen Form einen selbständigen, beweglichen Unterkiefer und keine Fangarme besaß. Neu hinzugekommen sind die Lungenfische und Quastenflosser.

d) Karbon.

Der Name Karbon bezieht sich auf die in dieser Formation reichlich vorhandenen Steinkohlenlager, insbesondere Mitteleuropas. Es sei jedoch noch einmal betont: es ist eine überholte Meinung, nach der es lediglich in der Steinkohlenformation schwarze glänzende Kohlen gibt (S. 129).

Unter den Gesteinen des Karbons finden sich Kieselschiefer, Grauwacken, Sandsteine, Plattenkalke, Konglomerate und Tonschiefer, sowie schiefrig-sandige Bildungen und als praktisch wichtigste die Steinkohlen.

Die bedeutenderen deutschen Steinkohlenreviere finden sich bei Aachen, an der Ruhr, in Niederschlesien (Waldenburger Becken), in Oberschlesien und an der Saar.

Außer Sedimentärgesteinen enthält die Steinkohlenformation auch viele Erstarrungsgesteine, so besonders Granite, aber auch Porphyre, Porphyrite usw. Bekannt ist der karbonische Granit des Harzes, insbesondere der des Brockens und des Rambergmassivs (Abb. 23, S. 60), aber auch die Granite des Thüringer Waldes, des Erzgebirges und der Vogesen seien genannt.

Hand in Hand mit dem Auftrieb der Erstarrungsgesteine vollzogen sich lebhafte Krustenbewegungen und Veränderungen in der Verteilung von Festland und Meer. Aus dem Meer, das schon während der Silur- und Devonzeit Europa bedeckt hatte, erhoben sich die paläozoischen Alpen, deren spärliche von der Denudation verschonten Reste wir heute in Teilen der deutschen Mittelgebirge wiederfinden (vgl. S. 80). In den Senkungsgebieten, soweit sie nicht sogleich überflutet wurden, wuchs der Torf empor, der bei späteren schnelleren Senkungen unter den Wasserspiegel geriet, einsedimentierte und schließlich zu Steinkohle wurde. Zur Bildung mächtigerer Kohlenflöze sind eben neben den auch heute noch vorhandenen Bedingungen der Torfentstehung allmähliche Landsenkungen notwendig.

Das Klima der Steinkohlenzeit soll die Torfbildung begünstigt haben. Es war wahrscheinlich ein mildes und feuchtes und auf weiten Strecken der Erdkugel gleichartiges. Das deuten uns die Steinkohlenpflanzen an, die nach ihrem ganzen Habitus nicht in trockenen Gegenden aufgewachsen sein können; sie haben unbedingt ein Klima verlangt, in dem es keinen Wechsel von Winter und Sommer oder von Regen und Trockenheit in unserem heutigen Sinne gegeben hat. Besonders die Jahresringlosigkeit der Steinkohlenbäume kann nur durch diese Annahme erklärt werden.

Die Steinkohlenflora kann alles in allem als eine Flora der Gefäßkryptogamen (Pteridophyten) bezeichnet werden, deren heutige hervorragendste Vertreter ja die Farne sind (Abb. 129). Jedenfalls waren damals die Gefäßkryptogamen, zum mindesten was ihre Individuenzahl betrifft, im Übergewicht. Ihre Artenzahl war nicht so gewaltig, wie hier und dort geglaubt wird. Es gab bereits recht viele samentragende Formen, die aber zum Teil Farnlaub

Abb. 129. Vegetation der Steinkohlenzeit nach H. Potonié. Rechts: vorn bei *a* Megaphyton (Farnstamm mit zweizeiliger Beblätterung, eine Reihe Blattnarben ist sichtbar), bei *b* Schlingfarn (*Mariopteris*), in Höhe von *c* Farnbaum; hinten unter *d* Cordaitenbäume (Gymnospermen). In der Mitte: ganz vorn bei *e* auf dem Wasser schwimmend Sphenophyllen, etwas dahinter Calamarienröhricht. Links: bei *f* aus dem Boden gerissene, gabelig verzweigte Stigmaria (= „Wurzelwerk“ der Lepidophyten), dahinter in Höhe von *a* Krone eines Megaphyton-Baumfarns, ganz links bei *g* *Sigillaria*-Krone mit stammbürtigen Blüten, oben unter *h* *Lepidodendron* aus seinen Blüten einen Sporenregen entlassend (den mit Blattnarben bedeckten Stamm umschlingt ein Lianenfarn [*Sphenopteris Hoeninghausi*]).

besaßen. Zu den eigentlichen Gefäßkryptogamen des Karbons gehören außer den echten Farnen die schachtelhalmähnlichen Calamarien und die bärlappähnlichen Lepidophyten wie die Lepidodendren oder Schuppenbäume und Sigillarien oder Siegelbäume. Die samentragenden Steinkohlenpflanzen waren insgesamt Gymnospermen; zu ihnen gehören viele der früher für Farne gehaltenen Gewächse, nämlich die Cycadofilices (Pteridospermen) sowie einige typischere Nacktsamer wie die Cordaitenbäume. Bei den farnähnlichen Nacktsamern erscheint im mittleren produktiven Karbon (als entwicklungsgeschichtlich und besonders als stratigraphisch wichtiges Ereignis) zum ersten Male die Maschenaderung der Blätter[1]) (Lonchopteris [wichtiges Leitfossil]).

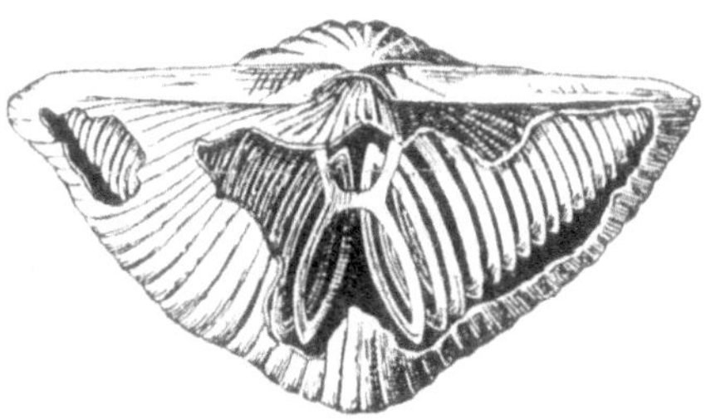

Abb. 130. *Spirifer* aus dem Kohlenkalk, ein Brachiopod mit charakteristischem (spiriferidem) sogenannten Armgerüst aus Kalk, das auf der Abb. unter der teilweise entfernten Schale sichtbar wird und als Träger der Atmungsorgane diente. (Nach Davidson.)

Die Tierwelt der Steinkohlenzeit zeigt uns unter den Primitivsten als Merkwürdigkeit besonders große Foraminiferen (das sind meist Kalkschalen besitzende Urtiere), so die Fusulinen und Schwagerinen. Unter den Brachiopoden ist eine deutliche Abnahme festzustellen. Charakteristisch sind auch jetzt noch die stacheltragenden Produkten, aber auch die durch langen, geraden Schloßrand und bezeichnendes Armgerüst auffallenden Spiriferen (Abb. 130). Von den Muscheln seien nur die Gattungen Posidonia und Anthracosia genannt, deren Vertreter sich häufig in den Schiefern der Steinkohlenflöze finden. Von den Kopffüßern ist zu sagen, daß die Goniatiten (Abb. 127) nicht nur nach wie vor

[1]) Fiederadrige Blätter sind dem primitiven Typ der Fächeraderung (S. 212) schon zu Beginn der Steinkohlenzeit, nämlich im Culm, gefolgt.

sehr bezeichnend für das Paläozoikum sind, sondern daß sie nunmehr durch Zähnelung ihrer Lobenlinie (s. Abb. 134, S. 225) höherstehende Formen aufzuweisen beginnen.

Unter den Landlebewesen finden sich (vielleicht infolge der reichen Karbonflora) Tausendfüßler (Myriapoden), Skorpione und Spinnen, sowie die ersten Insekten, unter denen sehr große Libellen (Meganeura) besonders auffällig sind. Stark abgenommen haben die Dreilappkrebse (Trilobiten).

Die Wirbeltiere sind nicht mehr allein durch die Fische vertreten. Das Festland zeigt uns die ersten Luftatmer. Es sind das die merkwürdigen molchähnlichen Stegocephalen (Abb. 131). Die Reptilien sind bereits in Form der primitiven Cotylosaurier vorhanden.

e) Perm.

1. Allgemeines.

Die letzte Formation des Paläozoikums trägt ihren Namen nach dem russischen Gouvernement Perm. Die deutliche Zweiteilung des Schichtenkomplexes in Rotliegendes und Zechstein hat ihm außerdem den Namen Dyas (= Zweiheit) eingetragen.

Der Übergang vom Karbon zum Rotliegenden vollzieht sich in floristischer Hinsicht lückenlos. Eine beträchtliche Anzahl von Formen der Steinkohlenzeit ist im Rotliegenden unverändert wiederzufinden. Immerhin charakterisiert sich das Rotliegende als etwas Besonderes. Manche Formen sind erloschen und andere neu aufgetaucht. So erblicken wir die ersten typischen Koniferen, wie die Walchien, die wohl mit den Araukarien verwandt sind. Von den Lepidophyten spielen nur noch die Sigillarien eine Rolle, um dann, wie auch die Lepidodendren, am Schlusse der Rotliegendzeit auszusterben. Wichtig ist weiter, daß sich bereits Vorläufer der mesozoischen Flora finden, so ein Verwandter unseres Ginkgo-Baums, einige palmfarnähnliche Gewächse (Cycadophyten, siehe Abb. 137, S. 231) und die bekannte Conifere des Kupferschiefers, die Ullmannia.

Mit Beginn der Zechsteinzeit ändert sich die Flora vollkommen; die Herrschaft der nacktsamigen Gewächse beginnt. Wir finden viele typische Nadelhölzer wie Voltzien und Ullmannien, die uns übrigens alle nur von sekundärer Lagerstätte bekannt sind. Sie entstammen fast alle dem Kupferschiefer. Von den typisch karbonischen Pteridophyten-Formen ist kaum noch etwas übrig geblieben. Die Koniferen aber und Ginkgophyten sind zahlreich vorhanden. Ein großes Zeitalter der Pflanzenwelt, das der Gymnospermen, beginnt also mitten in einer Formation.

Die Meeresfauna der Dyaszeit ist eine der Steinkohlenzeit ähnliche aber verhältnismäßig arme. Letzteres gibt sie uns als die Fauna eines Binnenmeeres zu erkennen. Erwähnt sei, daß die Foraminiferen (Fusulinen) wie im Karbon so auch im Perm von Wichtigkeit sind. — Eine besonders große Rolle spielen die Bryozoen (Moostierchen). Sie treten als Bildner von Kalkriffen hervor, die wir heute als durch die Schichten hindurchragende, ungeschichtete Dolomitmassen wiederfinden (Abb. 65 S. 109). Eine im Perm häufige Bryozoengattung ist Fenestella. Die für das Altertum der Erde bezeichnenden tabulaten Korallen sterben

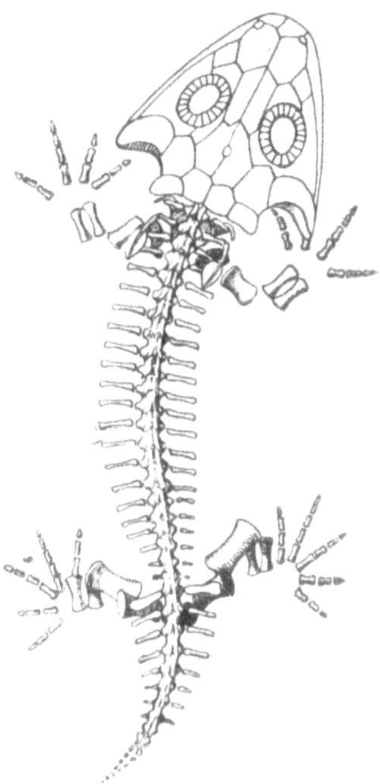

Abb. 131. Ein Stegocephale (Dachschädel), *Pelosaurus laticeps*. Zu beachten ist das über den Augen befindliche Loch, der Sitz eines „überzähligen" (dritten) Auges. (Nach Credner.)

aus. Sehr wichtig sind die Brachiopoden; sie stehen denen des Oberkarbons nahe. Wieder finden wir zahlreiche Produkten, so den Productus horridus. Den Hauptbestandteil der Fauna aber bilden die Muscheln. Freilich haben sie noch immer nicht die Bedeutung wie späterhin im Mesozoikum. Die Cephalopoden (Kopffüßer) zeigen unter den Ammoneen teils noch goniatitische Formen, teils aber auch solche, die bereits eine stärker zerschlitzte Lobenlinie aufweisen. Bemerkenswert ist das Auftreten der letzten Trilobiten (Phillipsia), die somit lediglich für das Paläozoikum charakteristisch sind.

Unter den Wirbeltieren zeigen sich Fische, Amphibien und Reptilien, sowie als immer noch wichtige Vertreter die Stegocephalen

(Abb. 131). Wichtige Gattungen unter den Fischen des Kupferschiefermeeres sind Paläoniscus und Platysomus.

2. Rotliegendes.

Das Rotliegende verdankt seinen Namen dem Mansfelder Bergmann; ihm liegt ein rotes Gestein zu Füßen, wenn er den Kupferschiefer abbaut; es enthält nichts, was ihn interessierte, deshalb nennt er es das „Rote, tote Liegende".

Unter den kalkarmen bis kalkfreien Gesteinen des Rotliegenden finden wir Konglomerate, Sandsteine und Schieferletten und zwar in einer Ausbildung, die für Sedimente des Festlandes spricht; auch die öfter eingeschalteten kleinen Kohlenflöze zeigen das. Wie schon angedeutet, sind die meisten dieser Gesteine rotgefärbt; das wird durch einen gewissen Eisenoxydgehalt bedingt. Weiter finden wir eine große Anzahl von Eruptivgesteinen. Sie geben uns Kunde von dem lebhaften Vulkanismus der Rotliegendzeit.

In Deutschland hat das Rotliegende in der Saar-Nahe-Gegend sein wichtigstes Verbreitungsgebiet. Es findet sich hier zwischen dem devonischen Schiefergebirge des Hunsrücks und der Pfälzer Trias. Es setzt sich fort am Südrand des Taunus, im Odenwald, im Maintal oberhalb Hanau und in der Wetterau. In Süddeutschland ist es ziemlich spärlich entwickelt, es kommt dort z. B. im Schwarzwald vor. Porphyre, Arkosen, Tuffe usw. finden sich bei Baden-Baden. Offenburg usw. Von hervorragender Bedeutung ist auch das Rotliegende des Thüringer Waldes. Auch hier enthält es viele der genannten Eruptivgesteine. Weiter finden wir es im Harz (bei Ilfeld), im Mansfeldschen (als Porphyrkonglomerat), in der Hallenser Gegend (in Form von Quarzporphyr, Tuffen und Tonen) und im Freistaat Sachsen. Dort ist es im Erzgebirge, bei Chemnitz, Zwickau, im Plauenschen Grund bei Dresden usw. zu finden. Schlesien zeigt es uns z. B. in der Waldenburger Kohlenmulde.

3. Zechstein.

Der Name Zechstein ist eine Abänderung des Ausdrucks „zäher Stein".

Verbreitet ist der Zechstein am Harz, im Thüringer Wald, im Frankenwald, am Ostrand des Rheinischen Schiefergebirges, im Riechelsdorfer Gebirge, im Odenwald, im Spessart usw. Er umgibt die Gebirge gewöhnlich als ein schmales Band. Auch in Norddeutschland ist er anzutreffen, so (von Tiefbohrungen abgesehen) zu Lieth bei Altona, Stade, Lüneburg, Lübtheen und Sperenberg.

Die Gesteine des Zechsteins sind kalkige, tonige und dolomitische und sind für den Landwirt besonders wegen ihrer Gips- und Salzführung interessant, die sich namentlich im mittleren aber auch im oberen Zechstein zeigt.

Die Salze haben sich infolge sehr trockenen Klimas durch die Eindampfung des Zechsteinbinnenmeeres abgeschieden (S. 31). Die Abscheidung begann mit dem am schwersten löslichen Anhydrit, dann folgte das Steinsalz und zuletzt die Kalisalze. Merkwürdig erscheint es dem modernen Landwirt, daß man die Kalisalze früher als Abraumsalze bezeichnete. Sie wurden bei der Steinsalzgewinnung als unbrauchbares Deckgebirge betrachtet und abgeräumt.

Die deutschen Salzlager sind die größten und mächtigsten der ganzen Erde. Das ist nicht ohne Einfluß auf die deutsche Landwirtschaft geblieben. Das Verbreitungsgebiet reicht von der holländischen bis zur polnischen Grenze und von der Unterelbe bis nach Südhessen. Die Mächtigkeiten der Salzlagerstätten sind bei Wesel 130 m, bei Salzungen 228 m, bei Staßfurt 380 m und bei Aschersleben sogar 460 m. Bei Sperenberg sind 1132,64 m Steinsalz durchbohrt worden. An über 50 Stellen wird das für den Landwirt so wichtige Kalisalz bergmännisch gewonnen.

Wo sich das Salz in typischer Lagerung vorfindet (Staßfurter Typ, s. S. 131), finden wir zuoberst den sogenannten Salzton. Er ist es, der uns das Salz vor dem Einfluß der Tageswasser bewahrt hat. Darunter folgen die Kalisalze, in denen man drei Zonen unterscheidet: 1. die Carnallitregion; 2. die Kieseritregion und 3. die Polyhalitregion. Die Polyhalitregien besteht aus Steinsalz mit feinen Lagen von Anhydrit und Polyhalit. Unter der Kalisalzzone findet sich das eigentliche von feinen Anhydritschnüren durchsetzte Steinsalz (Abb. 74). Man bezeichnet dieses Stockwerk als die Anhydritregion.

Dem Staßfurter Lagerungstypus steht der Werratypus gegenüber. Hier findet sich nicht nur ein einziges Kalisalzlager, sondern mehrere.

Zu erwähnen sind noch die pfeilerförmigen Salzstöcke oder Salzhorste des norddeutschen Flachlandes (Abb. 47), die dank der

Plastizität des Salzes emporgetrieben worden sind. Das Salz verhält sich nämlich im großen wie eine plastische Masse, die bei Erdrindenbewegungen zu den Stellen der Druckerleichterung gedrängt wird. Dies zeigt sich insbesondere durch das Auftreten der Salzhorste in Sattellinien (S. 77). Wer ein Salzbergwerk befährt, kann sich selbst von der Plastizität des Salzes überzeugen. Verlassene Strecken werden versetzt, d. h. mit Abraum ausgefüllt. Der Abraum kann indessen niemals völlig lückenlos aufgeschichtet werden, und so finden wir, daß sich eine Förderstrecke, durch die man seinerzeit bequem hindurchgehen konnte, unter Zusammenpressung des Versatzes bis auf einen Bruchteil der ursprünglichen Höhe erniedrigt; Strecken ohne Versatz werden allmählich restlos zugedrückt.

Aber nicht nur wegen der Salzführung hat der Zechstein große praktische Bedeutung. Er enthält auch den Kupferschiefer. Allbekannt ist hierdurch das Mansfeldische. — Der Kupferschiefer ist ein bituminöser Mergelschiefer, der sich als ein ursprünglich wohl eisensulfidhaltiger Schlick in dem Binnenmeer der Zechsteinzeit abgesetzt hat. Es müssen dort ähnliche Verhältnisse bestanden haben wie heute im Schwarzen Meer. Die dem Kupferschiefermeer zuströmenden Wasser mögen den Kupfergehalt der in der Umgebung lagernden Eruptivgesteine in sich aufgenommen haben. Der Niederschlag der Kupfersalze dürfte dann durch die Verwesung der im Kupferschiefermeer lebenden und mit dessen Sedimenten auf den Grund hernieder regnenden Planktonorganismen (S. 56, 122 u. 128) erfolgt sein. Daß eine derartige Beziehung zwischen den verwesenden Organismen und dem Kupfergehalt des Gesteines besteht, zeigen uns die bekannten in Form von Metallverbindungen erhaltenen Fische des Kupferschiefers, so der häufig zu findende Palaeoniscus Freieslebeni. Im übrigen ist der Metallgehalt des Kupferschiefers meist in Form von makroskopisch nur schwer erkennbaren Kupferkieskörnchen vorhanden.

VI. Mesozoikum (Mesozoische Formationsgruppe).

Zum Mesozoikum gehören die Formationen Trias, Jura und Kreide.

Verglichen mit der Lagerung des Paläozoikums ist die der neuen Gruppe weniger gestört. Oft sogar liegen die Schichten noch völlig horizontal. Auch die während des Paläozoikums so rege vulkanische Tätigkeit hat aufgehört; nirgends in Deutschland finden sich mesozoische Eruptivgesteine.

Wesentliche Fortschritte der Lebewelt sind das erste Auftreten von Laubhölzern (allerdings erst gegen Ende des Mesozoikums), sowie das Erscheinen von Vögeln, Knochenfischen und Säugetieren; die Laubhölzer und Säugetiere spielen zunächst noch keineswegs eine maßgebende Rolle. In botanischer Hinsicht ist das Mesozoikum bis in die untere Kreide hinein [1]) eine Zeit der nacktsamigen Gewächse, dann aber beginnt schon vor Schluß der Aera die Herrschaft heutiger Pflanzentypen. Unter den Tieren sind bis zum Schluß der Kreide die Reptilien herrschend und halten die Säugetierwelt in Schach. Eine großartige Entwicklung der Saurier findet statt. Nicht minder hervorragend ist das Aufblühen der Ammoniten, der „donnerkeiltragenden" Belemniten und der Hexakorallen. Im Rückgange befinden sich die Brachiopoden; die Muscheln gewinnen den Vorrang. Auch die Crinoiden (Seelilien mit Kalkskelett) beginnen zurückzugehen und die Echinoiden (Seeigel) treten an ihren Platz. Völlig verschwunden sind die Panzerfische, Trilobiten, rugosen und tabulaten Korallen.

a) Trias.

Die Triasformation führt ihren Namen dank der deutlichen Dreiteilung, die sie innerhalb Deutschlands in ihrem Schichtenbau aufweist. Sie zerfällt in Buntsandstein, Muschelkalk und Keuper. In dieser Ausbildung ist sie, freilich nicht zum Segen der Landwirtschaft, eine „typisch deutsche Formation". Sie ist verbreitet von Helgoland bis zu den Juragebirgen und von Oberschlesien bis ins Luxemburgische hinein.

Die deutsche Trias stellt eine Gesteinsfolge dar, die teils auf dem Kontinent teils in binnenmeerischen Räumen entstanden ist.

Anders liegt es bei der südlich von Deutschland entwickelten alpinen Trias. Diese hat sich größtenteils im tieferen Meere gebildet. Die Tethys, ein großes Mittelmeer, das schon im Altertum der Erde existierte, erstreckte sich als breite im Norden und Süden festlandbegrenzte Wasserfläche vom mittleren Amerika über den heutigen

---

[1]) Nämlich bis einschließlich Wealden und Neokom.

Mittelmeerbereich bis in das malaische Gebiet. So entwickelte sich denn eine ozeanische Fazies (S. 109 Anm.) der Trias.

Doch zurück zur deutschen Trias.

Der Buntsandstein zeigt uns sandige und tonig-sandige Bildungen, der Muschelkalk kalkige Gesteine und der Keuper sandig-tonige[1]).

Verbreitet ist die Trias namentlich in Thüringen, Hessen, Franken, Schwaben und Lothringen, aber auch in der südlichen Eifel und im Trierschen Gebiet, sowie in Hannover, im Braunschweigischen, im Magdeburgischen und in Nieder- und Oberschlesien ist sie zu finden. In Form kleiner Horste zeigt sie sich in Rüdersdorf bei Berlin und in Lüneburg. Sie nimmt also ganz beträchtliche Räume ein.

Abb. 132. *Encrinus liliiformis*, eine Seelilie des Muschelkalkmeeres, deren Stielglieder als „Bonifaziuspfennige" besonders im oberen Muschelkalk sehr häufig und daher stellenweise gesteinsbildend sind. (Nach J. Walther.)

1. Fauna der Triaszeit.

Die Fauna der Triaszeit zeigt uns bereits viele Hexakorallen; sie treten im Mesozoikum an die Stelle der für das Paläozoikum charakteristischen und gern als Einzeltiere lebenden Tetrakorallen. Erwähnenswert unter den Echinodermen sind die Encrinusarten (Abb. 132), die aus ihren Stengelgliedern ganze Schichten des Muschelkalks gebildet haben (Trochitenkalk). In

[1]) In bewaldeten deutschen Triasgebieten finden wir die Buche als den Baum des Muschelkalks, Nadelhölzer dagegen auf dem Buntsandstein.

Abb. 133. *Terebratula*, eine für das Mesozoikum charakteristische Brachiopodengattung. (Aus Haase.)

Abb. 134. *Ceratites nodosus* (mit „ceratitischer" Lobenlinie) ein wichtiges Leitfossil des oberen Muschelkalkes. (Aus Haase.)

großer Individuenzahl finden sich die Brachiopoden; die Zahl ihrer Familien hat jedoch abgenommen; man bemerkt, wie sie ihre Rolle allmählich den Muscheln übergeben. Unter den Brachiopoden ist es die Gruppe Terebratula (Abb. 133), die aufzublühen beginnt. Die ersten Belemniten (Abb. 139) sind zu melden. Die Hauptleitfossilien aber sind die Ammoniten; wegen der sich von nun an entfaltenden Formenfülle bleiben sie durch das ganze Mesozoikum bis zu ihrem Aussterben an dessen Ende von großer Bedeutung. Die für die Trias wichtigste Ammonitengattung ist Ceratites (Abb. 134). Sie ist ganz besonders bezeichnend für den deutschen Muschelkalk. Die Reptilien sind gegenüber denen der Permzeit wesentlich in den Vordergrund getreten. Fast alle Abteilungen dieser Tierklasse, die dann später im Verlauf des Mesozoikums so große Bedeutung erlangt, sind schon in der Trias vertreten. Mit die interessantesten unter den triassischen Reptilien sind die durch säugetierähnliche Ausbildung des Schädels, insbesondere der Zähne (Backenzähne, Eckzähne, Schneidezähne) auffallenden Theromorphen. Von der Entfaltung der Reptilien zeugen auch die ersten Flugsaurier. Die Stegocephalen bringen im Keuper ihre letzten Vertreter hervor. Als eines der wichtigsten Ereignisse wird gewöhnlich das erste Auftreten von Säugetieren (Beuteltieren) genannt; neuerdings ist jedoch geäußert worden, daß die dem Keuper entstammenden säugetierähnlichen Zähnchen (Microlestes und Triglyphus) vielleicht den soeben genannten Theromorphen angehört haben.

Einige weitere Bemerkungen über die Fauna sowie Angaben über die Flora der Trias seien bei den einzelnen Abschnitten der Formation gebracht.

2. Buntsandstein.

Der Buntsandstein zeigt uns vorwiegend rote, durch Eisenoxyd gefärbte Sandsteine, Sandsteinschiefer und Schieferletten.

Abb. 135. Rogenstein des unteren Buntsandsteins; Nordrand des Harzes, Sonnenberg bei Wienrode westlich Thale. (Orig. R. Potonié.)

Stellenweise finden wir auch Konglomerate. Sehr bezeichnend für den unteren Buntsandstein sind die bei der Verwitterung in stecknadelkopf- bis etwa erbsengroße Kügelchen zerfallenden Rogensteine (Oolithe = „Eisteine") die namentlich in der Umgebung des Harzes vorkommen (Abb. 135). Im oberen Teil des Buntsandsteins, im Röt (Abb. 62, S. 108), finden sich bunte Mergel mit Gips und Steinsalz, sowie als Übergang zum Muschelkalk Kalke und Dolomite. Genannt sei schließlich noch der Bröckelschiefer aus dem Westen des Thüringer Waldes, aus Süd-Hannover und dem Spessart, es ist das ein dunkelroter krümeliger Letten.

Praktisch wichtig ist der Buntsandstein in gewissen festeren Ausbildungen als Baumaterial, und zwar namentlich in Südwestdeutschland. Die gröberen der festen Buntsandsteinbänke werden zu

Abb. 136. Wellenfurchen (links) und Trockenrisse (rechts) auf den fast senkrecht stehenden Schichten des Buntsandsteins am nördlichen Harzrand bei Thale. (Orig. R. Potonié.)

Mühlsteinen verarbeitet. Wo der Buntsandstein, wie am Thüringer Wald, in den unteren Zonen ein toniges Bindemittel aufweist, hat er die Veranlassung zu einer alten Porzellanindustrie gegeben (Kaolin). Die Letten des Röt sind geschätzte Tone (Abb. 62, S. 108).

Bezeichnend für die Schichtoberflächen des Buntsandsteins sind Wellenfurchen, Trockenrisse (Abb. 136) und fossile Regentropfen, die uns darauf hinweisen, daß es sich in diesen Sandsteinen um Festlands-, wahrscheinlich sogar um Wüstenbildungen handelt.

Letzteres wird auch durch die rote Farbe, also durch die hohe Oxydtionsstufe des Eisens nahegelegt, die ja bei größerer Feuchtigkeit nicht erreicht worden wäre. Ebenso sprechen für den Wüstencharakter der Buntsandsteinlandschaft die häufig aufzufindenden Windkanter (S. 48). Wichtig in dieser Hinsicht ist weiter die namentlich im mittleren Buntsandstein verbreitete Kreuzschichtung (S. 22 u. 52). Endlich zeigt die Flora des mittleren Buntsandsteins Wüstencharaktere.

Im oberen Buntsandstein (Röt), wo bereits ein langsames Untertauchen des Festlandes bemerkbar wird, mögen sich viele Lagunen gebildet haben, in denen es in ähnlicher Weise wie im Zechstein zur Entstehung von Salzlagerstätten kam. Auch auf Grund der Fauna verraten sich die Rötbildungen als solche eines flachen Binnenmeeres.

Von der Buntsandsteinflora sind uns nur verhältnismäßig spärliche Pflanzenreste erhalten geblieben. Sie beschränken sich meist auf ganz bestimmte Fundpunkte oder Gegenden, so daß der Eindruck erweckt wird, es handle sich um oasenartige Gebiete. Das gilt insbesondere von denjenigen Fundstellen, wo sich Farne (Neuropteridium), Schachtelhalme (Equisetiten) und Coniferen (Voltzia, Albertia) zeigen. Alles in allem scheint die Buntsandsteinflora teils die von Oasen eines Wüstengebietes, teils eine solche verfestigter Dünen gewesen zu sein. Manche Pflanzen machen nämlich ganz den Eindruck, als seien sie typische Wüstenformen gewesen; so sei an die ganz unverzweigte, kakteenhaft blattlose Pleuromeia erinnert, die eine Verwandte der Lepidophyten ist.

3. Muschelkalk.

Die Schichten des Muschelkalkes zeigen im wesentlichen kalkige Materialien, die eine verhältnismäßig artenarme aber individuenreiche Fauna enthalten. Im Verbreitungsgebiet des Muschelkalkes haben wir eben die verarmte Fauna einer nördlichen flachen Bucht der Tethys, während wir in der alpinen Trias die reiche Fauna der Hochsee wiederfinden.

Der Muschelkalk ist weniger verbreitet als der Buntsandstein. Immerhin nimmt er in Thüringen, Franken, Schwaben und Lothringen beträchtliche Gebiete ein und ist in kleineren Vorkommen auch im nördlichen Harzvorland, sowie in Schlesien usw. anzutreffen.

Die Bildung des Muschelkalkes begann mit der Entstehung des dünnplattigen Wellenkalks, dem die als Werksteine bekannten Schaumkalke eingeschaltet sind; das sind schöne poröse Steine, deren Poren durch Herauslösung oolitischer Teile gebildet wurden. Der mittlere Muschelkalk zeigt uns graue und gelbe Dolomite usw. Es muß hier wieder (bei trockenem Klima) zu einer Verflachung und Abschnürung (S. 31) des schon etwas tiefer gewesenen Meeres gekommen sein, denn wir finden in diesen Dolomiten auch Salzlager; so in Heilbronn, Kochendorf, Stetten und Erfurt (wo sie auch abgebaut werden).

Kaum etwas ist über die Flora des Muschelkalkes zu sagen. Fast gar keine Landpflanzen sind uns hier bekannt. Es gibt nur einige wenige verschwemmte Farnstämmchen, Koniferenzweige usw.

4. Keuper.

Der Keuper zeigt uns bunte, meist rote Mergel und Letten, in denen sich Gips und seltener auch Steinsalz vorfindet; sodann gibt es hellere Sandsteine und unreine geringmächtige Kalke und Dolomite.

Ausgebildet ist dieser Schichtenkomplex besonders schön in Franken und Schwaben, aber auch in Elsaß-Lothringen und Luxemburg. Weiter finden wir den Keuper im Thüringer Becken, in der Senke zwischen Teutoburger Wald und Wesergebirge, in der Gegend zwischen Braunschweig und Halberstadt, in Oberschlesien usw.

Die Keuperbildungen verraten sich als größtenteils auf dem Festlande entstanden. Teils sind es Bildungen fließenden Wassers, teils, wie die Keuperkohle, solche von Sumpfgeländen und brackischen Lagunen. Alles in allem also finden wir Gesteine, die sich gut mit dem Gedanken eines sich allmählich zurückziehenden Meeres vertragen.

Sehr gut sind wir über die Flora des Keupers unterrichtet. Eine ganze Anzahl von Farnen[1]), Schachtelhalmen, Koniferen, und Palmfarnen sind hier gefunden worden. Die Rätische[2]) Flora,

---

[1]) Die Farne zeigen im Keuper zum ersten Mal die Doppelmaschenaderung (Clathropteris): in jeder Masche des Adernetzes befindet sich ein Netz aus kleineren Maschen; der modernste Aderungstyp ist hiermit erreicht.

[2]) Rät = Oberer Keuper.

d. h. diejenige der höchsten Stufe des Keupers, läßt sich kaum von der folgenden reichen altjurassischen trennen und sei deshalb erst dort besprochen (Abb. 137).

Von der Fauna seien als wichtig die Stegocephalen und die Saurier genannt.

b) Jura.

Nach der Festlandsepoche des Keupers ist das Meer erneut nach Deutschland vorgedrungen und ermöglichte die Bildungen der Juraperiode.

Der Jura führt seinen Namen nach dem Schweizer Juragebirge. Seine Hauptverbreitungsgebiete in Deutschland sind der Fränkisch-Schwäbische Jura und die nordwestdeutschen Juragebiete. Letztere hängen nicht zusammen. Wir finden sie von Helmstedt und Quedlinburg bis zum Teutoburger Walde sowie in der Weserkette. Endlich haben wir in Oberschlesien jurassische Bildungen.

Die Juraformation zerfällt wiederum in drei deutlich unterscheidbare Abschnitte, das sind der Lias oder schwarze Jura, so genannt wegen der dunklen Farbe vieler seiner Gesteine, der Dogger oder braune Jura, in dem u. a. gelbliche Sandsteine und braunrote Eisenoolite (vgl. Abb. 135) vorkommen und endlich der Malm oder weiße Jura, der uns besonders durch seine weißen Kalke und Dolomite auffällt.

Der Lias zeigt uns in Schwaben Kalke, Tone, Mergel und dunkle bituminöse Schiefer. Ähnlich ausgebildet ist er in Franken und Lothringen, sowie in Luxemburg und Norddeutschland. In dem zuletzt genannten Gebiet sind vor allem die ihm eingeschalteten oolithischen Roteisensteine auffällig.

Der Dogger zeigt uns im schwäbischen Gebiete Tone, gelbliche Sandsteine, Eisenoolithe und Kalke, und zwar hält er diese Ausbildung in Franken und in Luxemburg durch. Merkwürdig sind in Nordwestdeutschland und Luxemburg die im unteren Teil des Dogger auftretenden braunroten oolithischen Eisenerze, die als Minette bekannt sind und bergmännische Bedeutung haben; sie bilden die größten Eisenerzlager Mitteleuropas.

Der Malm zeigt im klassischen Juragebiet (Schwaben) helle Mergel, vor allem aber lichte Kalke und Dolomite. Sodann im oberen Teil Riffkalke und Plattenkalke, wie den berühmten lithographi-

Abb. 137. Rekonstruktion einer mesozoischen (rätischen) Vegetation. Im Hintergrund Nadel-(Coniferen-)wald, davor Schachtelhalmröhricht. Vorn links und rechts bei *a* Ginkgobäume mit langausholender regelloser Verzweigung. Im Vorder- und Mittelgrund (z. B. unter *b*) Cykadeengewächse mit palmenähnlicher Beblätterung (daher Palmfarne genannt). Ganz links unten bei *c* eine Bennettitee (Wielandiella). Vorn bei *d* usw. Farne; der bandartige bei *e* ist eine Taeniopteris, die lyraartige Form bei *f* ein Dictyophyllum. (Nach H. Potonié und W. Gothan.)

schen Schiefer von Solnhofen (im Fränkischen Jura). Letzterer hat große Bedeutung für die Steindruckerei und hat sich aus feinstem Kalkschlamm gebildet. Recht anders als in den süddeutschen Gebieten ist der Malm in Nordwestdeutschland beschaffen. Er ist hier nicht marin, sondern im wesentlichen lagunär. Nur die unteren Schichten (Kalksandsteine und Korallenoolithe) sind noch marin.

Abb. 138. Bennettitee (Williamsonia pecten) aus dem mittleren Jura von Yorkshire (England). Die Blüten der Bennettiteen zeigen zum ersten Mal „Blumengestalten“[1]). Links die Blüte mit strahligen, Blütenstaub erzeugenden Blättern; in die Mitte dieser Strahlen ist bei der Rekonstruktion die Frucht (mit charakteristischer Felderung, siehe Teilfigur links unten) gesetzt worden, in Wahrheit aber befanden sich bei dieser Art die weiblichen Organe in besonderen Blüten. Rechts dazugehöriges Laubblatt. (Nach Nathorst.) Vgl. auch Abb. 144, S. 237.

Abb. 139. Schwimmender Belemnit (Rekonstruktion). Links das Rostrum, Donnerkeil genannt, das wohl dem rückwärts schwimmenden Tier als „Wasserzerteiler“ diente. (Nach J. Walther.)

[1]) Blumen nennt man solche Blüten, die den Insekten angepaßt sind; das läßt sich von den Bennettiteenblüten nicht behaupten; dennoch sind sie schon „blumenartig“ oder doch blumenähnlich.

Abb. 140. Ichthyosaurus (Rekonstruktion), guter Schwimmer von delphinartiger Gestalt. Die starke Bezahnung deutet auf die Raubtiernatur. (Aus Haase.)

Auch in Norddeutschland und Nordwestdeutschland gibt es Mergel und Plattenkalke.

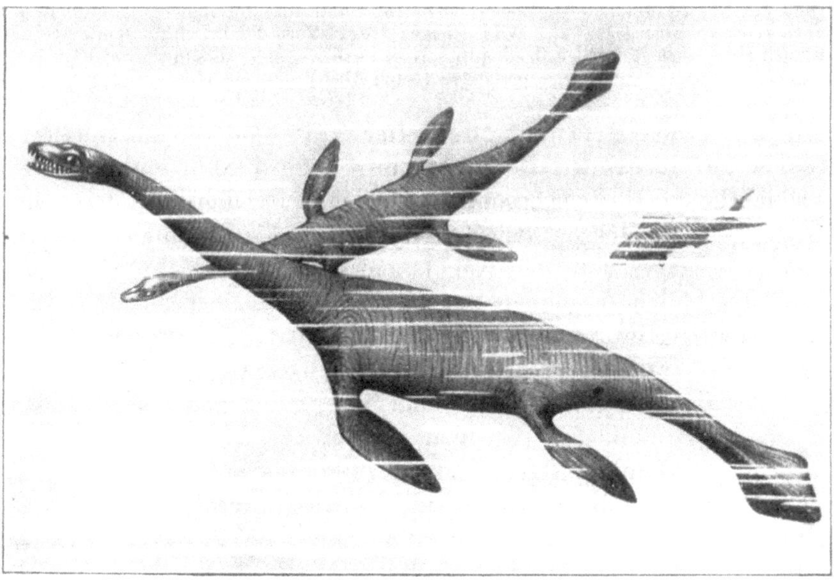

Abb. 141. Plesiosaurus (Rekonstruktion), nicht fischähnlich wie der Ichthyosaurus, sondern in den wesentlichen Körperteilen teils an eine Schildkröte (vier Ruder), teils an eine Robbe (rein äußerlich: Schwanz und Körper) erinnernd (Robbensaurier). (Aus Haase [verändert].)

Abb. 142. Dinosaurier (Rekonstruktion) aus dem oberen Jura Nordamerikas. Im Hintergrund der 12—20 m lange Diplodocus Carnegii, ein pflanzenfressender Dinosaurier, der seinen Hals wohl meist schwanenartig gebogen trug. Vorn der fleischfressende, sich nur auf den Hinterbeinen (vielleicht känguruhartig) fortbewegende Allosaurus von 10 m Körperlänge. (Nach Abel.)

Unter den Pflanzen der Jurazeit sind die im mittleren Keuper auftauchenden Bennettiteen (Abb. 138) in entwicklungsgeschichtlicher Hinsicht besonders wichtig. Sie gehören zu den palmfarnartigen Gewächsen (Cycadophyten) und bezeichnen vielleicht einen Übergang von den Nacktsamern zu den noch nicht vorhandenen blumentragenden Bedecktsamern (Angiospermen). Weitere wichtige Florenbestandteile finden sich unter den Koniferen, und zwar als Araukarieen, Taxodieen und Zypressen, ja selbst die modernste Koniferengruppe, nämlich die der Tannen, ist schon vertreten. Einen großen Aufschwung nehmen die Ginkgophyten. Die Lepidophyten des Paläozoikums sind längst verschwunden. Wichtig ist die Tatsache, daß in unseren Breiten im Holz der Bäume Jahresringe erscheinen; es ist dies ein sicherer Beweis für jahreszeitliche Klimaschwankungen; ein gleichmäßiges Klima wie im Carbon kann zur Jurazeit — da, wo man Jahresringe findet — nicht geherrscht haben.

Unter den primitiven Tieren der Jurazeit sind die Spongien (Schwämme) als Riffbildner von Bedeutung. Eine ähnliche Rolle spielen die Hexakorallen, sie entwickeln eine Reihe riffbildender Formen. Bemerkenswert ist sodann das Aufblühen der Echiniden (Seeigel). Es vollzieht sich hierbei der Übergang von den regulären zu den irregulären Seeigelformen (Abb. 146). Als bezeichnende Erscheinung für das Mittelalter der Erde nehmen die Brachiopoden ab. Hierfür gewinnen die Lamellibranchiaten (Muscheln) immer mehr an Wichtigkeit. Zum ersten Male gibt es Bänke von echten Austern. Eine ganz hervorragende Bedeutung gewinnen die Cephalopoden. In nie geahnter Formenfülle treten sie uns als Ammoniten entgegen und sind uns zu wichtigen Leitfossilien geworden. Die Gliederung der Juraformation beruht wesentlich auf ihnen. Die Nautileen treten demgegenüber stark in den Hintergrund. Reichlich vorhanden sind jedoch die Belemnitiden (Abb. 139). Innerhalb des Wirbeltierstammes sind die Stegocephalen völlig verschwunden. Die Reptilien dagegen stehen jetzt auf einer nie wieder erreichten Höhe ihrer Entwicklung (Ichthyosaurier [Abb. 140], Plesiosaurier [Abb. 141], Flugsaurier, Dinosaurier [Abb. 142]). Hervorzuheben ist sodann das Auftreten des ersten Vogels, der Archäopterix, die jedoch noch viele Reptilienmerkmale aufweist. — Die Säuger werden durch multituberculate Formen vertreten.

Abb. 143. Die Archaeopteryx (Berliner Exemplar), ein jurassischer Vogel (Solnhofener Schiefer) mit Eidechsencharakteren; man beachte die vielen Schwanzwirbel, die Bezahnung, die Ausbildung der Zehen, den Mangel eines großen Brustbeins usw. (Aus Zittel.)

c) Kreide.

Der Name der Kreideformation bezieht sich auf die weiße Schreibkreide, die wir Deutschen namentlich aus Rügen kennen. Neben der Kreide sind indessen noch viele andere kretazische Gesteinsarten zu nennen, so u. a. die Sandsteine des Elbsandsteingebirges, des nördlichen Harzvorlandes und der Hilsmulde, die Mergel- und Süßwassertone, von denen letztere bei Obernkirchen auftreten, endlich die marinen Tone der unteren Kreide von Braunschweig und Hannover. Auch Kreidekohlen werden in Obernkirchen abgebaut. Außer an den schon genannten Orten ist die Kreide in Deutschland auch im Deistergebiet, in der Grafschaft Schaumburg, im Wesergebirge und im Teutoburger Wald entwickelt.

Eingeteilt wird die Gesteinsfolge in die untere und obere Kreide. Die Untere zerfällt in Wealden[1]), Neokom und Gault[2]), die Obere in Cenoman, Turon, Emscher, Senon und Dänische Stufe. Der zuletzt genannte Abschnitt wird von manchen Forschern schon zum Tertiär gerechnet.

Mit der kurzen Charakteristik, die von der Juraflora gegeben wurde, haben wir eigentlich auch schon die Flora der unteren Kreide gekennzeichnet. Die Wealden- und Neokomflora ist noch eine rein jurassische. Unter den Gymnospermen haben jedoch die Ginkgophyten den Höhepunkt ihrer Entwicklung schon überschritten. Mit Abschluß der unteren Kreide verschwindet dann die jurassische Flora und damit die mesozoische von der Bildfläche. Die Zeit der Gymnospermen wird abgelöst vom Zeitalter der bedecktsamigen Pflanzen, der Angiospermen. Im Wealden und Neokom ist von diesem neuen Element noch nichts zu bemerken. Erst gegen Ende der unteren Kreide, nämlich im Alb und Apt, stellen sich seine Vertreter ein und drängen bald alles andere in den Hintergrund. In den jurassischen Bennettiteen haben wir Vorläufer der Angiospermenflora zu bemerken geglaubt und werden uns um so mehr auf diesen Standpunkt stellen, als die Bennettiteen auch noch in der unteren

---

[1]) sprich engl.: Wielden.

[2]) Genauer gliedert man die untere Kreide in Valendis, Hauterive und Barrême (welche drei dem Neokom entsprechen), sowie weiter in Apt, Alb und Dänische Stufe. Dies sei nur wegen der folgenden Charakterisierung der Flora mitgeteilt.

Kreide vorhanden sind (Abb. 144) und so den Angiospermen unmittelbar vorangehen. Verbindende Zwischenglieder gibt es jedoch nicht. Zu den ältesten uns bekannten Angiospermen gehören die Pappeln (Windblütler) und die Magnolien[1] (Insektenblütler); letztere gehören zu einer Familie, die schon früher auf Grund rein botanischer

Abb. 144. Rekonstruierte Bennettiteenblüte (Cycadeoïdea dacotensis) aus der unteren Kreide Nordamerikas (vgl. Abb. 138 und die dazugehörige Anm.). *a* = Hüllblätter, die mit den Perigonblättern heutiger Blumen zu vergleichen sind; *b* = die „Staubblätter" (Pollensackträger), die in ihrer Form noch an den gefiederten Blattwedel erinnern, aus dem sie entstanden sind, links farnwedelartig eingerolltes Staubblatt; in der Mitte ein kegelförmiges Gebilde, das dem Fruchtknoten entspricht, und zwar einem vielsamigen. Die Samen sind jedoch noch nicht gänzlich eingeschlossen, so daß das Gebilde noch nicht angiosperm, jedoch auch nicht mehr echt gymnosperm ist. (Nach Wieland.)

Erwägungen als die primitivste der Angiospermen bezeichnet worden ist. Neben den Angiospermen lebte, wie ja übrigens auch noch in der Gegenwart, eine recht bedeutende Coniferenflora.

[1]) Die im Cenoman erscheinenden Magnolien sind Vielfrüchtler (Polycarpicae); man hat behauptet, daß die Bennettiteenblüte gewisse Ähnlichkeiten mit der Vielfrüchtlerblüte habe; dies ist jedoch keineswegs einwandfrei. — Außer den bereits in der unteren Kreide erscheinenden Pappeln seien von dikotylen (= Laub-) Hölzern noch genannt: die Eichen (Quercus, besser Dryophyllum; obere Kreide), die Credneria (vielleicht zu den Platanen gehörig; Senon und Cenoman), der Brotfruchtbaum (Artocarpus). Unter den monokotylen Angiospermen sind vor allem die Palmen zu erwähnen, deren älteste Vertreter sich im Cenoman finden.

Die Fauna zeigt bei den Foraminiferen, die uns ja zuletzt im Karbon aufgefallen waren, eine neue Blütezeit. Wesentlich aus ihnen sind die Kreidefelsen Rügens aufgebaut. Wichtig sind die irregulären Seeigel (Abb. 146) geworden. Ebenso die Lamellibranchiaten, die durch Gattungen wie Gryphaea, Inoceramus (Abb. 145) usw. vertreten werden. Von großer Bedeutung sind auch für die Kreidezeit die Cephalopoden. In der obersten Kreide, nämlich im Senon, zeigen sie uns unter den Ammoniten die letzten Formen ihres für das Mesozoikum so wichtigen Geschlechts. Kein

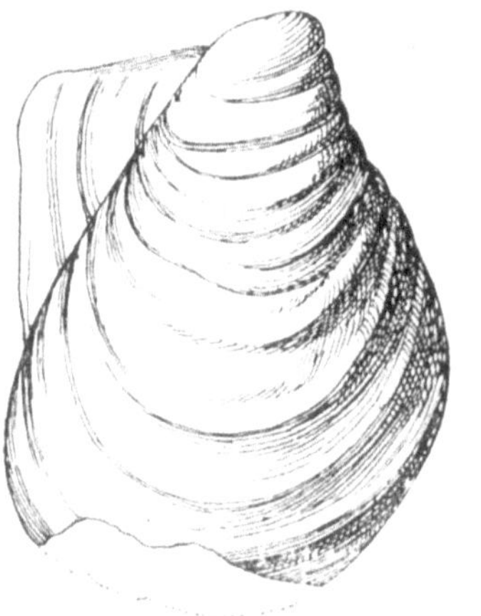

Abb. 145. Inoceramus Lamarcki, ein Leitfossil, des sächsischen Quadersandsteins. (Nach Geinitz.)

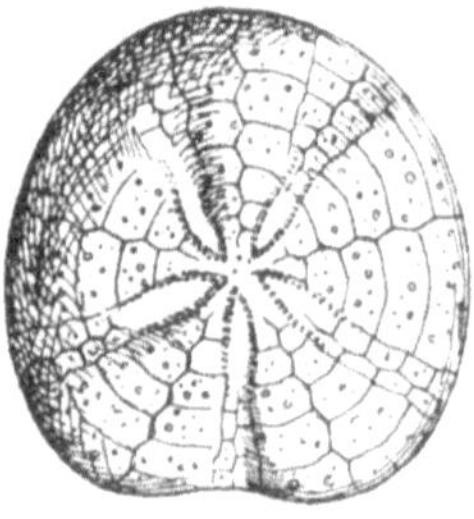

Abb. 146. Zweiseitig symmetrischer Seeigel der Kreide (Micraster cortestudinarium). (Nach Geinitz.)

Ammonit hat die Kreidezeit überlebt. Interessant sind die sogenannten ammonitischen Nebenformen. Sie sind nicht mehr schneckenförmig aufgerollt sondern z. B. korkzieherartig gedreht oder hakenförmig gekrümmt. Als eine der letzten erscheint die Gattung Scaphites. Sie zeigt uns ein Gehäuse, dessen Anfang noch aufgerollt ist, dann aber gerade bleibt und sich schließlich hakenförmig umbiegt. Weiter sind unter den Cephalopoden der Kreide die Belemniten von Bedeutung (Abb. 139); sie sterben abgesehen von einigen Ausläufern am Schluß der Kreide aus. Die Wirbeltierwelt fällt u. a. durch das in der oberen Kreide bemerkbar werdende Hervortreten der Knochenfische auf. Sehr bezeichnend für die ganze Kreidezeit sind schließlich die Reptilien:

die Saurier erleben vor ihrem endgültigen Aussterben eine bedeutende Blüte; so bringen sie unter den Flugsauriern Riesenformen hervor. Schließlich seien noch die bezahnten Kreidevögel erwähnt.

VII. Kaenozoikum (Neo- oder Kaenozoische Formationsgruppe).

Im Kaenozoikum, der Neuzeit der Erde, bildeten sich die Formationen Tertiär und Quartär.

Die Gesteine dieser Formationen sind von meist lockerer Beschaffenheit.

Die Flora des Kaenozoikums zeigt im wesentlichen den Habitus der heutigen.

Auch die Tierwelt nähert sich sehr bald derjenigen der Jetztzeit. Die charakteristischen Formen des Mesozoikums sind verschwunden. Es gibt keine Saurier mehr und keine Ammoniten und auch die wenigen Ausläufer der Belemniten verschwinden bald. Die Brachiopoden gehen aufs stärkste zurück. Dafür vollzieht sich die Entwicklung der normalen Vögel und die Herrschaft der plazentalen Säugetiere.

a) Tertiär.

Das Tertiär besteht im wesentlichen aus Sanden, Tonen und Mergeln, und unter den nutzbaren Gesteinen finden wir als bekannteste verschiedene Braunkohlenarten.

Wie die Steinkohlenzeit, so ist auch das Tertiär eine Zeit lebhaftester Gebirgsbildung. Damals sind u. a. die Alpen entstanden (S. 82). Wie im Karbon, so wird auch diesmal wieder die gebirgsbildende Tätigkeit begleitet von vulkanischen Erscheinungen, von denen z. B. Basalte und Tuffe der Eifel Zeugnis ablegen.

Eingeteilt wird die Tertiärformation in Alttertiär (Paleocän, Eocän, Oligocän) und Jungtertiär (Miocän und Pliocän).

Die Flora der Tertiärzeit zeigt im Eocän noch manche Anklänge an die Pflanzenwelt der oberen Kreide, so besonders durch die Fortdauer der zu den Eichen gerechneten Dryophyllen. Die nacheocäne Flora (Abb. 147) kann man dann aber kurz als eine mit der heutigen übereinstimmende oder doch von ihr nur in untergeord-

Abb. 147. Vegetationsbild aus dem Oligocän unserer Breiten. Rechts, bei *a* Rand eines Waldmoors mit Sumpfzypressen (Taxodium distichum) und Mammutbäumen (Sequoia Langsdorffi); bezeichnend ist der sich unten mächtig verbreiternde Stamm der Sumpfzypressen; vorn bei *b* Farne, Gräser usw. Links bei *c* Palmen mit Fieder- und Fächerblättern, dahinter bei *d* gemischter Laubwald. (Nach Gothan.)

neten Zügen abweichende bezeichnen. So sind z. B. im älteren Tertiär auch noch in unseren Breiten als besonders auffällige Florenbestandteile die Palmen häufig. Unter den Coniferen spielen während der ganzen Tertiärzeit neben den Tannen die Sumpfzypressen und Mammutbäume eine wichtige Rolle[1]). In diesen Coniferen haben wir zugleich Formen vor uns, die, unserer heutigen deutschen Flora fremd, der europäischen Tertiärflora den Stempel aufdrücken. Weiter sind die Lorbeergewächse (Lauraceen) bezeichnend; sie treten namentlich im Alttertiär in vielen Formen auf. Erst die Eiszeit hat bei uns wesentlich dazu beigetragen, die heutigen floristischen Verhältnisse zu verursachen. Sie brachte die Tertiärflora zum Verschwinden. In Nordamerika dagegen, in Ostasien usw. sieht man noch heute eine „Tertiärflora" wachsen und blühen, deren ehemals bei uns heimische Vertreter zum Teil durch den Menschen als Zierpflanzen den Rückweg nach Europa gefunden haben, so die Magnolien, viele Ahorn- und Eichenarten, die Sumpfzypressen, der Tulpenbaum, die Catalpa, die Lebensbäume, viele Tannengewächse und andere Coniferen. Außer diesen Rückwanderern besitzen wir im südlichen Europa noch eine Anzahl von Tertiär-Relikten, so die rumelische Weimutskiefer und die griechische Roßkastanie, deren nächste Verwandten in Nordamerika oder Ostasien zu suchen sind.

In der Fauna treten die Foraminiferen wie in der Steinkohlenzeit so auch im Tertiär (Braunkohlenzeit) mit besonders großen Formen hervor. Sie beherrschen das äquatoriale Alttertiär. Hierher gehören die Nummuliten (Abb. 148), die seinerzeit, als man sie in den Bausteinen der ägyptischen Pyramiden beobachtete, für Linsen gehalten wurden, die vom Mittagsmahl der Pyramidenerbauer übriggeblieben sein sollten. Sehr wichtig für das Tertiär sind die Echiniden. Garnicht mehr vorhanden sind die Ammoniten. Den Belemniten folgen nur noch einige wenige Ausläufer. — Erstaunlich wirkt das plötzliche Hervortreten der placentalen

[1]) Nach der neuesten Ansicht scheint in unseren Braunkohlenmooren nicht die Sumpfzypresse (Taxodium distichum), sondern das trocknere Standorte bevorzugende Taxodium mexicanum vorgekommen zu sein; auch sind die Taxodien nicht in dem Maße herrschend gewesen, wie man bisher geglaubt hat; eine mindestens ebenso große, zum Teil sogar noch bedeutendere Rolle spielte eine Verwandte unseres heutigen Mammutbaums, die mit der heutigen Sequoia sempervirens so gut wie identische Sequoia Langsdorffi.

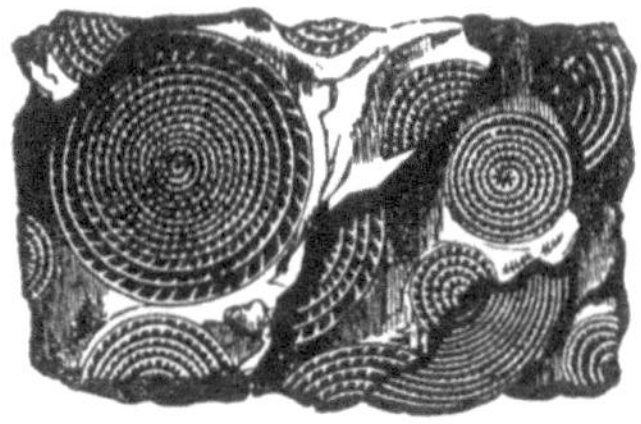

Abb. 148. Nummulitenkalk. Die Nummuliten sind Urtiere (Protozoen) und gehören zu den Foraminiferen; letztere besitzen meist kalkige, oft zierlich gekammerte (vgl. Abb.) Schalen. (Aus Haase.)

Säugetiere. Sie spielen nunmehr die Herrscherrolle. Im Alttertiär werden sie wesentlich durch Huftiere vertreten. Daneben gibt es Fledermäuse, Wale, Nagetiere, Raubtiere und als entwicklungsgeschichtlich besonders interessante Erscheinung eine Anzahl von Halbaffen. Im Jungtertiär übernehmen unter den Säugetieren die Proboscidier die Führung. Hierher gehören die Gattungen Dinotherium, Mastodon und Elephas. Unter den Unpaarzehern sind die Equiden sowie die Rhinoceroten wichtig geworden. Von Wiederkäuern sind die Cameliden, Giraffiden und Cerviden zu nennen. Noch nicht häufig sind die Rinder. Die Raubtiere sind vertreten durch Ursiden, Hyaeniden und Katzen, darunter auch echte Hyänen, Katzen, Hunde und Bären. Schließlich sind bereits höhere Affen vorhanden, und auch vom Menschen wird behauptet, daß er schon im Tertiär vorhanden gewesen sei; hierfür sollen die „Eolithen" sprechen, die als seine primitiven Steinwerkzeuge betrachtet werden und entfernt an die späteren Faustkeile erinnern (Abb. 149). Ein direkter Beweis in Form von Skelettfunden ist für die Existenz des Tertiärmenschen noch

Abb. 149. Faustkeil des diluvialen Aurignac-Menschen (ältere Steinzeit); diese Faustkeile zeigen im Gegensatz zu den noch kaum oder gar nicht bearbeiteten Eolithen (= Morgenrötesteine) aufs deutlichste die Bearbeitung von Menschenhand. (Nach Girod.)

nicht erbracht worden; der Pithecanthropus (siehe S. 247), den *Dubois* auf Java aufgefunden hat, wird jetzt meist als dem ältesten Diluvium zugehörig angesehen.

b) Quartär.

Zum Quartär werden gerechnet: das Diluvium mit seinen Eiszeiten und Zwischeneiszeiten sowie das Alluvium, das sämtliche seit der letzten Eiszeit bis in die Gegenwart entstandenen Bildungen enthält.

1. Diluvium.

Der Name Diluvium entspringt der veralteten Ansicht, daß die Bildungen dieses Zeitabschnittes durch eine große Flut erzeugt worden seien; Diluvium heißt Sintflut.

Das Diluvium kennzeichnet sich als eine Zeit der Temperaturerniedrigung und des Niederschlagsreichtums. Die Ablagerungen dieses Zeitabschnittes wurden nämlich größtenteils durch die Tätigkeit des Eises und seiner Schmelzwasser bedingt (Grundmoränen, Endmoränen, Sander usw., siehe S. 31 ff). Es fanden jedoch Klimaschwankungen statt, so daß das norddeutsche Inlandeis (vgl. vorn S. 39) zu verschiedenen Malen vordrang und zurückwich.

Man unterscheidet dementsprechend die Eis- oder Glacialzeiten von den Zwischeneis- oder Interglacialzeiten, und zwar werden meist drei Eiszeiten und zwei Interglacialzeiten angenommen.

Von Skandinavien aus verbreitete sich das Inlandeis in radialen Richtungen. Im Osten erstreckte es sich bis zum Petschoraland und über den Ural hinweg bis nach Asien, im Westen reichte es nach Südengland und im Südosten, Süden und Südwesten bis über Moskau, Kiew, Warschau und Berlin hinaus. (S. 35 ff.)

Was das Eis an „Gesteinsschutt“ zurückließ, lagert jetzt z. B. im Hamburger Gebiet bis 190 m mächtig, bei Berlin erreicht es bis 125 m, weiter nach Süden aber finden wir begreiflicherweise viel weniger dieses „Gesteinsschuttes“, so z. B. bei Leipzig nur 16 m.

Die wichtigste der diluvialen Ablagerungen ist der Geschiebe- oder Blocklehm. Sein Verbreitungsgebiet wird in Deutschland fast ganz vom Ackerbau in Anspruch genommen. In den meisten Fällen bezeichnet man ihn richtiger als Geschiebemergel, da er fast stets zermahlenen Kalk enthält (meist aus Schreibkreide, aber auch solchen aus nordischem Silur).

Die diluvialen Ablagerungen sind reich an kantengerundeten, zum Teil deutlich geschrammten und geglätteten Geschieben von im allgemeinen skandinavischer, seltener einheimischer Herkunft. So finden wir Gneise, Granite, paläozoische Sand- und Kalksteine sowie den Feuerstein der Kreide. In England sind vornehmlich Geschiebe aus der Christiania-Gegend vorhanden. Bei Kiew findet man überwiegend solche finnischen Ursprungs, in Norddeutschland aber ist vor allem schwedisches Material zu finden und weiter solches, das den Ålandsinseln sowie Öland und Gotland entstammt. Aus alledem ersehen wir, wie das Gestein tatsächlich in radialen Richtungen verfrachtet worden ist.

Wo wir Moränen vorfinden, die aus einheimischem, nicht weit vom Fundpunkt anstehenden Material bestehen, da sprechen wir von Lokalmoränen. Eine solche gibt es z. B. bei Rüdersdorf unweit von Berlin; nicht minder bekannt sind die Schollen aus Schreibkreide, die vom Inlandeis losgelöst und nach Süden verfrachtet worden sind (Abb. 49, S. 79).

Die typische Endmoräne des Baltischen Höhenrückens (Abb. 16, S. 40) ist ein Höhenzug von 100—400 m Breite; er verläuft girlandenförmig, und vielfach zerfällt ein größerer der stets nach Norden offenen Girlandenbogen in mehrere kleine Bogen. Der Eisrand bestand eben aus vielen einzelnen Lappen, die nach Süden vorragten. Schön ist diese Girlandenform bei der Uckermärkischen Endmoräne zu beobachten. Wir sprechen hier von einem Lieper, Choriner, Joachimstaler Bogen usw.

Alle diese Bildungen sind im Prinzip ganz ebenso beschaffen wie die Grund- und Endmoränen der heutigen Gletscher.

Vor den Endmoränen findet sich das Gebiet, in dem die Schmelzwasser tätig waren. Hier haben wir die kreuzgeschichteten, als fluvioglaciale Bildungen bezeichneten Sande (Abb. 11, S. 22), Kiese und Schotter, die bei uns — falls sie nicht dem Ackerbau dienen — so häufig mit Kiefernwäldern bedeckt sind.

Unter den Sanden, Kiesen und Schottern sind die Spatsande charakteristisch. Sie enthalten rote Feldspatkörnchen, die den zerstörten orthoklashaltigen Eruptivgesteinen entstammen.

Der Löß (S. 54) zeigt sich namentlich in der südlichen Randzone des norddeutschen Glacialgebietes, so in Sachsen, Thüringen, Franken, Schwaben und am Mittel- und Niederrhein. Ihm verdanken diese Gebiete einen bedeutenden Teil ihres landwirtschaftlichen Wertes. Nur selten ist der Löß mehr als 8 bis 12 m mächtig. Er tritt gern als sogenannter Flankenlehm an denjenigen Seiten von Tälern auf, die seinerzeit im Windschatten lagen, das sind die West-, Nord- und Südhänge der Täler. Er enthält hier und dort eine nordische Steppenfauna, die unter anderem aus Lemming, Ziesel, Wildesel und Steppenmurmeltier besteht. Diese Fauna und das Auftreten des Lößes im unmittelbaren Anschluß an das Verbreitungsgebiet des Inlandeises machen — ebenso wie noch andere Tatsachen (S. 53) — die Theorie verständlich, nach der der Löß als ein feiner Staub durch die vom nordischen Eis herunterkommenden Winde aus dem vom Eis soeben verlassenen Geschiebemergel herausgeblasen worden ist. Auch die erwähnte Lagerungsart des Lößes in Tälern spricht für diese Anschauung.

Von interglacialen Bildungen seien in Becken abgesetzte Tonmergel und Süßwasserkalke sowie Diatomeen- und Torflager erwähnt.

Scharf zu scheiden sind die interglacialen von den glacialen Floren und Faunen.

Eine Interglacialflora kennzeichnet sich (ganz ebenso wie eine Interglacialfauna) als eine Lebewelt, die in einem dem heutigen recht ähnlichen Klima gelebt haben muß. Wir finden z. B. die Hainbuche (Carpinus betulus), die Weißbirke (Betula alba), die Fichte (Picea excelsa), die Kiefer (Pinus silvestris) sowie Eichen, Weiden, Linden und Pappeln, ja endlich sogar Arten wie die verhältnismäßig empfindliche Stechpalme (Ilex aquifolium), alles Pflanzen, die auch wichtige Elemente unserer heutigen Flora sind; selbst die Rotbuche ist vorhanden, deren heutige Verbreitungsgrenze ja durch Ostpreußen geht[1]).

Vergleichen wir hiermit eine Glacialflora, so bemerken wir in dieser boreal-alpine Pflanzen, wie sie heute zumeist in typisch nordischen Gebieten oder aber in den Hochgebirgen nahe der Schneegrenze zu finden sind. Wir werden am ehesten an die Flora der nordi-

---

[1]) Hiervon zeugen Ortsnamen wie Gr.-Buchwalde (nördl. Allenstein) usw.

schen Tundren erinnert. In den Glazialzeiten lebten nämlich in der Nähe des Inlandeises Pflanzenarten wie die Silberwurz (Dryas octopetala), die Polarweide (Salix polaris), die krautige Weide (S. herbacea) und die Zwergbirke (Betula nana), also lauter oft dickblättrige, kleine Formen, die von niedrigem Wuchs waren, sich dem Boden anschmiegten und sich so vor den kalten und austrocknenden Nordwinden schützten.

Eine wichtige Rolle unter den diluvialen Säugern spielte die Gattung Elephas. Das Mammut (Elephas primigenius), muß z. B. in Sibirien geradezu herdenweise aufgetreten sein. Die Stoßzähne dieses Elephanten haben sich dort in außerordentlich großen Mengen gefunden. Als Begleiter des Mammuts ist ein Rhinozeros zu nennen (Rhinozeros antiquitatis). Eine bedeutende Rolle spielten auch die Pferde. Im älteren Diluvium tritt uns noch der bereits im Tertiär vorhandene Equus Stenonis entgegen. Im späteren Diluvium lebt dann bereits das typische Wildpferd Equus caballus.

Von diluvialen Paarhufern seien die Flußpferde genannt. Noch wichtiger aber waren die Hirsche. Unter ihnen findet sich der Riesenhirsch (Cervus euryceros), der Elch (C. alces) und vor allem das Renntier. Weiter waren die Gemse, die Saigaantilope und der Steinbock vorhanden, die damals — mit gewissen jetzt alpinen oder nordischen Pflanzen vergleichbar — auch im Tieflande lebten. Sodann ist der Moschusochse zu nennen und unter den Rindern der Auerochse oder Ur und der Wisent. Unter den Büffeln tritt uns der Bos Pallasi entgegen. — Die Raubtiere zeigen uns eine Katze, die dem heutigen afrikanischen Löwen sehr nahe verwandt zu sein scheint. Ein vielfach vertretenes Tier war die Höhlenhyäne. Unter den Hunden finden wir den Wolf und den Eisfuchs, unter den Bären als häufige Erscheinung den berühmten Höhlenbären (Ursus spelaeus). Die kleineren Raubtiere wurden u. a. durch den nordischen Vielfraß vertreten. — An Nagetieren gibt es den nordischen Schneehasen, sowie Steppentiere wie Lemming, Ziesel, Pferdespringer, Pfeifhase, Murmeltier, Bieber usw.

Was weiß man nun vom Menschen der Diluvialzeit?

Den Tertiärmenschen vermuten wir lediglich auf Grund der Eolithen und aus entwicklungstheoretischen Gründen; der Diluvialmensch dagegen ist durch einwandfreie Knochenfunde und deutliche

Spuren seiner Tätigkeit festgestellt. Den primitivsten Charakter haben die Knochenreste, die der Arzt *Dubois* in javanischen Tuffen gefunden hat. Die Menschenart, der sie angehören, wird als Pithecanthropus erectus bezeichnet. Sie besaß etwa $^2/_3$ der Größe des heutigen Menschen, hatte eine stark zurückfliehende Stirn, einen ausgeprägten Augenbrauenwulst und eine recht geringe Gehirnkapazität. Entwicklungsgeschichtlich höher steht der durch mehrere europäische Funde bekannte Mensch der Neandertaler Rasse (Abb. 150);

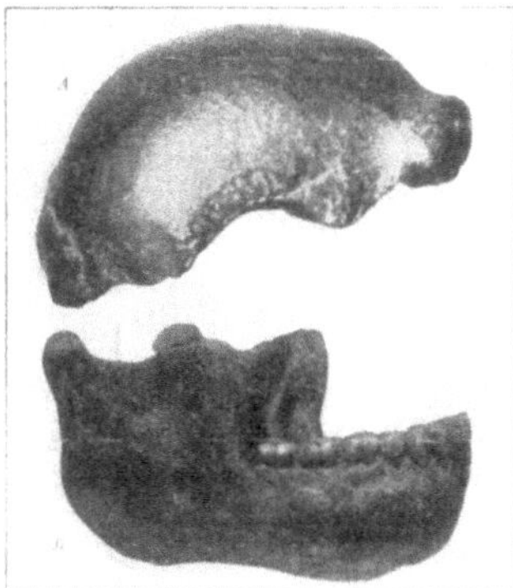

Abb. 150. Oben bei *A* *menschliches Schädeldach* aus dem Neandertal, bei *z* Augenbrauenwulst; darüber die stark zurückweichende Stirn. Unten bei *B* Unterkiefer des Homo Heidelbergensis. Dieser Typ gehört ebenfalls zur Neandertalerrasse, die entwicklungsgeschichtlich über dem Pithecanthropus steht; Homo Heidelbergensis ist einwandfrei altdiluvial und somit der vielleicht älteste uns bekannte (zudem deutsche) Menschentyp; am Unterkiefer ist die Massigkeit, der Mangel eines Kinnvorsprungs, aber die schon menschliche Bezahnung zu beachten.

so genannt nach dem Fund im Neandertal bei Düsseldorf. Er gibt sich durch bedeutendere Körpermaße und größeren Gehirninhalt ebenso wie durch seine primitiven Steinwerkzeuge (ähnlich dem Faustkeil Abb. 149, S. 242) usw. als ein einwandfrei menschliches Wesen zu erkennen. Bezeichnend für ihn ist der mächtige, die beiden runden Augenhöhlen überdachende Augenbrauenwulst, die noch immer zurückfliehende Stirn, ein kräftig entwickelter Unterkiefer und der fehlende Kinnvorsprung.

Der immer noch stark tierisch aussehende Neandertaler wird abgelöst vom Aurignac- oder Cromagnon-Menschen. Von ihm unterrichten uns nicht so sehr einheimische Funde (wie z. B.

der von 1914 b(Oberkasssel unweit Bonn) als vielmehr solche aus der Dordogne in Sdfrankreeich usw. Das dort befindliche Vézèretal ist geradezu alslas Pomppeji des Eiszeitmenschen bezeichnet worden. Der Aurignacmnsch besititzt bereits die schlanke Gestalt des heutigen Menschen. Sen Schädeel zeigt eine hohe Stirn ohne zusammenhängenden Augnbrauenwwulst und die Augenhöhlen sind nicht rund, wie bei dem Nandertaleer, sondern mehr rechteckig. Das Kinn ist nicht zurückfliaend wie bei der älteren Rasse, springt aber auch noch nicht so dutlich voor, wie beim heutigen Europäer. Auch der Aurignacmenscl bediente sich fast ausschließlich der Steinwerkzeuge. Es finden sich ber auch Werkzeuge aus Knochen, Elfenbein und Renntiergeweih Die Kulltur des Aurignacmenschen steht also doch schon ziemlich hoch, dass zeigen uns auch seine Wandgemälde und Plastiken.

2. Alluvium.

Zum Alluvium rechhnen wir alle Bildungen, die seit dem Diluvium bis zumheutigen Tage entstanden sind. Ein großer Teil der alluvialen Bildungen wird in Norddeutschland von **Wiesenland** eingenommen. E ist an dieser Stelle nicht nötig, hierauf genauer einzugehen, da sich Hinreichendes aus den allgemein geologischen Kapiteln ergibt B I—III.

Literatur zum Weiterstudium und zur Ergänzung.

Abel, O., Allgemeine Paläontologie. Slg. Göschen Nr. 95.
Brauns, R., Mineralogie. Slg. Göschen Nr. 29.
Broili, F., Paläozoologie (Systematik). Slg. Göschen Nr. 836.
Bruhns, W., Petrographie. Slg. Göschen Nr. 173.
Diener, K., Paläontologie und Abstammungslehre. Slg. Göschen Nr. 460.
Fraas, E., Der Petrefaktensammler. Stuttgart.
Gothan, W., Paläobotanik. Slg. Göschen Nr. 828.
Kayser, E., Abriß der allg. u. strat. Geologie. Stuttgart.
Rinne, F., Gesteinskunde. Leipzig.
Vgl. auch S. 151 Anm.

Tabelle zu

Formationsgruppe (Ära)	Formation, System (Periode)	Abteilung usw. (Epoche etc.)	I. Geologisch
Sternzeit			Verdichtung des Gasballs zur
Archaikum			Bildung der ersten Erstarrungs decke und der ältesten Schich Schiefer).
Algonkium			In Deutschland nicht sicher nac amerika von größter Verbrei mächtige Konglomerate, Gra Schiefer, Kalke, Hornsteine.
Paläozoikum	Cambrium		Unterkambrium in Niedersch brium im Frankenwald neu nachgewiesen. Marine Ablag
	Silur		Marine Ablagerungen.
	Devon		Marine Ablagerungen; rege vu (untermeerische Diabasergüss weit verbreitet in allen paläo birgen.
	Carbon	Culm bzw. Kohlenkalk und produktives Carbon	Unterkarbon: marine Ablagerun Oberkarbons gebirgsbildende (o gungen; Entstehung der v starke vulkanische Tätigkeit, Festländische Sedimente; („Steinkohlenmoore"). Milde
	Perm (Dyas)	Rotliegendes und Zechstein	Im Rotliegenden ausklingende o festländische Sedimente; große ergüsse. Im Zechstein epirog Ende Jura; marine und Binnen Salzseen, Salzlagerstätten, Ku Trockenes, wüstenartiges Klima
Mesozoikum	Trias	Buntsandstein	Wüstenbildungen; Pflanzen we Wüstenklima.
		Muschelkalk	Binnenmeerablagerungen.
		Keuper	Vorwiegend kontinentale Ablag Sümpfe, Moore; Lettenkohle.
	Jura	Lias	Meeresbedeckung in Westeuropa Meeres verläuft etwa auf der Halle a. S.—Kolberg.
		Dogger	Vordringen des Meeres nach Os
		Malm	Zu Beginn größte Ausdehnung de Ende orogen. Bew.; Auftau
	Kreide	Untere Kreide (Wealden, Valendis, Hauterive, Barrême, Apt, Alb)	Wealden: Süßwasserablagerung bis Alb langsam zunehmend (epirogenetische Bewegung) A Meeres vgl. S. 81 Abb. 51.
		Obere Kreide (Cenoman, Turon, Emscher, Senon, Dänische Stufe)	Cenomane Meerestransgression des Festlandes. (Abb. 51) Epirog Zu Beginn des Senons gebirgsbild Bewegungen; darauf neue Üb Meer (epirogen. Bew.).
Känozoikum	Tertiär	Alttertiär (Paleozän, Eozän, Oligozän)	Gebirgsbildende (orogenetische Beginn des Alttertiär und zu tertiär mit jeweils nachfolgend Bewegungen; starke vulkanis stehung der Alpen. Vielfa marinen mit Brack- und Süßw
		Jungtertiär (Miozän, Pliozän)	
	Quartär	Diluvium	Inlandeis in Mitteleuropa. (glaziale Sande. Löß.
		Alluvium	Bildungen der Gegenwart wie Flußschotter usw.

*) Wo nicht ausdrücklich vermerkt, beziehen sich die geologischen Notizen nur a

Geologie*).

Merkmale II. Biologische	Zusammenfassung der biologischen Merkmale: Pflanzenwelt	Zusammenfassung der biologischen Merkmale: Tierwelt
eben unmöglich.	Keine Spuren von Lebewesen	
eben nicht vorhanden.		
rste Lebensspuren (gegen Ende des Algonkiums). Unter den Pflanzen nur „Kalkalgen" bzw. Problematisches. rtiere (Radiolarien, Foraminiferen); aber auch schon Gliedertiere (Arthropoden).	Algenzeit (Schlauchalgen)	Herrschaft der Wirbellosen
inige Algen. Iornschalige Brachiopoden. Aufblühen der Trilobiten. Außer Wirbeltieren bereits alle Klassen vertreten.		
ur Algen. Keine Landpflanzen. raptolithen. Blütezeit der Brachiopoden, Trilobiten und Nautiloiden. Entwicklung der Korallen (Tetrakorallen u. Tabulaten). Erste Ammoniten (Goniatiten) und Riesenkrebse (Gigantostraken). Erste Wirbeltiere: Panzerfische. Erste Landtiere: Skorpione.		
rste Landpflanzen: Zunächst bis Mitteldevon primitive Pteridophyten (Psilophyten) vorherrschend, später höherstehende Pteridophyten (Archaeopteris, Cyclostigma); anscheinend noch keine Gymnospermen. iele Korallen und Goniatiten. Aufblühen der Seelilien. Erste Lungenfische und Quastenflosser. Blütezeit der Panzerfische. Rückgang der Trilobiten.	Herrschaft primitiver Landpflanzen (Psilophyten)	
errschaft der Pteridophyten (farnartige Gewächse) daneben bereits viele Nacktsamer (Cycadofilices, Cordaiten). ückgang der Nautiloiden und Brachiopoden. Aussterben der Panzerfische und fast aller Trilobiten. Erste Insekten (Schaben usw.) und vierfüßige luftatmende Wirbeltiere (Stegocephalen und auch echte Reptilien). Erste Spinnen.	Herrschaft der Pteridophyten: Farne, Schachtelhalme (Calamarien), Bärlappgewächse (Lepidophyten).	
n Rotliegenden Ausklingen der Carbonflora, erste Coniferen, einige Cycado- und Ginkgophyten. Im Zechstein neues Zeitalter der Pflanzenwelt, Nacktsamer vorherrschend, darunter viele Nadelhölzer (Ullmannia). lütezeit der Stegocephalen. Aussterben der Trilobiten und Tabulaten. Aufblühen der Ammoniten.	Herrschaft der Nacktsamer: Palmfarne, Gingkophyten, Nadelhölzer.	
rme Flora: Pleuromeia. — Nadelhölzer: Volzia, Albertia. Einige Farne (Neuropterid um) und Equisetiten. rme Fauna: Aufblühen der Reptilien.		Blütezeit der Reptilien und Ammoniten
rme Flora: nur verschwemmtes Material. rste Ichthyosaurier, Plesiosaurier, Krokodile und Dinosaurier. Übergang von den Tetra- zu den Hexakorallen.		
lütezeit der Gymnospermen: Palmfarne, Bennettiteen, Ginkgophyten, Araukarien usw. (von hier bis zum Wealden). etzte Stegocephalen. Flugsaurier. Schildkröten. Käfer. Erste Säugetiere?		
lora ähnlich der vorigen bis Unterkreide. In unseren Breiten Jahresringe häufig werdend. ufblühen der Ichthyosaurier, Plesiosaurier und Flugsaurier. Erste Zweiflügler und Tintenfische. Aufblühen der Belemniten.		
lütezeit der Belemniten. Erste Schmetterlinge.		
ögel (Archaeopteryx), Frösche, Hymenopteren. Aufblühen der Dinosaurier.		
n Apt erste Angiospermen: Windblütler (Pappeln) und Insektenblütler (Magnolien). rste Schwanzlurche. Aufblühen der Knochenfische. Viele senile (nicht eingerollte usw.) Ammonitenformen.	Herrschaft des Bedecktsamer	
leutige Pflanzenwelt in der Entwicklung fast fertig; erste Palmen. ufblühen der Vögel. Riesenflugsaurier. Erste Schlangen. Gegen Ende der K. Aussterben der Ammoniten und Belemniten sowie der großen Reptilien. Zunahme der Säugetiere.		
ernsteinwald: Tannen, Fichten, Zimtbäume. Im älteren Braunkohlenwald Mitteleuropas noch Palmen häufig. Viele Lorbeergewächse. ufblühen der Säuger: Fledermäuse, Wale, Nagetiere, Huftiere. Erste Halbaffen.		Blütezeit der Säuger
n Europa noch viele jetzt in Ostasien und dem südl. Nordamerika vorhandene Formen, wie Mammutbäume, Taxodien, Cupressineen, Liquidambar, Lorbeergewächse, Magnolien, Ginkgo biloba. lütezeit der Landsäuger. Erste Menschenaffen (im Miozän).		
ie Tertiärflora ist bei uns ausgestorben; Flora in Europa teils boreal-alpin (1), teils der Steppe angepaßt, teils die heutige (2). 1. Dryas octopetala, Betula nana. 2. Kiefer, Weißbirke, Eiche. lteste Menschenreste. Mammut. Riesenhirsch, Höhlenbär. Nashorn.		
flanzen- und Tierwelt der Gegenwart.		

Register.

* weist auf Abbildungen.

A.

B.

C.

L.

T.

FSC
www.fsc.org
MIX
Papier | Fördert
gute Waldnutzung
FSC® C083411

Zeitfracht Medien GmbH
Ferdinand-Jühlke-Straße 7
99095 Erfurt, Deutschland
produktsicherheit@kolibri360.de